Flexible Auswertungen mit Jet Reports® 2010 / 2011 für Microsoft® Dynamics™ NAV

Am Borsigturm 52

D-13507 BERLIN

Tel.: +49 (0)30 885985-0

Fax: +49 (0)30 885985-99

E-Mail: vertrieb@kindermann-tcv.de

Internet: http://www.kindermann-tcv.de

Herausgeber: Kindermann TCV GmbH

Autoren: Kindermann TCV GmbH
Anke Mohrholz, Thomas Fischer, Philip Kahm,
Dr. Andrea Kindermann, Jörg Bongé,
Ulf Kindermann, Emin Akata

Verlag: TEIA AG - Internet Akademie und Lehrbuch Verlag

Titel: Steenbrink Vormgeving

Druck: druckhaus köthen GmbH & Co. KG

ISBN 978-3-942151-64-1

2. Auflage 2015

Flexible Auswertungen

mit

Jet Reports®

2010 / 2011

für

Microsoft®

Dynamics™ NAV

[TEIA] INTERNET AKADEMIE LEHRBUCH VERLAG

Vorwort

Zu jeder kaufmännischen Software-Lösung am Markt gibt es eine Vielzahl von Berichts- und Analysewerkzeugen. Sei es vom Hersteller selbst oder von Fremdanbietern. Warum sollten Sie sich für Jet Reports entscheiden?

Ganz einfach: Sie können mit Jet Reports sofort und selbstständig eigene Auswertungen und Berichte erstellen, ohne dass Ihnen jemand die Daten aufbereiten oder bereitstellen muss. Mit Jet Reports stehen Ihnen alle Daten aus Dynamics NAV direkt und in Echtzeit für Ihre Auswertungen zur Verfügung. Ohne Umwege, schnell und zu jeder Zeit aktuell.

Jet Reports ist seit vielen Jahren am Markt etabliert und erfreut sich einer stetig steigenden Bekanntheit und Verbreitung. Dass Jet Reports nun seit einigen Wochen in der Express-Version offiziell in der Microsoft Dynamics NAV Lizenz enthalten ist, wird die Verbreitung weiter beflügeln.

Aus der kaufmännischen Software heraus aussagefähige Auswertungen sofort und flexibel selbst generieren zu können, entscheidet ganz wesentlich mit über die Akzeptanz und den dauerhaften Einsatz einer ERP-Lösung. Davon sind wir überzeugt.

Mit Microsoft Dynamics NAV haben Sie sich für ein klar strukturiertes ERP-System mit übersichtlicher Tabellen- und Feldstruktur entschieden.

Mit Jet Reports erhalten Sie ein Berichts- und Analysewerkzeug, welches Ihnen komplexe und dennoch einfach zu benutzende Funktionen bereitstellt, mit dem Sie als Anwender Ihre Auswertungen selbst erstellen können.

Die beiden aktuellen Versionen „Jet Reports 2010 R2“ und “Jet Reports 2011“ werden in dem vorliegenden Buch beschrieben.

Das Buch richtet sich sowohl an Jet Reports Neueinsteiger als auch an alle Anwender, die bereits mit einer der Vorgängerversionen arbeiten und sich mit der Version 2010 R2 / 2011 vertraut machen möchten.

Wenn Sie die Inhalte durchgearbeitet haben, wenn Sie die Beispiele nachgestellt haben und wenn Sie anschließend mit den Funktionen und Möglichkeiten vertraut sind, werden auch Sie von Jet Reports begeistert sein. Genau wie wir.

Wir hoffen sehr, dass dieses Buch Ihnen das nötige Wissen und Anregungen dazu gibt. Ihnen nun viel Spaß beim Lesen und ein erfolgreiches und kreatives Arbeiten mit Jet Reports.

An der Entstehung dieses Buches waren wieder viele Personen von KINDERMANN TCV beteiligt, für deren Engagement wir uns recht herzlich bedanken möchten. Unser spezieller Dank geht dabei auch an die Familien der Autoren, die in den Wochen der Entstehungsphase dieses Buches ihre Partner eher weniger zu Gesicht bekommen haben.

Dipl.-Wirtschaftsinformatikerin (FH) Anke Mohrholz zeichnet verantwortlich für die Aufbereitung der Vorgänge und die unzähligen Tests, die für den hohen Qualitätsanspruch notwendig waren. Vor allem die Kapitel zu Microsoft Excel und Microsoft Dynamics NAV tragen ihre Handschrift.

Thomas Fischer kann auf viele Jahre Erfahrung mit Jet Reports zurückblicken. Seine Kenntnisse aus unzähligen Projekten und Anwender-Schulungen sind in dieses Buch eingeflossen. Die Beispielberichte wurden maßgeblich von ihm erstellt und detailliert beschrieben.

Ganz besonders möchten wir uns bei Herrn Philip Kahm bedanken, der durch seinen persönlichen Einsatz im Rahmen seiner Diplomarbeit maßgeblich zum Gelingen des Buches beigetragen hat.

Herbst 2011

Ulf Kindermann

Geschäftsführer

Jörg Bongé

Geschäftsführer

Einleitung

Jet Reports wurde speziell für das Berichtswesen für Microsoft Dynamics NAV entwickelt und wird vollständig aus Microsoft Excel heraus bedient. Dem Anwender steht damit ein einzigartiges Werkzeug zur Verfügung, um auch sehr anspruchsvolle Auswertungen, Berichte und Analysen ohne Programmierkenntnisse und ohne externe Dienstleister zu erstellen.

Jet Reports „spricht" mit Dynamics NAV. Das bedeutet für Sie:

1. Jet Reports ist direkt mit der Dynamics NAV Datenbank verbunden. Aufwendige Datenaufbereitungen und -exporte an die Auswertungs-Software entfallen damit vollständig.

2. Jet Reports kann die Daten aus allen Feldern und Tabellen aller genutzten Dynamics NAV Module einschließlich der individuellen Erweiterungen in die Auswertungen einbeziehen.

3. Jet Reports berücksichtigt die in Dynamics NAV hinterlegten Zugriffsberechtigungen und Sicherheitsmechanismen.

4. Jet Reports arbeitet mit den gleichen Filterfunktionen wie in Dynamics NAV. Einmal gelernt, zweimal nutzen - das ist effizient.

5. Jet Reports ermöglicht die Verwendung der DrillDown-Funktion (Auflistung der Posten, die einen angezeigten Wert bilden) auf die Dynamics NAV Daten direkt aus Excel heraus.

Jet Reports ist eine Funktionserweiterung für Microsoft Excel, ein so genanntes Add-In. Damit stehen Ihnen alle Funktionen von Microsoft Excel für die Gestaltung der Auswertungen und Analysen zur Verfügung.

Für die Formatierung der Berichte, wie Änderungen der Schriftart, der Schriftgröße oder des Druckformats, sowie für das Einfügen farbiger Markierungen und Grafiken, werden die bekannten Funktionen von Microsoft Excel genutzt.

Die in Jet Reports integrierten Wizards, das sind spezielle Eingabe-Assistenten, bieten Ihnen eine erstklassige und umfangreiche Unterstützung bei der Berichtserstellung.

Damit Sie sich jederzeit die Ursprungsdaten Ihres Berichts in Microsoft Dynamics NAV ansehen können, genügt ein Mausklick auf einen Wert und Sie werden von Microsoft Excel aus direkt nach Microsoft Dynamics NAV geführt.

Um Jet Reports im Unternehmen erfolgreich einsetzen zu können, wird Basiswissen zu Microsoft Excel, zu Microsoft Dynamics NAV und zu Jet Reports benötigt. Dieses Wissen soll Ihnen das vorliegende Buch vermitteln.

Gleich zu Beginn werden Sie deshalb mit genau den Themen zu Microsoft Excel vertraut gemacht, die für den Einsatz von Jet Reports benötigt werden. Dazu gehört das Erstellen und Kopieren von Formeln und Funktionen genauso, wie der sichere Umgang mit relativen und absoluten Bezügen.

Anschließend wird das Grundlagenwissen vermittelt, wie Daten in Microsoft Dynamics NAV organisiert und abgelegt sind. Es wird dabei ausführlich aufgezeigt, wie die Tabellen und Felder hinter den Bildschirmmasken zu finden sind, um Jet Reports auch auf die richtigen Daten zugreifen zu lassen.

In den Kapiteln zu Jet Reports ist neben dem notwendigen Grundlagen- und Basiswissen auch das Know-how für komplexe Berichte aufbereitet.

Es folgen 16 Beispielanwendungen, in denen das Zusammenspiel von Microsoft Excel, Microsoft Dynamics NAV und Jet Reports Schritt für Schritt erläutert wird.

Neben einigen einfachen, zum Einstieg geeigneten Berichten, sind auch Berichte enthalten, die Sie sofort in der Praxis nutzen können. So z.B. „Ausgabe der Sach- und Budgetposten nach Kostenstelle, Kostenträger saldiert auf Monate". Hier wird gezeigt, wie in Jet Reports durch die Nutzung der Dynamics NAV Systemtabelle für Datum die Flexibilität der Erstellung von Berichten um ein Vielfaches erweitert werden kann.

In den Anhängen wird neben der kompletten Befehlsbeschreibung u.a. auf die Einrichtung von Jet Reports und die weiteren Möglichkeiten, wie die automatisierte Berichtsversendung, eingegangen.

Dort ist auch eine Auflistung der Filtermöglichkeiten in Microsoft Dynamics NAV und damit gleichlautend auch für Jet Reports zu finden.

Inhaltsverzeichnis

Zeichen- und Syntax-Erläuterung

BEISPIEL AUS DEM TEXT	ERLÄUTERUNG
„Verantwortlich“ oder „Name“	Bezeichnet das Feld eines Kartenformulars oder die Spalte eines Tabellenformulars.
Register Allgemein	Bezeichnet den Kartei-Reiter eines Kartenformulars.
<Immer> oder <Nie>	Bezeichnet die Option eines Optionsfeldes.
Ansicht / Spalte anzeigen…	Bezeichnet einen Menüpunkt / Untermenüpunkt, entweder aus der Menüleiste von Navision oder aus dem Hauptmenü.
F3 oder **Alt**+**D**	Bezeichnet eine Taste oder Tastenkombination, die auf der Tastatur gedrückt werden kann, um eine bestimmte Aktion auszuführen.
Abbrechen	Bezeichnet den Button eines Formulars, der betätigt werden soll.
Beispiele	Bezeichnet Beispiele, die zur besseren Verständlichkeit des beschriebenen Sachverhaltes nachgestellt werden können.
`=SUMME(A1:A5)`	Bezeichnet den Zellinhalt bzw. den Eintrag in der Bearbeitungszeile, der in Microsoft Excel verwendet wird.

1 Grundlagenwissen zu Excel für die Nutzung von Jet Reports

Jet Reports ist kein eigenständiges Programm, sondern ist als Add-In (frei übersetzt: Integrierte Erweiterung) in Excel eingebunden. Durch ein Add-In wird der Funktionsumfang von Excel erweitert. Durch Jet Reports wird Excel um die Fähigkeit der direkten Datenverknüpfung mit Dynamics NAV erweitert.

Diese Daten werden dann in „gemeinsamer Arbeit" zwischen Jet Reports und Excel zu flexiblen Auswertungen und Analysen aufbereitet. Die „gemeinsame Arbeit" ist dabei durchaus wörtlich zu verstehen, denn der Sinn und die Effektivität eines Add-Ins zeichnet sich dadurch aus, dass es nur die Funktionen beinhaltet, die die Stammsoftware erweitert.

Somit ist es für die Arbeit mit Jet Reports erforderlich, Grundlagenwissen zu Excel und die Beherrschung einiger spezieller Funktionalitäten aufzubauen.

1.1 Eingabe von Daten in Excel-Dateien

Eine Excel-Datei besteht aus mindestens einem Tabellenblatt. Jedes Tabellenblatt besteht wiederum aus einzelnen Zellen. In den Zellen können Texte, Zahlen oder Formeln eingegeben werden. Eine Zelle wird durch ihre Koordinaten aus Spalte und Zeile genau definiert. Die Spalte A und die Zeile 1 definieren somit die Zelle A1.

Die Daten können entweder direkt in die Zelle eingeben werden oder die Eingabe erfolgt in der Bearbeitungszeile im Kopf des Tabellenblattes.

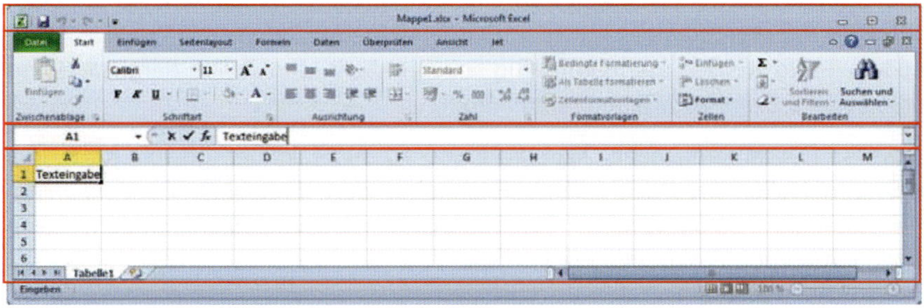

(1)
(2)
(3)
(4)

(1) **Titelleiste**, hier befinden sich die Schnellstartleiste und der Name der gerade geöffneten Datei.

(2) **Multifunktionsleiste** mit Kontext-Registerkarten, hier werden die Menüpunkte in Aufgabengebiete eingeteilt. Über diese ist es möglich, schnell zwischen den unterschiedlichen Aufgabengebieten für die Tabelle zu

wechseln. Je nach ausgewähltem Register, wechseln die Befehle in der Multifunktionsleiste.

(3) **Bearbeitungsleiste**, Hier wird u.a. der Inhalt der ausgewählten Zelle angezeigt. Dieser kann hier oder direkt in der jeweiligen Zelle bearbeitet werden.

(4) **Tabellenblatt** mit Zeilen, Spalten und Zellen, in diesem Bereich werden die Daten erfasst, Formeln erstellt und bearbeitet. Im unteren Bereich können verschiedene Tabellenblätter ausgewählt bzw. erstellt werden, die miteinander kombiniert werden können.

Als Inhalte für die Zellen können Texte (Buchstaben, Zahlen, Sonderzeichen), Zahlen oder Formeln und Funktionen eingegeben werden. Anschließend werden die Eingaben von Excel automatisch entsprechend des erkannten Typs interpretiert und dargestellt.

1.1.1 Texte, Zahlen und Datumswerte

Die einfachste Form von Eingaben in Excel stellt der Eintrag eines Textes, einer Zahl oder einer Datumsangabe in einer Zelle dar.

Anhand der eingegebenen Zeichenfolge erkennt Excel automatisch, ob es sich dabei um eine Zahl (nur Ziffern), um einen Text (wobei mindestens ein Zeichen davon keine Ziffer ist) oder um eine Datumsangabe (Ziffern mit Trennzeichen) handelt. Texte werden standardmäßig linksbündig in den Zellen dargestellt und Zahlen sowie Datumsangaben rechtsbündig.

Hinweis: Die automatische Typerkennung ist nicht immer gewollt, z. B. bei führenden Nullen im Sachkontenbereich oder den deutschen Postleitzahlen. Hier ist die automatische Typerkennung auszuschalten, indem eine Formatierung auf <Text> vorgegeben wird.

Zur Eingabe eines Textes, z. B. einer Überschrift, ist der Cursor in der Zelle zu positionieren, in der die Überschrift beginnen soll. Danach kann der Text mit der Tastatur geschrieben werden. Die Texteingabe wird mit der Enter-Taste abgeschlossen.

Reicht die Spaltenbreite für die Darstellung des Textes nicht aus, so wird der Text in den nächsten Spalten fortgeschrieben. Ist die nächste Spalte bereits genutzt, so wird der Text nur in der ursprünglichen Spaltenbreite angezeigt. Die fehlenden Zeichen werden nicht mehr dargestellt. Der vollständige Text der aktiven Zelle wird in der Bearbeitungszeile angezeigt.

Ist die Zahl für die Darstellung in der Zelle zu groß, wird diese in Exponentialschreibweise angezeigt, z. B. 12345678901,23 wird zu 1,2345E+10. Ist auch diese Darstellungsform nicht möglich, wird nur ###### in die jeweilige Zelle geschrieben. Nach der Verbreiterung der Zelle wird die Zahl wieder korrekt abgebildet.

Hinweis: Soll eine eingegebene Zahl von Excel als Text erkannt werden, so ist die Eingabe mit einem Apostroph ['] ([**Groß**] + [**#**]) zu beginnen.

Datumswerte können mit „." , „-" oder mit „/" -getrennt eingeben werden. Die Typerkennung von Excel wandelt anschließend diese Datumseingaben in Zahlen um und formatiert die Zelle als Datum. Intern wird dabei in Excel mit ganzen Zahlen gerechnet. Dazu wurde für den 01.01.1900 die Zahl 1 definiert. Für jeden weiteren Tag wird 1 hinzugezählt. Diese Definition gilt bis zum 31.12.9999.

Wenn nun die Anzahl der Tage zwischen zwei Datumsangaben ermittelt werden soll, muss auf die Formatierung des Ergebnisses geachtet werden. Das bedeutet: Als Beispiel wird in Zelle C5 das Datum 01.01.2011 und in Zelle D5 15.01.2011 eingetragen. In Zelle E5 soll die Anzahl der Tage, die dazwischen liegen, ausgegeben werden. Dazu ist in dieser Zelle folgende Formel einzutragen:

```
E5 =D5-C5
```

Excel gibt als Ergebnis das Datum 14.01.1900 aus, was so nach der Aufgabenstellung nicht gewollt ist. Um nun die korrekte Zahl zu erhalten, muss die Ergebniszelle E5 als <Standard> formatiert werden.

Dazu ist die Zelle zu markieren und über *rechte Maustaste* das Feld [Standard ▾] aufzurufen. Im Drill Down Menü ist die Option <Standard> zu wählen. Um sich die Formatierung als Beispiel anzeigen zu lassen, erscheint im Drill Down Menü das Feld <Mehr>. Auf der rechten Seite im Bereich „Beispiel" wird nun das Ergebnis der Formatierung angezeigt. Die geänderte Formatierung ist mit [OK] zu übernehmen. Anschließend wird in der Zelle E5 als Ergebnis 14 angezeigt.

Hinweis: Für Datumsangaben vor dem 01.01.1900 und nach dem 31.12.9999 wurden keine weiteren Zahlen definiert. Deshalb ist die Berechnung mit solchen Datumswerten nicht möglich. Das Ergebnis in der Zelle wird dann immer als ###### dargestellt.

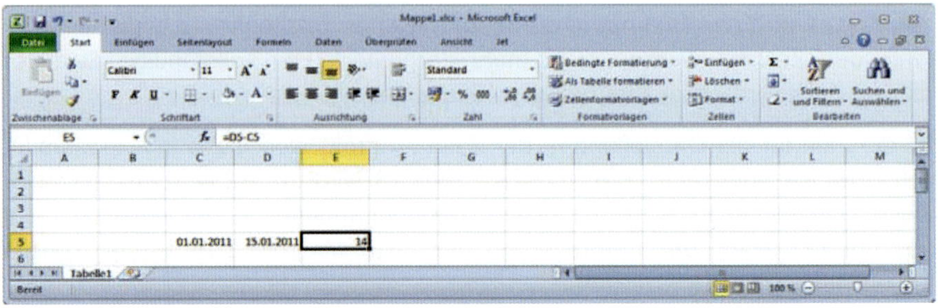

1.1.2 Formeln und Funktionen

Zur Berechnung von Ergebnissen in Excel besteht die Möglichkeit in einer Zelle eine Formel einzugeben oder vordefinierte Funktionen zu nutzen.

Wenn eine Formel in eine Zelle eingegeben werden soll, erfolgt dies durch die Eingabe eines vorangestellten Gleichheitszeichen „=“. Als Teil der Formel können dabei sowohl feste Werte, als auch Verweise auf andere Zellen verwendet werden.

z. B.	=	A1	* A2	/ 116
	Formel	Wert aus Zelle A1	* Wert aus Zelle A2	/ absoluter Wert

Hier wird der Wert aus der Zelle A1 multipliziert mit dem Wert aus der Zelle A2 und dann durch 116 dividiert, das Ergebnis wird angezeigt. Stehen in den Zellen A1 und A2 keine Zahlen, dann erfolgt die Fehlerausgabe <#WERT!>.

Funktionen in Excel sind vorgefertigte Formeln, die für die Tabellenkalkulation zur Verfügung stehen. Für die Formel `=B4+C4+D4` kann z. B. auch die vorhandene Funktion SUMME() verwendet werden. Im Ergebnis einer Formel oder Funktion steht ein berechneter Wert in einer Zelle.

Hinweis: Mit Jet Reports wird Excel um vier neue Funktionen erweitert, die Excel „Microsoft Dynamics NAV-intelligent“ machen. Diese Funktionen werden ausführlich im Kapitel 3.2 - Die vier Funktionen von Jet Reports behandelt.

1.1.3 Logische Reihen

In Excel kann die Eingabe von aufeinander folgenden Werten in logischen Reihen vereinfacht werden. Dafür muss mindestens der Anfang der Reihe und ggf. ein zweiter Wert vorgegeben werden.

Anschließend sind die entsprechenden Zellen zu markieren und die Maus in der rechten unteren Ecke des markierten Bereiches zu positionieren. Der Mauszeiger ändert nun seine Form zu einem schwarzen Kreuz. Dann ist die linke Maustaste gedrückt zu halten und die Markierung in die gewünschte Richtung zu erweitern.

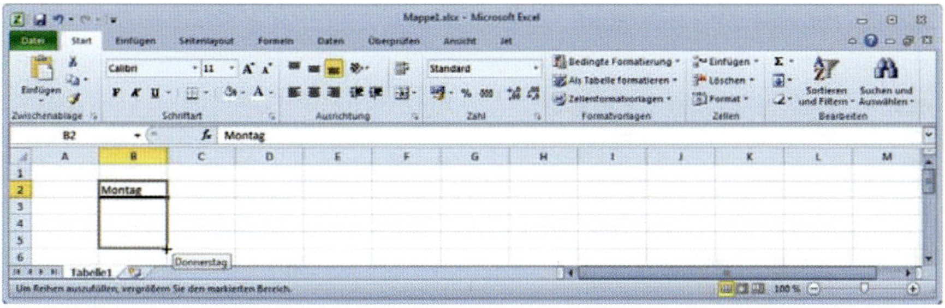

Beim Erweitern wird als Hilfestellung in einem kleinen Fenster neben dem Mauszeiger (ToolTip) der jeweils neue Wert der letzten Zelle angezeigt. Nach dem Loslassen der Maustaste werden die Werte in die Zellen eingetragen.

Hinweis: Zum aufsteigenden Erweitern der Reihen ist der Bereich mit der Maus nach rechts oder unten zu ziehen, zum absteigenden Erweitern nach links oder oben.

Beispiele für solche Reihen sind Monate (Jan, Febr, ...), Jahre (2010, 2011, ...), Quartale (1. Quartal, 2. Quartal,...), Wochentage (Montag, Dienstag, ... / Mo, Di, ...) oder auch Zahlenreihen, wie ungerade Zahlen (1, 3, ...).

1.2 Gestaltung von Excel-Tabellen

Eines der Highlights von Jet Reports ist die vollständige Integration in Excel, so dass die Gestaltung und optische Aufwertung der Auswertungen mit den Standard Excel Werkzeugen erfolgt. Einige davon werden nun genauer dargestellt.

1.2.1 Zeilenhöhe und Spaltenbreite

Die Zeilenhöhe passt sich automatisch an die gewählte Schriftgröße für die Zeile an. Dabei richtet sich die Gesamthöhe der Zeile immer nach dem größten verwendeten Wert. Die Standardhöhe ist 15,00, das entspricht einer Höhe von 20 Pixeln.

Die Spaltenbreite passt sich jedoch nicht automatisch an den Zellinhalt an. Die Standardbreite einer Spalte ist 10,71 was 80 Pixeln entspricht. Die Spaltenbreite sollte spätestens dann angepasst werden, wenn als Ergebnis einer Berechnung nur ###### in einer Zelle angezeigt wird.

Zum Verändern der Zeilenhöhe bzw. der Spaltenbreite ist der Cursor unter der Zeilenangabe bzw. rechts neben der Spaltenangabe genau auf der Trennlinie zwischen zwei Spalten bzw. Zeilen zu positionieren, bis sich die Form des Cursors (bzw.) verändert.

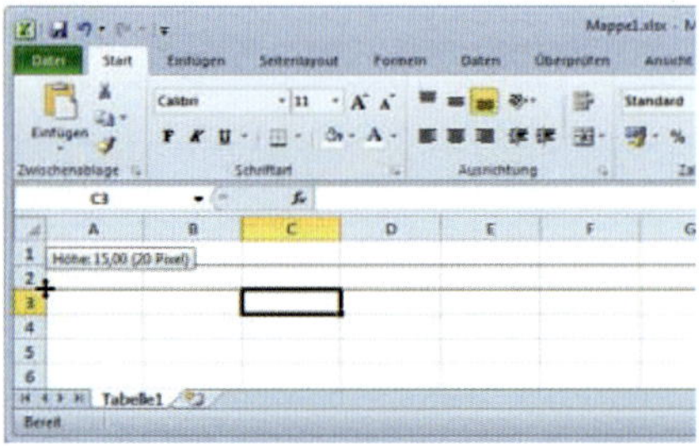

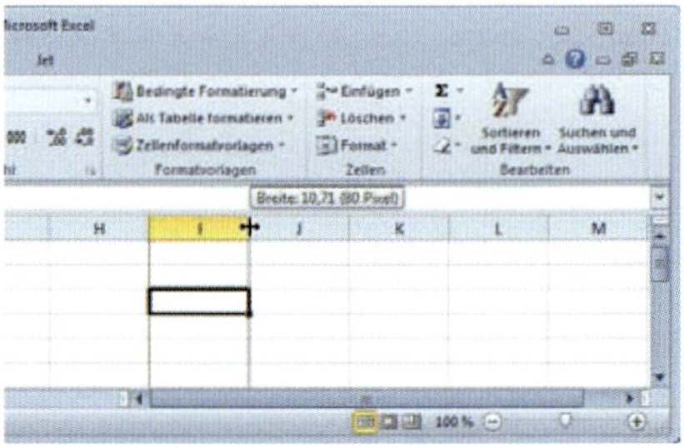

Anschließend ist die linke Maustaste gedrückt zu halten und die Größe der Zeile bzw. Spalte zu verändern.

Hinweis: Um die Zeile oder Spalte auf die optimale Zeilenhöhe bzw. Spaltenbreite anzupassen, ist auf der entsprechenden Linie mit der linken Maustaste ein Doppelklick auszuführen, wenn sich der Cursor geändert hat.

Über die Multifunktionsleiste *Start / Zellen / Format* kann die Zeilenhöhe, bzw. Spaltenbreite auch exakt festgelegt werden.

1.2.2 Ausrichtung von Zellinhalten

In Excel wird in den Zellen Text standardmäßig linksbündig und Zahlen rechtsbündig ausgerichtet. Um dies zu ändern, stehen verschiedene Schaltflächen im Bereich *Start / Ausrichtung* zur Verfügung.

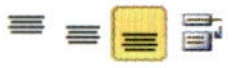

Ausrichtung oben, zentriert, unten und Zeilenumbruch.

Ausrichtung linksbündig, zentriert, rechtsbündig und Zellen verbinden und zentrieren.

Um die Ausrichtung einer Zelle zuzuweisen, ist zuerst die entsprechende Zelle und anschließend die Schaltfläche mit der gewünschten Ausrichtung anzuklicken.

Soll eine ganze Zeile oder Spalte die gleiche Ausrichtung erhalten, ist die gesamte Zeile oder Spalte zu markieren, indem die Zeilennummer bzw. der Spaltenbuchstabe angeklickt wird. Anschließend kann die Ausrichtung zugewiesen werden.

Ein Zeilenumbruch, oder eine Zusammenführung mehrerer Zellen ist ebenfalls in diesem Menüpunkt zu erzielen.

Eine weitere Möglichkeit Text in einer Zelle auszurichten ist, diesen zu drehen. Die erweiterten Anpassungsmöglichkeiten werden über *rechte Maustaste / Zellen formatieren…* im Register Ausrichtung vorgenommen.

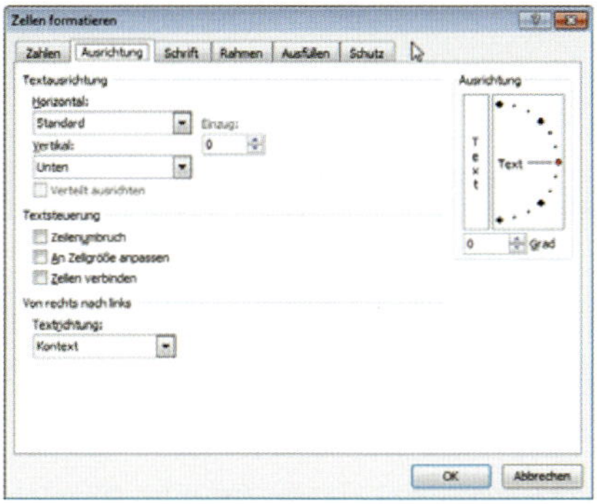

In den Bereichen der Textausrichtung und Textsteuerung können die erforderlichen Einstellungen gesetzt und auch wieder entfernt werden.

1.2.3 Ausblenden von Zeilen, Spalten und Zellen

In manchen Übersichten werden zur Ermittlung der Daten Zwischenwerte benötigt. Diese Zwischenergebnisse sollen meist nicht mit gedruckt oder angezeigt werden. Deshalb gibt es in Excel die Möglichkeit Zeilen und Spalten auszublenden.

Eine Variante ist, die Zeilenhöhe oder Spaltenbreite auf 0 zu setzen. Etwas schneller geht es über das Kontextmenü der rechten Maustaste. Dazu ist der Mauszeiger in die Beschriftung der entsprechenden Zeile oder Spalte zu bewegen und dann die *rechte Maustaste* anzuklicken. In dem nun offenen Kontextmenü kann über den Punkt *Ausblenden* die Zeile oder Spalte ausgeblendet werden.

Zum Einblenden einer ausgeblendeten Zeile oder Spalte ist der Mauszeiger in etwa an die Stelle in der Beschriftungszeile zu bewegen bis sich der Mauszeiger zu  ändert. Dann ist wieder mit der *rechten Maustaste* das Kontextmenü zu öffnen und der letzte Punkt *Einblenden* zu wählen. Die zuvor nicht dargestellte Zeile oder Spalte wird nun wieder angezeigt.

Um einzelne Zellen auszublenden, sind die Zellen mit weißem Hintergrund und weißer Schrift zu formatieren. Damit werden die Zellinhalte im Tabellenblatt und im Druck nicht dargestellt.

Hinweis: Der Inhalt so formatierter Zellen wird allerdings immer noch in der Bearbeitungszeile weiter angezeigt.

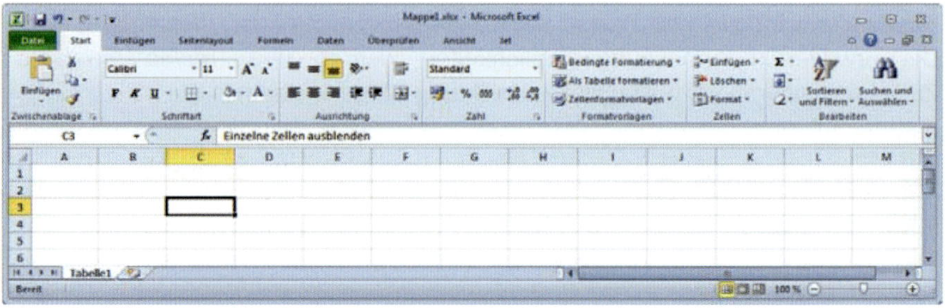

1.2.4 Formate übertragen

In der Regel sollen die Zahlen als Geldbeträge, Maßzahlen, Mengen oder Zeiten und nicht als einfache Zahlenfolgen dargestellt werden.

Für die schnelle Formatierung stehen in der Multifunktionsleiste Start im Bereich Zahl folgende Schaltflächen zur Verfügung: % 000 ,0 ,00 ,00 ,0 Prozentformat, 1.000er Trennzeichen, Dezimalstelle hinzufügen und Dezimalstelle löschen.

Um den Zahlen eine Maßeinheit bei der Anzeige zu geben, kann eine solche Formatierung ebenfalls über das Menü *rechte Maustaste / Zellen formatieren…* im Register Zahlen vorgenommen werden. In diesem Register sind vordefinierte Formate zu finden. Je nach ausgewähltem Format im Bereich Kategorie werden auf der rechten Seite weitere Formatierungseigenschaften dargestellt. Ist das erforderliche Format nicht enthalten, können eigene Formatierungen als <Benutzerdefiniert> festgelegt werden.

Im Bereich Beispiel werden die Zellwerte so dargestellt, wie sie anschließend auch in der Zelle dargestellt werden würden. Die Formatierung wird mit einem Klick auf die Schaltfläche OK an die Zelle(n) übertragen.

Hinweis: Zur Erleichterung der Eingabe von Zahlen kann der 1.000er Punkt mit eingegeben werden. Excel ignoriert dieses Zeichen bei der internen Formatierung als Text oder Zahl. Aber es darf niemals die Maßeinheit bei der Eingabe in der Zelle mit angegeben werden, denn dann erkennt Excel die Eingabe als Text und nicht als Zahl mit zugehörender Einheit!

Wurde eine Zelle wie erforderlich formatiert und soll diese Formatierung auf weitere Zellen angewendet werden, können die Einstellungen für die neuen Zellen per Hand nacheinander übertragen werden. Allerdings nimmt diese Methode viel Zeit in Anspruch und es ist nicht sichergestellt, dass wirklich alle Formatierungen übernommen werden. Deshalb gibt es in Excel eine Funktion mit der die Formatierungen von einer Zelle auf andere Zellen in nur einem Schritt übertragen werden können.

Dazu muss zuerst die Zelle markiert werden, von der die Formatierung übernommen werden soll. Anschließend ist auf die Schaltfläche „Format übertragen“ in der Multifunktionsleiste Start im Bereich Zwischenablage zu klicken. Excel speichert nun die eingestellten Formatierungen im Hintergrund. Wird jetzt eine andere Zelle (Ziel-Zelle) angeklickt, wird auf diese die Formatierung der ersten (Quell-Zelle) übertragen. Nach dem Klick in die Quell-Zelle oder über die Taste **ESC** wird der Formatkopiermodus beendet.

Um die Formatierung aus der Quell-Zelle auf mehrere zusammenhängende Zellen zu übertragen, müssen die jeweiligen Ziel-Zellen mit der gedrückten linken Maustaste markiert werden. Sobald die Maustaste losgelassen wird, wird das Format auf die ausgewählten Ziel-Zellen übertragen und der Formatkopiermodus beendet.

Liegen die Ziel-Zellen nicht so, dass sie mit einem Mausklick zusammenhängend markiert werden können, muss bei der Formatübertragung von der Quell-Zelle ein Doppelklick auf die Schaltfläche ausgeführt werden. Dadurch bleibt der Formatkopiermodus solange erhalten, bis erneut die Schaltfläche „Formatierung übernehmen“ angeklickt oder der Modus mit **ESC** beendet wird.

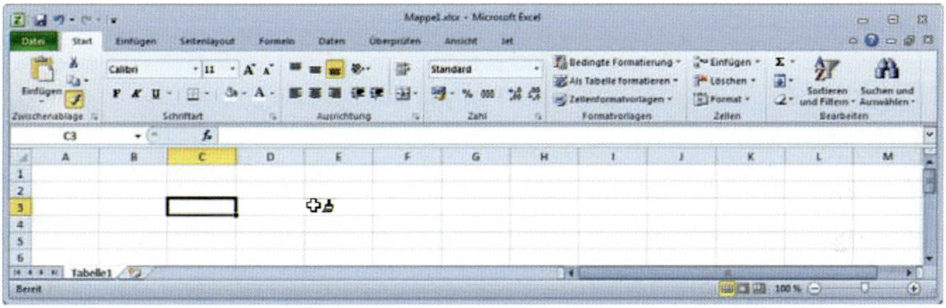

Auf alle Zellen, die nun auch einzeln angeklickt werden, wird die Formatierung aus der Quell-Zelle übertragen.

1.3 Rechnen mit Excel

Mit Excel steht ein flexibles Werkzeug zur Verfügung, um die verschiedensten Berechnungen durchzuführen. Dabei wird in der Zelle, in der die Formel oder Funktion eingetragen wurde, das Ergebnis angezeigt.

Das Erstellen und Kopieren von Formeln und Funktionen ist eines der wichtigsten Instrumente einer Tabellenkalkulation. Wird dies in Excel sicher beherrscht, so ist der Grundstein für das Verständnis von Jet Reports gelegt.

1.3.1 Formeln erstellen und kopieren

Jede Zelle in Excel wird durch eine eindeutige Spalten-Zeilen-Kombination definiert. Diese eindeutige Definition wird für alle Berechnungen in Excel, inkl. der Jet Reports Funktionen, genutzt. Die Adressierung der Zelle wird Zellbezug genannt. Diese Zellbezüge können in einer Formel manuell eingegeben oder auch durch Klicken mit der Maus auf die entsprechende Zelle erzeugt werden.

Bei der Erstellung einer Formel ist zu beachten, dass immer vorher ein Gleichheitszeichen „=“ einzugeben ist oder die Formel mit Hilfe der Symbolschaltfläche Funktion *fx* bzw. mit der Tastatur mit **Groß** + **F3** über den Funktionsassistenten erstellt wird.

Als Beispiel soll in der Zelle E3 eine einfache Addition ausgeführt werden. Dafür sind zunächst die Zeilen 2, 3 und 4 und die Spalten A, B, C und D zu füllen. In die Zelle A3 ist Artikel1 und in die Zelle B2 Jan einzutragen. Nun sind über das Vervollständigen von Reihen die Zellen A4 und A5 aus der Zelle A3 sowie die Zellen C2 und D2 aus der Zelle B2 zu füllen.

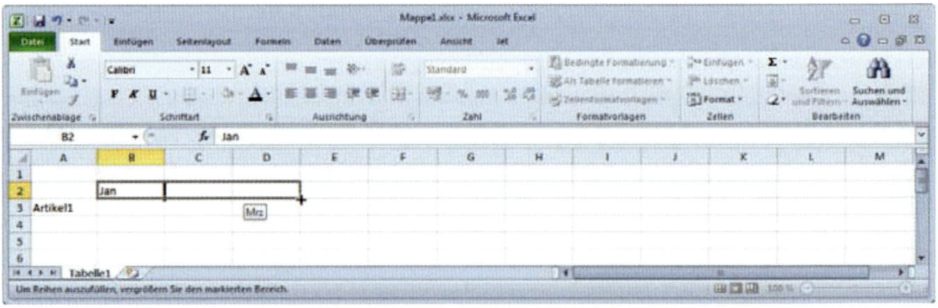

Anschließend werden Beispielzahlen in die Zellen B3 bis D5 manuell eingetragen. In der Spalte E soll jeweils die Summe der Zahlen aus den Spalten für die einzelnen Artikel ausgegeben werden. Als Spaltenüberschrift für die Spalte E ist in die Zelle E2 Summe einzutragen.

Um jetzt in die Zelle E3 eine Formel für eine Summe einzufügen, ist das Gleichheitszeichen **=** über die Tastatur einzugeben. Anschließend ist mit der Maus die Zelle B3 anzuklicken. Dann wird wieder über die Tastatur das Pluszeichen **+** eingegeben und wieder die Zelle C3 angeklickt. Nochmals ist über die Tastatur das Pluszeichen **+** einzugeben und dann die Zelle D3 anzuklicken. Die Eingabe ist mit **Enter** zu bestätigen. In der Zelle E3 wird das Ergebnis der Formel angezeigt.

Um die Formel erneut anzuzeigen, ist der Cursor in der Zelle E3 zu positionieren. In der Bearbeitungszeile wird die Formel und in der Zelle das Ergebnis angezeigt. Mit einem Klick in die Bearbeitungszeile oder mit **F2** wird der Modus zum Bearbeiten der Formel aufgerufen. Im Tabellenblatt werden dann die einzelnen Komponenten der Formel farbig dargestellt. Damit ist besser ersichtlich, aus welchen Werten die Formel aufgebaut ist.

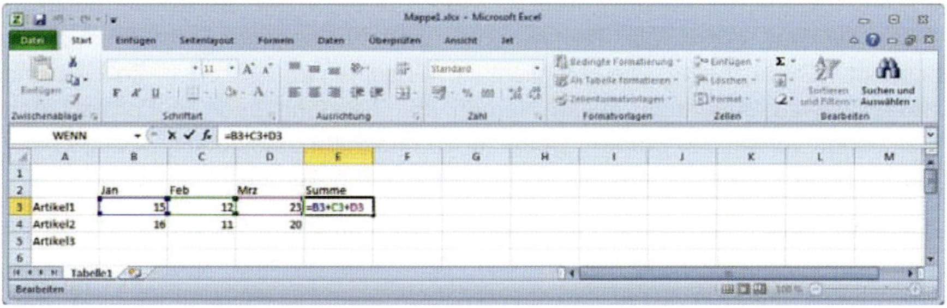

Die Formel aus der Zelle E3 soll nun in die Zelle E4 kopiert werden. Ähnlich wie beim Vervollständigen der Reihen, können nun auch einmal erstellte Formeln von einer Zelle in die benachbarten Zellen kopiert werden.

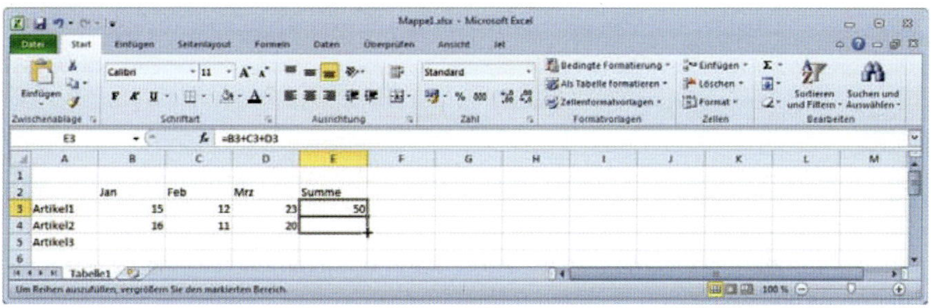

Excel passt die Zellbezüge in der Formel beim Kopieren automatisch an, womit dann das gewünschte Ergebnis in der Zelle E4 ausgegeben wird.

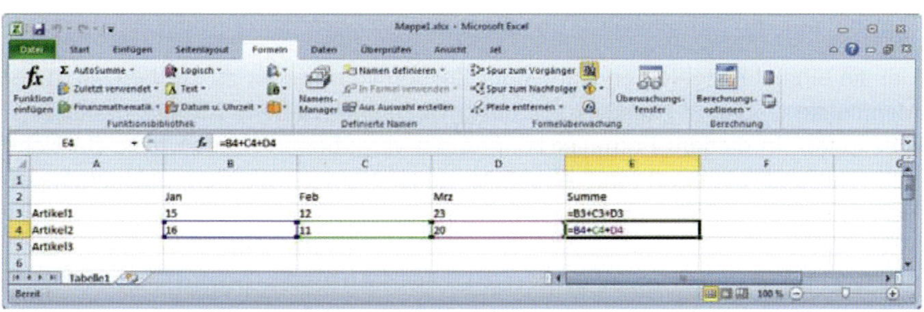

Dieses Kopieren der Formeln und Funktionen ist sowohl auf der Zeilen- als auch auf der Spalten-Ebene möglich.

Eine andere Möglichkeit des Kopierens ist die Zwischenablage mit **Strg** + **C** und **Strg** + **V**.

1.3.2 Zellen und Bereiche mit Namen versehen

Zellen werden durch die Zeilen- und Spaltenbezeichnung recht kryptisch benannt. Excel bietet die Möglichkeit einzelne Zellen oder Zellbereiche namentlich zu benennen. Diese Namen können dann auch in Formeln und Funktionen verwendet werden. Dabei ist zu beachten, dass diese Bezüge beim Kopieren der Formeln immer als absolut angesehen werden.

Um einer Zelle oder einem Zellbereich einen Namen zu geben, ist dieser zu markieren. Anschließend ist in der Bearbeitungsleiste das Namensfeld anzuklicken und der gewünschte Name einzutragen. Die Eingabe ist mit **Enter** zu bestätigen.

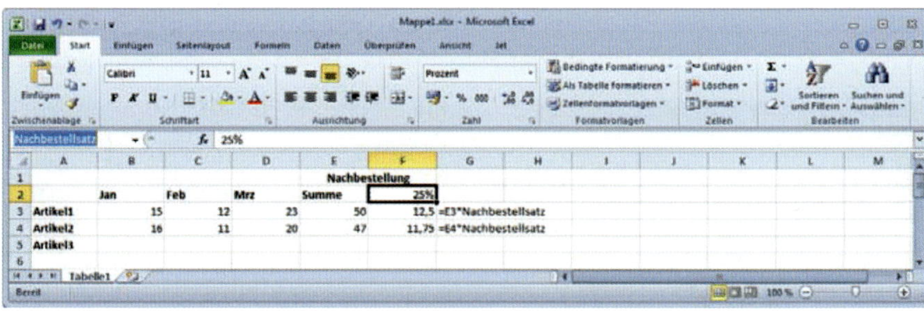

Um alle vergebenen Namen anzuzeigen, kann das Namensfeld mit einem Klick auf den nebenstehenden Button geöffnet werden.

Hinweis: Es können für den Namen maximal 255 Zeichen verwendet werden, wobei das erste Zeichen ein Buchstabe sein muss. Außerdem sollte sich der Name von der Syntax (Schreibweise) der „Original"-Syntax unterscheiden. (Sowohl von der Schreibweise der absoluten als auch der relativen Bezüge).

Um die einmal festgelegten Namen für Zellbereiche wieder zu löschen, ist in der Menüleiste der Punkt *Formeln / Definierte Namen / Namensmanager…* aufzurufen. In diesem Formular können die vergebenen Namen bzw. Bereiche gelöscht und geändert und ebenfalls neue Namen mit den dazugehörigen Bereichen neu definiert werden.

1.3.3 Verknüpfungen zu Tabellenblättern und Dateien

Zellbezüge können nicht nur innerhalb eines Tabellenblattes aufgebaut werden, sondern auch zwischen Zellen aus unterschiedlichen Tabellenblättern und sogar aus unterschiedlichen Dateien. Diese erweiterten Zellenbezüge in Excel nennt man Verknüpfungen.

Bei einer Verknüpfung zu einem anderen Tabellenblatt ist vor dem Zellbezug die Tabellenblattbezeichnung gefolgt von einem Ausrufezeichen einzutragen. Soll beispielsweise in der Excel-Tabelle vom Tabellenblatt „Tabelle1" auf eine Zelle im Tabellenblatt „Tabelle2" verwiesen werden, so muss in der Formel

```
=Tabelle2!C6
```

eingetragen werden.

Sollte der Blattname Leerzeichen oder Sonderzeichen enthalten, muss dieser in zwei einfache Hochkommas eingeschlossen werden. Also beispielsweise:

```
='Tabelle 2'!C6
```

Excel unterstützt dabei die Eingabe, indem bei der Erstellung der Formel durch einen Klick mit der Maus auf das erforderliche Tabellenblatt, gefolgt von einem Klick auf die erforderliche Zelle, der korrekte Bezug automatisch in die Formel eingetragen wird.

Bei einer Verknüpfung zu einer anderen Datei ist die Dateibezeichnung in eckigen Klammern [+] vor der Tabellenblattbezeichnung einzutragen.

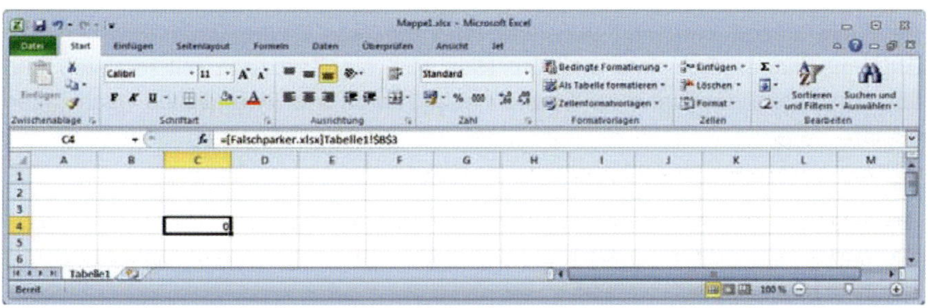

1.3.4 Relative und absolute Bezüge

War das Erstellen und Kopieren von Formeln und Funktionen der Grundstein für das Verständnis von Jet Reports, so ist der sichere Umgang mit relativen und absoluten Bezügen eine unumgängliche Voraussetzung.

Im vorhergehenden Abschnitt wurde gezeigt, dass beim Kopieren einer Formel deren Zellbezüge angepasst werden. Dies bedeutet, dass der Zellbezug aus der Originalzelle um die Anzahl der Spalten und Zeilen verändert wird.

Wenn eine Formel in der Originalzelle E4 z. B. einen Zellbezug auf B4 enthält, dann wird der Zellbezug beim Kopieren um eine Zeile nach unten auf B5 verändert, bei zwei Zeilen nach unten auf B6, bei drei Zeilen nach unten auf B7 usw. Gleiches gilt beim Kopieren innerhalb der Spalten. So wird aus dem Zellbezug B4 beim Kopieren um eine Spalte nach rechts C4, bei zwei Spalten nach rechts D4, bei drei Spalten nach rechts E4 usw. Dies funktioniert in alle vier Richtungen und es können gleichzeitig Zeilen und Spalten geändert werden.

Diese Art der Zellbezüge nennt man relative Zellbezüge, da sich die Spalten und Zeilen beim Kopieren der Formeln anpassen.

Hinweis: Wird ein Zellbezug neu eingefügt, wird dieser immer als relativer Zellbezug erstellt.

Im Gegensatz dazu nutzt man absolute Zellbezüge, wenn keine automatische Anpassung der Zellbezüge erfolgen soll. Dies geschieht durch Eintrag eines „$"-Zeichens vor der Spalten- und/oder Zeilenangabe des Zellbezuges. Dabei gibt es folgende Möglichkeiten für die Kombination von absoluten und relativen Bezügen:

- A1 Spalte relativ Zeile relativ
- $A1 Spalte absolut Zeile relativ
- A$1 Spalte relativ Zeile absolut
- $A$1 Spalte absolut Zeile absolut

Der Unterschied zwischen absoluten und relativen Zellbezügen wird bei dem Ergebnis dieses Beispiels deutlich: Hier wird ein Zellbezug mit relativen und absoluten Bezügen um zwei Spalten nach rechts und zwei Zeilen nach unten kopiert:

- A1 -> C3
- $A1 -> $A3
- A$1 -> C$1
- $A$1 -> $A$1

Nachfolgend ein Beispiel für den Einsatz absoluter Zellbezüge:

Für verschiedene Artikel sollen nach den bisherigen Verkäufen die Nachbestellmengen über einen Prozentsatz ermittelt werden. Bei der Nutzung von relativen Bezügen müsste der Prozentsatz in jeder Zeile eingetragen werden und bei einer Änderung wieder in jeder Zeile angepasst werden. Hier helfen die absoluten Bezüge, da der Prozentsatz nur in einer einzigen Zelle erfasst werden muss und alle Formeln in den Zeilen darauf zugreifen.

In der Zelle F2 wird der Prozentwert 25% für die Nachbestellmenge eingetragen.

Nach dem Kopieren der Funktion von der Zelle F3 in die Zelle F4 wurden die Zellbezüge angepasst. Um das beim Kopieren für die Zelle F2 zu verhindern, muss sie durch die Eingabe des $-Zeichens als absolut definiert werden.

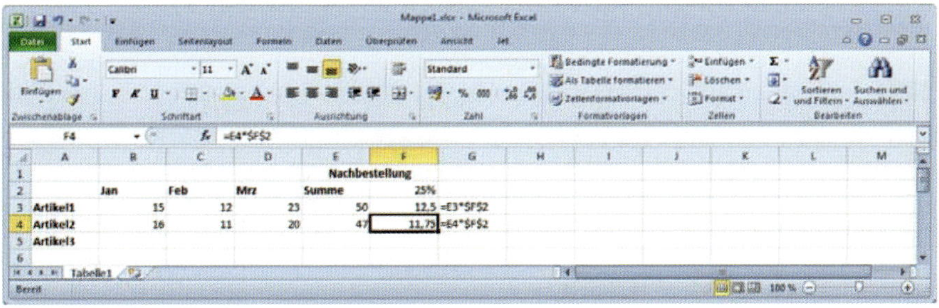

Beim anschließenden Kopieren der Formel aus der Zelle F3 nach F4 werden die korrekten Werte ausgegeben.

Hinweis: Durch Drücken der Taste **F4** werden die Zellbezüge der aktuellen Zelle automatisch geändert. Aus relativen Zellbezügen werden absolute. Da es vier Kombinationen für die Zellbezüge gibt, werden diese nacheinander gesetzt. Nach viermaligen Drücken der Taste **F4** wird die Ausgangskombination wieder angezeigt.

- 1 x $F$2 Zeile und Spalte werden auf absolut gesetzt, beim Kopieren wird der Zellbezug nicht verändert.
- 2 x F$2 Nur die Zeile wird auf absolut gesetzt, beim Kopieren wird nur der Spaltenbuchstabe angepasst.
- 3 x $F2 Nur die Spalte wird auf absolut gesetzt, beim Kopieren wird nur die Zeilennummer angepasst.
- 4 x F2 Zeile und Spalte sind auf relativ gesetzt, beide Teile des Zellbezuges werden beim Kopieren angepasst.

Relative Bezüge (A1, B3,...) werden beim Kopieren von Formeln oder beim Einfügen von Zeilen und Spalten automatisch angepasst. Wenn der Inhalt einer bestimmten Zelle explizit angesprochen werden soll, muss man absolute Bezüge ($A$1, $B$3) in der Formel verwenden.

Dabei gibt es auch die Möglichkeit nur die Spalte als absolut anzusprechen und die Zeile als relativ ($A1, $B3) oder umgekehrt (A$1, B$3).

1.3.5 Funktionen in Excel

Alle Funktionen in Excel, so auch die Funktionen die Jet Reports zur Verfügung stellt, sind nach dem gleichen Schema aufgebaut. Sie beginnen mit dem

Funktionsnamen und daran anschließend folgen in Klammern die einzelnen Werte (so genannte Argumente), die durch Semikolons voneinander getrennt werden.

```
FUNKTION(Argument1; Argument2; Argument3; ...)
```

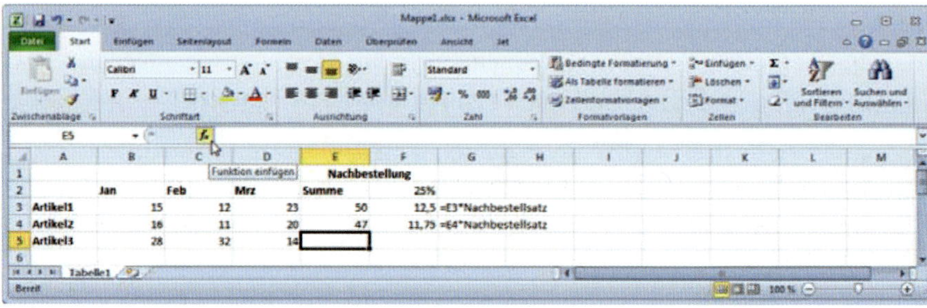

Für alle Funktionen bietet Excel einen Funktionsassistenten für die Erstellung der Formel an. Um diesen Assistenten zu nutzen, ist der Cursor auf der Zelle zu positionieren, in die die Funktion eingefügt werden soll. Anschließend kann der Funktionsassistent entweder mit der Maus über den Button Funktion *fx* einfügen oder über die Tastatur mit **Groß** + **F3** aufgerufen werden.

Wird im Feld „Kategorie auswählen“ im Bereich Funktion suchen die Option <Alle> gewählt, werden im Bereich Funktion auswählen alle verfügbaren Funktionen aus Excel angezeigt. Durch schnelle Tastatureingabe des Funktionsnamens oder durch Scrollen mit der Bildlaufleiste kann die gewünschte Funktion aufgerufen werden.

Im unteren Bereich wird eine kurze Beschreibung der Funktion mit den dazugehörigen Argumenten ausgegeben. Sollte diese Beschreibung nicht ausreichen, kann mit dem Link „Hilfe für diese Funktion“ neben dem Button **OK** eine ausführlichere Beschreibung aufgerufen werden. Um nun die ausgewählte Funktion in die Bearbeitung zu übernehmen, wird der Button OK oder zur Unterbrechung der Bearbeitung der Button Abbrechen angeklickt.

Nach der Übernahme der Formel in die Bearbeitung mit OK erscheint das Fenster Funktionsargumente. Dieses Formular ist in drei Bereiche eingeteilt. Im oberen Bereich werden die einzelnen Argumente übersichtlich untereinander mit Eingabehilfe und Teilergebnis dargestellt.

Im mittleren Bereich wird noch einmal die Funktion erläutert und zusätzlich eine kurze Hilfe für das aktuelle Argument angezeigt.

Im unteren Bereich wird das Formelergebnis ausgegeben. Werden im oberen Bereich die Argumente geändert, ändert sich anschließend auch das Formelergebnis. Somit ist bereits hier eine Kontrolle gegeben, ob die eingegebene Formel korrekt ist.

Um den Zellbereich für die Summenformel zu ändern, kann der eingetragene Wert von Hand geändert oder durch das Markieren der Zellen direkt im Tabellenblatt in den Funktionsassistenten übertragen werden. Da nun die Summe der Zellen von B5, C5 und D5 berechnet werden soll, ist „B5:D5“ im Feld „Zahl1“ einzutragen.

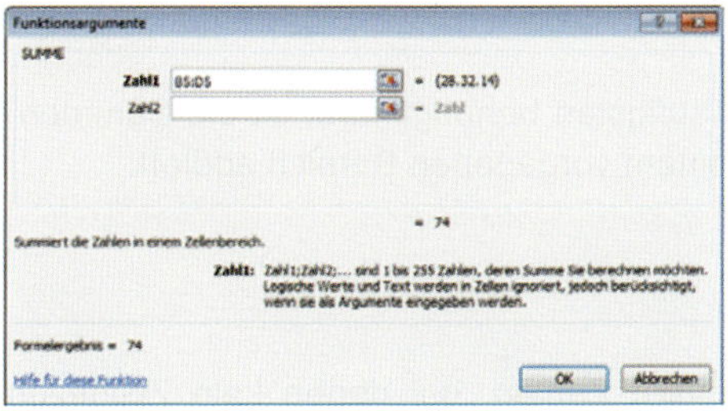

Nach dem Klick auf den OK-Button wird die erstellte Formel in die Zelle E5 eingetragen.

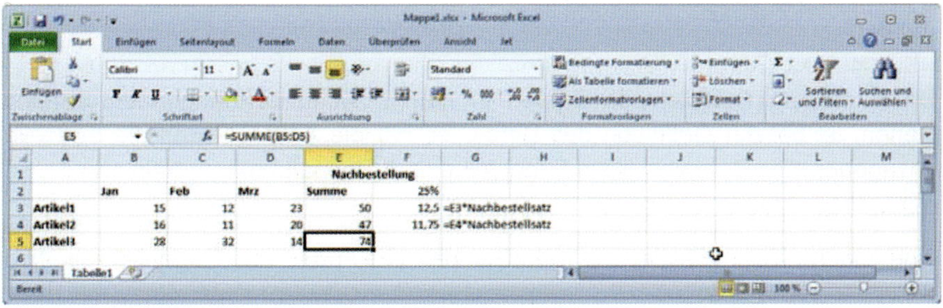

Hinweis: Formeln können in Excel fast beliebig verschachtelt werden. Jeder Wert (jedes Argument) einer Funktion kann wieder durch eine weitere Formel ersetzt werden. Eine Formel kann beispielsweise so aussehen:

```
=RUNDEN(SUMME(B5:E7);2)
```

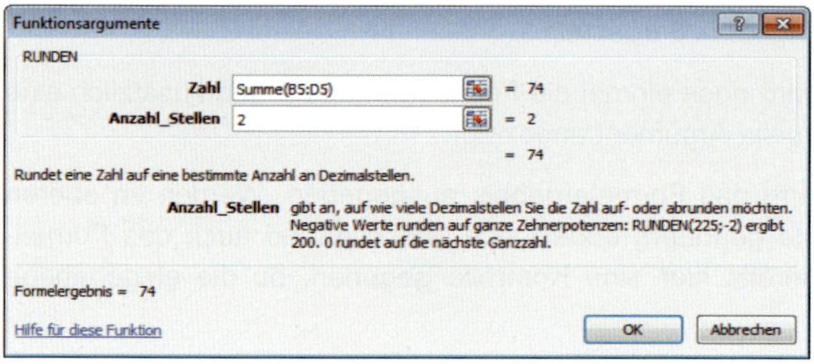

1.3.6 Häufig genutzte Funktionen

In diesem Abschnitt werden einige wichtige Funktionen dargestellt, die später auch bei den Auswertungen mit Jet Reports häufig verwendet werden.

SUMME(Zahl1;Zahl2;...)

Die Funktion, die wahrscheinlich am häufigsten benötigt wird, ist die Summenfunktion. Mit ihr werden alle Zahlen in einem vorgegeben Bereich addiert.

Beispiele:

`=SUMME(12; 13; 8; 19; 7)`
eine Summe der in Klammern stehenden Zahlen, bei denen kein Zellbezug verwendet wird.

`=SUMME(A1; A2; A3; A4; A5)`
eine Summe der Werte der Zellen, die als Argumente genannt sind. Hier wird mit relativen Zellbezügen gearbeitet.

`=SUMME(A1:A5)`
Da in diesem Beispiel alle Zahlen in einem zusammenhängenden Bereich stehen, ist bei der Definition des Bereiches nur die Anfangs- und die Endzelle anzugeben. Ein Bereich wird in Excel mit einem Doppelpunkt „:“ definiert.

Für die Summenfunktion, die in Excel am häufigsten verwendet wird, gibt es eine eigene Schaltfläche, die AutoSumme Σ oder die Tastenkombination Alt + = (Alt + Groß + 0).

Excel markiert nun automatisch den Bereich darüber oder daneben. Soll stattdessen die Summe eines anderen Bereichs berechnet werden, kann dieser einfach mit der Maus markiert werden.

TEILERGEBNIS(Konstante;Bezug1; Bezug2...)

Diese Funktion gibt für einen definierten Bereich (Bezug) je nach ausgewählter Konstante unterschiedliche Ergebnisse aus. Insgesamt stehen 11 Konstanten zur Auswahl. Jede Konstante für sich stellt wiederum eine schon vorhandene Funktion in Excel dar. Diese sind wie folgt definiert:

1	MITTELWERT	5	MIN	9	SUMME
2	ANZAHL	6	PRODUKT	10	VARIANZ
3	ANZAHL2	7	STABW	11	VARIANZEN
4	MAX	8	STABWN		

Beispiele:

`=TEILERGEBNIS(1;A1:A5)`
Das Ergebnis dieser Funktion ist der Mittelwert der Zahlen aus dem Bereich von A1 bis A5. Dafür addiert Excel die Inhalte der Zellen und dividiert das Ergebnis durch die Anzahl der Zellen im Bereich.

`=TEILERGEBNIS(9;E3:E5)`
Hier wird die Summe der Zahlen aus dem Bereich von E3 bis E5 ermittelt und ausgegeben. Das gleiche Ergebnis wird auch mit der Summenfunktion erreicht, die dann folgendermaßen aussieht: `=SUMME(E3:E5)`

Mit den Konstanten wird somit bei der Funktion Teilergebnis angegeben, welche Standard-Funktion für den angegebenen Bereich angewendet werden soll. Das hat den Vorteil, dass nur eine kleine Änderung an der Funktion vorgenommen werden muss, um ein anderes Ergebnis mit einer anderen Bedeutung zu erhalten.

WENN(Prüfung;Dann;Sonst)

Mit dieser Funktion können logische Abfragen in der Form wenn-dann-sonst erzeugt werden. Wenn also eine Zelle ein bestimmtes Ergebnis liefert, dann wird eine bestimmte Aktion durchgeführt, sonst eine andere.

Das Ergebnis des Teils der Prüfung muss mit JA oder NEIN beantwortet werden können. Für diese Prüfung stehen Vergleichsoperatoren mit folgender Bedeutung bereit:

=	ist gleich	<=	kleiner oder gleich
<	kleiner als	>=	größer oder gleich
>	größer als	<>	ungleich

Beispiele:

`=WENN(D4="";0;D4)`
Mit dieser Formel wird sichergestellt, dass in den Zellen kein leerer Wert steht, sondern wenn die Zelle D4 leer ist, wird in die Zelle der Formel 0 (Null) eingetragen.

`=WENN(D4>10;C4*D4-3%;C4*D4)`
Als weiteres Beispiel kann hier die Abbildung eines Mengenrabatts genannt werden. Die Funktion kann wie folgt in Text gefasst werden: In einer Zelle soll der Betrag berechnet werden, den der Kunde zu zahlen hat. Wenn er mehr als 10 Stück bestellt, bekommt er einen Rabatt von 3%, sonst zahlt er den Standardpreis.

D4 - entspricht der „Menge“ (11 Stück)
C4 - entspricht dem „Einzelbetrag“ (1,00 EUR)
F4 - entspricht dem „zu zahlenden Betrag“ (?)

Mit dem Formeleditor wird diese Funktion wie folgt dargestellt:

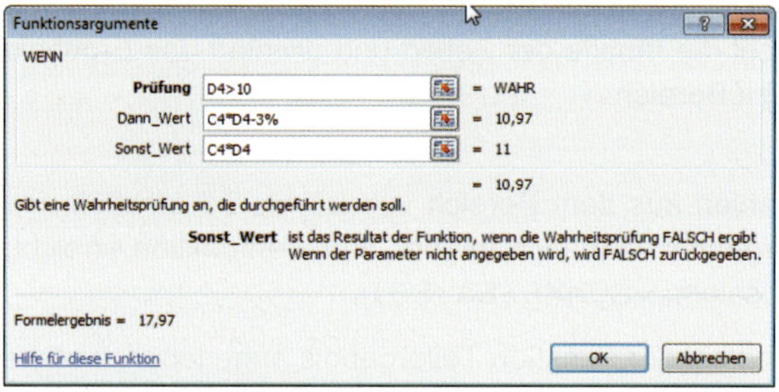

RUNDEN(Zahl;Anzahl Stellen)

Mit dieser Funktion wird eine Zahl auf eine angegebene Anzahl von Stellen gerundet. Dabei gilt: Ist die angegebene „Anzahl Stellen“ größer als 0 (Null), wird die Zahl auf die angegebene Anzahl von Dezimalstellen gerundet. Ist „Anzahl Stellen“ gleich 0, wird die Zahl auf die nächste ganze Zahl gerundet, wobei kaufmännisch gerundet wird. Ist „Anzahl Stellen“ kleiner als 0, wird die Zahl auf Dezimalstellen vor dem Komma gerundet.

Beispiele:

`=RUNDEN(54,57;1)` = 54,6
`=RUNDEN(54,5;0)` = 55
`=RUNDEN(54,57;-2)` = 100

HEUTE()

Diese Funktion gibt die fortlaufende Zahl des heutigen Datums zurück. Excel formatiert anschließend diese Zahl zu einem Datum, was dann in der entsprechenden Zelle als Ergebnis angezeigt wird. Ist das nicht der Fall, müssen Einstellungen in Excel angepasst werden.

✎ **Beispiele:**

`=HEUTE()` =18.04.2011

Für diese Funktion werden keine Argumente benötigt.

1.4 Grafische Auswertungen

Einfache grafische Auswertungen für Excel können schon durch die bedingte Formatierung von Zellen erreicht werden. Hierbei werden Zellen in Abhängigkeit ihres Inhaltes formatiert.

Zusätzliche grafische Auswertungen ermöglichen die unterschiedlichen Diagramme, die mit Excel erstellt werden können. Hier werden die Ergebnisse bildlich dargestellt.

1.4.1 Bedingte Formatierung

Mit der bedingten Formatierung in Excel ist es möglich, die Formatierung der Zellen (Schrift/Rahmen/Muster) abhängig von ihrem Wert zu formatieren. So kann festgelegt werden, dass z. B. das Wort Summe in der gesamten Tabelle immer schwarz und fett geschrieben wird, oder alle Zahlen kleiner 10 dunkelgrün angezeigt werden.

Es besteht sogar die Möglichkeit durch mehrere Verknüpfungen von bedingten Formatierungen so genannte Ampeln zu gestalten. Die bedingte Formatierung ist demnach ein gutes Hilfsmittel, um in großen Exceltabellen auf bestimmte Werte aufmerksam zu machen.

Die nachfolgend beschriebene Übung zeigt ein Beispiel für die Erstellung einer bedingten Formatierung. Hier soll gezeigt werden, wie die bedingte Formatierung auf sich verändernde Werte reagiert. Dazu wird zunächst eine Matrix erzeugt, die in Abhängigkeit zweier veränderbarer Werte, einem Startwert und einer Schrittweite, aufgebaut wird.

In ein leeres Tabellenblatt wird in die Zelle A1 als Beschreibung „Startwert“ und in die Zelle A2 „Schrittweite“ eingetragen. Die beiden Werte, die nun in die

Zellen B1 -> 10 und B2 -> 5 eingetragen werden, dienen als Grundlage für die Formeln in der Matrix.

Die Matrix startet in der Zelle A4 mit dem Startwert. Deshalb wird hier die Formel `=B1` eingetragen. Nach unten wird die Matrix als Summe des vorherigen Wertes und der Schrittweite erweitert. Da hier die Schrittweite immer aus derselben Zelle verwendet werden soll, ist die Formel für die Zelle A5 `=A4+$B$2`. In der Zelle A5 wird nun 15 angezeigt. Anschließend ist die Formel aus der Zelle A4 bis zur Zelle A14 zu kopieren.

Für den waagerechten Aufbau der Matrix ist in die Zelle B4 ebenfalls eine Formel zu schreiben, die dann bis zur Zelle E4 kopiert wird. Die Formel der Zelle B4 ist die gleiche, wie in Zelle A5 `=A4+$B$2`. Zum kompletten Aufbau der Matrix sind die erzeugten Formeln aus den Zellen B4 bis E4 in die Zellen B5 bis E14 zu erweitern / kopieren.

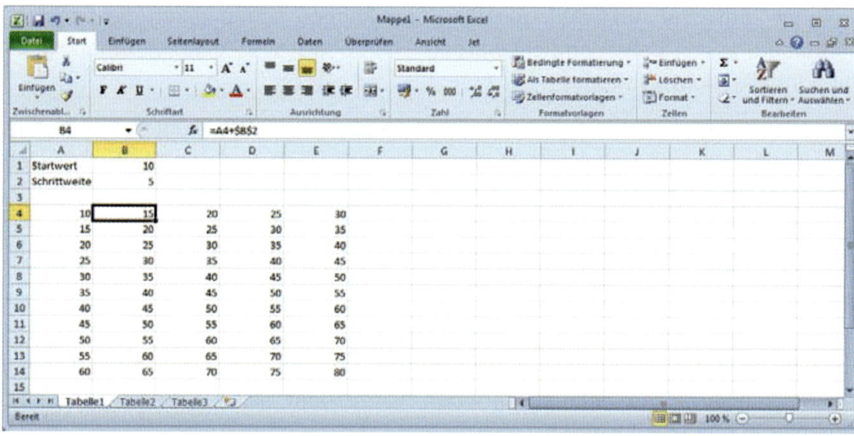

Über die Änderung der Werte in den Zellen B1 und B2 werden nun auch die Werte in der Matrix geändert.

Über die bedingte Formatierung soll nun erreicht werden, dass alle Zellen mit dem Wert 50 automatisch fett und mit gelbem Hintergrund dargestellt werden. Voraussetzung für die Festlegung einer bedingten Formatierung, ist die Auswahl eines Bereiches. Hier ist der Bereich von A4 bis E14 zu markieren.

Die Formatierungsregeln werden über das Menü *Start / Formatvorlagen / Bedingte Formatierung / Neue Regel* aufgerufen. In dem Fenster Neue Formatierungsregel ist der Regeltyp <Nur Zellen formatieren, die enthalten> auszuwählen. Im Bereich Regelbeschreibung bearbeiten ist im ersten Feld die Option <Zellwert>, im zweiten Feld die Option <gleich> auszuwählen und im dritten Feld der Wert 50 manuell einzutragen.

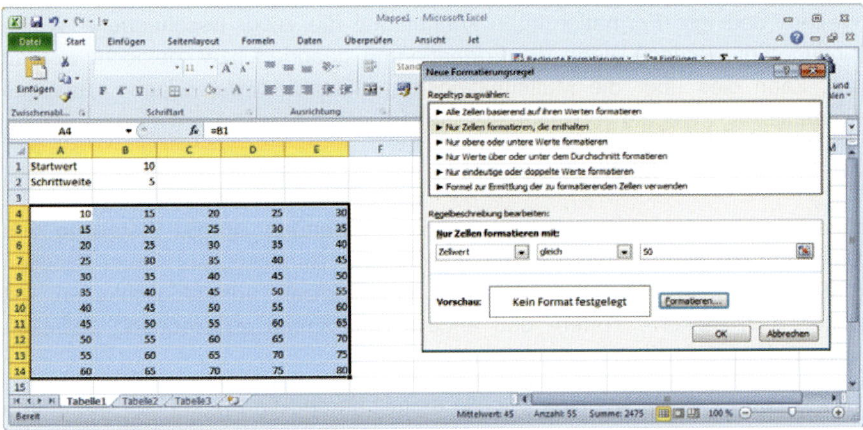

Über die Schaltfläche Formatieren... im unteren Bereich des Formulars, kann nun das gewünschte Format (Schriftart: fett, Hintergrundfarbe: gelb) im Fenster Zellen formatieren hinterlegt werden. Im Register Schrift ist entsprechend die Schriftart und im Register Ausfüllen die Hintergrundfarbe zu ändern. Die Auswahl ist über den Button OK zu bestätigen. Anschließend kann ebenfalls das Formular Neue Formatierungsregel über den Button OK verlassen werden.

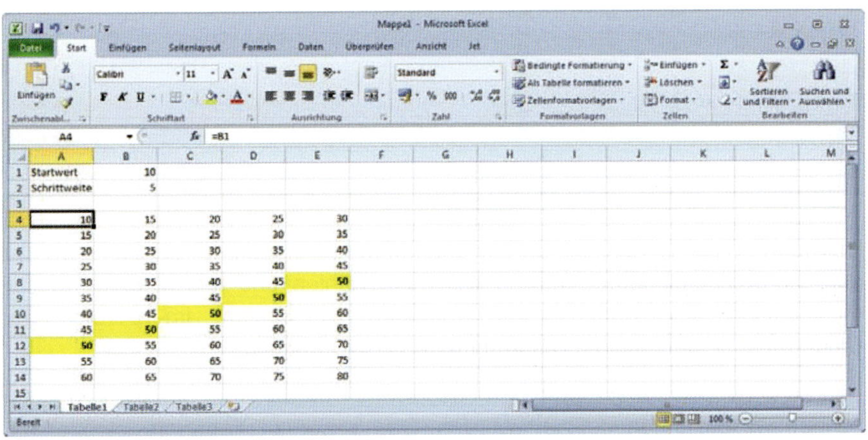

In der Matrix werden nun alle Zellen mit dem Wert 50 mit fetter Schrift auf gelben Hintergrund dargestellt. Werden jetzt die Werte für Startwert und oder Schrittweite verändert, reagiert auch die bedingte Formatierung und „bewegt“ sich mit dem Wert 50 mit. Dadurch wird erreicht, dass der gesuchte Wert immer sofort im Blick ist und nicht erst danach gesucht werden muss.

Weitere bedingte Formatierungen können auf die zuvor beschriebene Weise hinzugefügt werden. Wenn die Formatierung geändert bzw. gelöscht werden soll, kann dies über die Multifunktionsleiste *Start / Formatvorlagen / Bedingte Formatierung / Regeln verwalten* geschehen.

1.4.2 Diagramme

Eine weitere Möglichkeit der grafischen Auswertung ist die Erstellung von Diagrammen. Hierbei werden zuvor definierte Bereiche aus Excel-Tabellen grafisch dargestellt. Excel bietet dazu eine Vielzahl von Möglichkeiten, mit denen sich Balken-, Torten- und andere Diagramme ansprechend gestalten lassen.

Hier wurde zuvor bereits eine Tabelle erstellt, in der die Anzahl des verkauften Artikels in den einzelnen Monaten erfasst wurde.

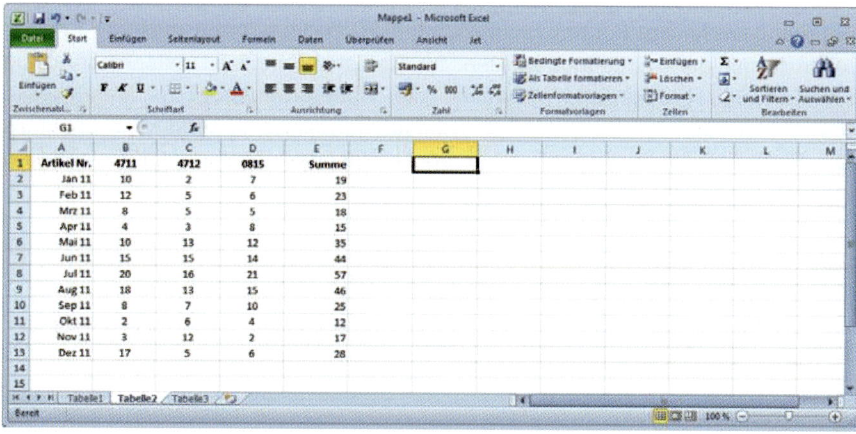

Artikel Nr.	4711	4712	0815	Summe
Jan 11	10	2	7	19
Feb 11	12	5	6	23
Mrz 11	8	5	5	18
Apr 11	4	3	8	15
Mai 11	10	13	12	35
Jun 11	15	15	14	44
Jul 11	20	16	21	57
Aug 11	18	13	15	46
Sep 11	8	7	10	25
Okt 11	2	6	4	12
Nov 11	3	12	2	17
Dez 11	17	5	6	28

Um nun in dieses Tabellenblatt ein Diagramm einzufügen, ist die Stelle an der das Diagramm eingefügt werden soll auszuwählen und anschließend in der Multifunktionsleiste das Register Einfügen zu wählen. Im Bereich der Diagramme stehen diverse Diagrammarten zur Verfügung.

Hier kann die passende Grundform ausgewählt werden. Über das weitere Menü können weitere Arten definiert werden. Das gewählte Diagramm ist über die Maus anzuklicken. Das Diagramm wird automatisch erstellt und in das Tabellenblatt eingefügt.

Jetzt muss das Diagramm bearbeitet werden, sodass die Verkaufszahlen berücksichtigt werden. Nachdem das Diagramm mit der Maus aktiviert wurde, wird eine neue Registerkarte Diagrammtools in der Multifunktionsleiste angezeigt.

In dieser kann im Bereich Diagrammvorlagen das Design des Diagramms geändert werden. Im Bereich Diagrammlayout kann das Layout festgelegt bzw. geändert werden.

Werden in dem Diagramm noch keine Daten angezeigt so ist der Datenbereich über den Punkt Daten auswählen im Bereich Daten zuzuweisen.

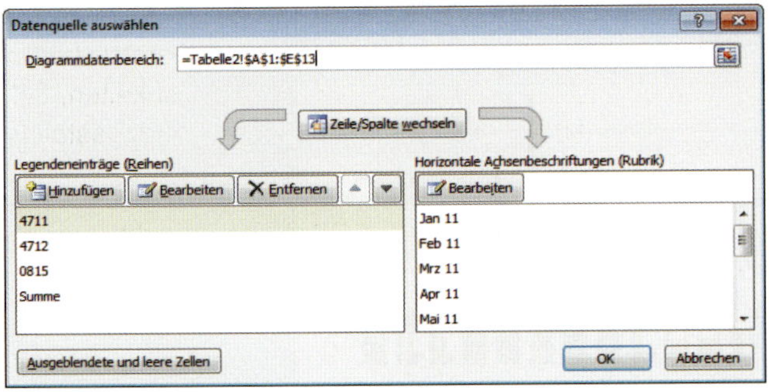

Die Legendeneinträge (Reihen) und die horizontale Achsenbeschriftung (Rubrik) können manuell bearbeitet werden. Enthält Ihr Diagramm noch Textfelder wie die Achsentitel, dann können diese ebenso manuell, durch einen Doppelklick auf das entsprechende Feld, bearbeitet werden.

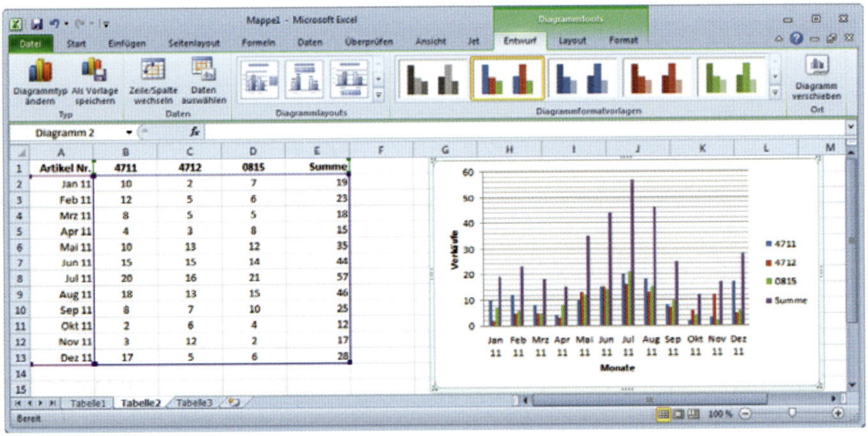

Wenn es einmal besonders schnell gehen soll, funktioniert die Diagramm-erstellung von Daten auch ohne aufwendiges Diagramm-Design. Dazu ist der Bereich in der Tabelle zu markieren, der die Daten enthält. Anschließend kann mit der Taste **F11** automatisch das Diagramm erstellt werden.

Dabei erstellt Excel ein Standard-Diagramm (wenn keine andere Option gewählt ist, ist das ein einfarbiges Säulendiagramm) und fügt es auf einem zusätzlichen Tabellenblatt ein.

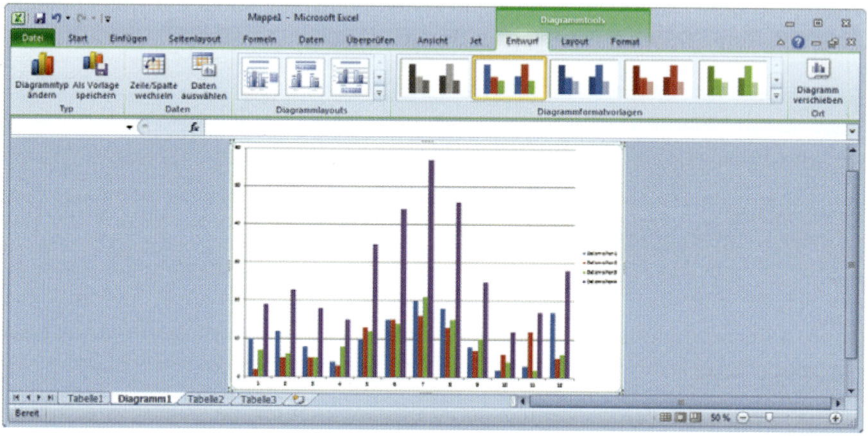

Dieses automatisch erstellte Diagramm kann anschließend mit den zuvor beschriebenen Möglichkeiten weiter bearbeitet werden.

2 Grundlagenwissen zu Dynamics NAV für die Nutzung von Jet Reports

Jet Reports arbeitet mit allen Versionen von Dynamics NAV zusammen. Das ist unabhängig von der eingesetzten Version: Navision Financials (Version 1.20 bis 2.60), Microsoft Business Solutions-Navision (Versionen 3.01 bis 3.70.B) oder Microsoft Dynamics NAV (Version 4.00 bis 2009). Jet Reports fungiert als externes Tool für Auswertungen und Analysen für Dynamics NAV.

Im folgenden Kapitel wird das Grundlagenwissen vermittelt, wie Daten in Dynamics NAV organisiert und abgelegt sind, wie die Dynamics NAV Masken mit den dahinter liegenden Tabellen verknüpft sind und wie man die für die Auswertungen benötigten Tabellen findet.

Für weitergehende Informationen zu Dynamics NAV empfehlen wir die Fachbücher „Expertenwissen zu Dynamics NAV“ und „101 Geschäftsvorfälle zu Dynamics NAV“ aus unserer Fachbuchreihe.

2.1 Die Dynamics NAV Datenbank

Das nachfolgende Kapitel beschreibt den grundsätzlichen Aufbau und die Arbeitsweise der Dynamics NAV Datenbank. Dabei ist es für das Verständnis und die Nutzung mit Jet Reports unerheblich, ob Dynamics NAV auf der C/SIDE oder der SQL-Datenbank aufgesetzt ist.

2.1.1 Aufbau der Datenbank

Datenbanken dienen zum Speichern von Daten. Diese werden dann bei Bedarf wieder zur Verfügung gestellt. Die Daten werden dabei ausschließlich in Tabellen gespeichert. Die unterschiedlichen Formulare, die man als Anwender auf dem Bildschirm zur Anzeige bekommt (Karten, Register, Übersichten) sind alle nur „Fenster“ auf die in der Datenbank liegenden Tabellen und Daten.

Tabellen bestehen aus Zeilen und aus Spalten. Die Zeilen werden als Datensätze und die Spalten als Felder bezeichnet.

Beispiel Telefonliste:

Nummer	Vorname	Nachname	Telefon
1	Thomas	Fischer	030 / 885985-0
2	Peter	Brandt	040 / 336 697
3	Domenic	Mohrholz	0331 / 7777-007

Eine Telefonliste oder ein Adressbuch ist bereits eine einfache Datenbank mit einer einzigen Tabelle, unabhängig davon, ob diese auf einem Computer oder auf Papier abgespeichert / geschrieben wurde.

Professionelle Datenbanken, wie Dynamics NAV, bestehen aus mehreren hundert Tabellen und weisen eine Reihe zusätzlicher Eigenschaften auf. Eine wichtige Eigenschaft computergestützter Datenbanken besteht darin, einzelne Tabellen miteinander zu verknüpfen.

Wenn z. B. ein Verkaufsauftrag für einen Debitor erfasst werden soll, ist es nicht erforderlich, in dem Auftragsdatensatz alle benötigten Daten des Debitordatensatzes (Name, Adresse, Kreditlimit oder die Anzahl der Rechnungskopien usw.) zu erfassen. Stattdessen reicht es aus, in einem dafür definierten Feld, die Nummer des Debitors/Kunden einzutragen. Die Datenbank kann anhand dieser Nummer den entsprechenden Debitor finden und so auf die Daten des Stammdatensatzes (z. B. die Adressdaten) zugreifen.

Diese Verknüpfungen von einem Datensatz (Verkaufsauftrag) auf einen anderen Datensatz (Debitor) werden in der Datenbanksprache als „Verweise" bzw. „Tabellenrelationen" bezeichnet. Deshalb werden solche Datenbanken auch „relationale Datenbanken" genannt.

Das Verständnis für diese Art der Informationsverknüpfung, egal ob als „Verknüpfung", „Verweis" oder „Tabellenrelationen" bezeichnet wird, ist eine wirklich unabdingbare Voraussetzung für die Erstellung von Auswertungen, denn nur ganz wenige Berichte greifen auf nur eine Tabelle zu.

Werden Daten aus mehreren Tabellen benötigt, muss man als erstes die Verknüpfung zwischen den zu verwendenden Tabellen und deren Feldern finden, die in Relation stehen.

Auf der Suche dabei hilft der LookUp-Button in Dynamics NAV. Als Beispiel soll die Verbindung zwischen dem Rechnungsempfänger in einem Kundenauftrag und dem entsprechenden Debitorstammdatensatz gefunden werden, um das Kreditlimit zu erfahren.

Die Kundenaufträge findet man im Menüpunkt *Verkauf & Marketing / Auftragsabwicklung / Aufträge*. Hier sucht man nun ein Feld mit einem LookUp-Button, welcher auf den Debitor verweist, der die Rechnung erhält. Fündig wird man im Feld „Rech. an Deb.-Nr." im zweiten Register Fakturierung. Wird der LookUp über die Taste **F6** geöffnet, wird das Formular Debitorenübersicht angezeigt. Der Cursor steht exakt auf dem Debitor und auf dem Feld zu dem die Verbindung besteht.

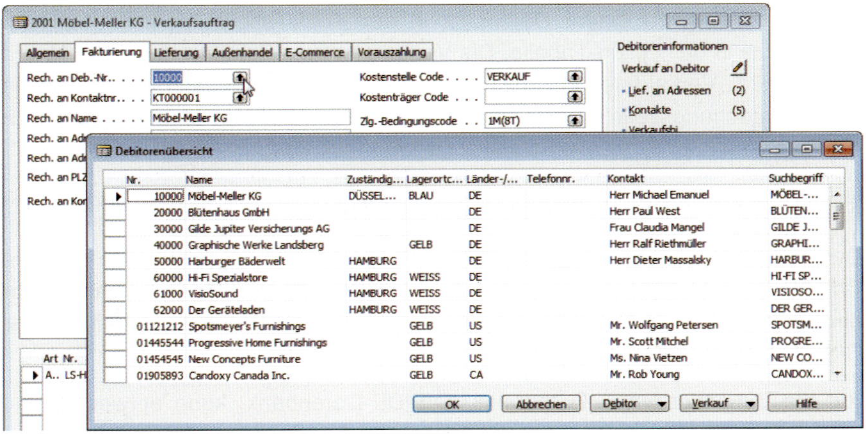

Daraus lässt sich nun die Feldverknüpfung mit den genauen Feldbezeichnungen ablesen: Das Feld „Rech. an Deb.-Nr.“ aus dem Verkaufsauftrag verweist auf das Feld „Nr.“ vom Debitor.

Jetzt benötigt man noch die genauen Bezeichnungen der Tabellen aus denen sich die Bildschirmmasken die Daten holen.

Auf der Suche dabei hilft die Zoom-Funktion in Dynamics NAV. Diese wird später noch ausführlicher erläutert. Hier nur kurz vorab: Immer wenn man in einer Bildschirmmaske auf einem Feld steht, kann man sich mit *Extras / Zoom* oder **Strg** + **F8** den gesamten dahinter liegenden Datensatz anzeigen lassen. Im Kopf dieser Anzeige steht die Tabellenbezeichnung.

Jetzt hat man die komplette Tabellenrelation gefunden: Das Feld „Rech. an Deb.-Nr.“ der Tabelle Verkaufskopf verweist auf das Feld „Nr.“ der Tabelle Debitor.

Zusammenfassend gilt zu merken: Der LookUp-Button hilft beim Finden der Feldverknüpfungen und die Zoom-Funktion beim Finden der zu verknüpfenden Tabellen. Beides zusammen ergibt die komplette Tabellenrelation und diese wird immer dann zwingend benötigt, wenn Daten aus zwei oder mehreren Tabellen in einer Auswertung oder Analyse benötigt werden.

Einer der Haupteinsatzfälle von Tabellenrelationen sind Einkaufs- und Verkaufsvorgänge, hier ist immer ein so genannter „Kopf“ mit „Zeilen“ verknüpft. Beispiel: Zur Darstellung einer Debitoren-Verkaufsrechnung in Dynamics NAV werden immer zwei Tabellen angesprochen: Im Kopfbereich die Tabelle „Verkaufsrechnungskopf“ und als Einzelpositionen im Zeilenbereich die „Verkaufsrechnungszeile“.

Dabei existieren zu einem Datensatz in der Kopf-Tabelle ein oder mehrere Datensätze in der Zeilen-Tabelle. Die Verknüpfung erfolgt über das Feld „Nr." in der Tabelle „Verkaufsrechnungskopf" und dem Feld „Belegnr." in der Tabelle „Verkaufsrechungszeile". Sind die Werte in beiden Feldern identisch, gehören die Kopf-Daten zu den Zeilen-Daten - sie sind verknüpft.

2.1.2 Lokale Datenbank und Server

Dynamics NAV bietet die Möglichkeit, sowohl die Dynamics NAV eigene C/SIDE-Datenbank zu nutzen, als auch den SQL-Server als Datenbankserver einzusetzen. Die weiteren Ausführungen beziehen sich auf die Arbeit mit der C/SIDE-Datenbank.

Auf die Dynamics NAV - Datenbank (C/SIDE-Datenbank) kann entweder lokal von einem Arbeitsplatz oder zentral über einen Server zugegriffen werden. Wird direkt auf die Datenbankdatei zugegriffen, d.h. die Datenbank wird lokal geöffnet, kann kein zweiter Anwender die Datenbank öffnen. Dies ist vergleichbar mit einem Word-Dokument, das auch immer nur von einer Person gleichzeitig bearbeitet werden kann. Es ist dabei egal, ob die Datenbankdatei auf dem Arbeitsplatz oder auf einem File-Server liegt.

Wenn mehrere Personen gleichzeitig mit Dynamics NAV arbeiten sollen, wird ein zusätzliches Programm benötigt, welches die Zugriffe von mehreren Anwendern steuert. Dieses Programm ist der Dynamics NAV-Server. Diese Server-Software ist von der Hardware-Plattform zu unterscheiden, auf dem die Dynamics NAV - Datenbank liegt. Dieses System wird im Allgemeinen auch als Dynamics NAV - Server bezeichnet.

Datenbank öffnen

Neben der Arbeit mit Dynamics NAV über den Server (als Echtsystem) können ebenso weitere Testdatenbanken auf den Arbeitsplätzen vorhanden sein. Der Dialog zum Öffnen einer Datenbank kann über die Menüleiste von Dynamics NAV über den Punkt *Datei / Datenbank / Öffnen...* aufgerufen werden.

Um eine lokale Datenbank zu öffnen, ist der Datenbankname inkl. des kompletten Dateipfades in das Feld „Datenbankname" einzutragen oder über den Assist-Button [...] im Feld bzw. **F6** auszuwählen. Das Feld „Servername" muss dann leer sein.

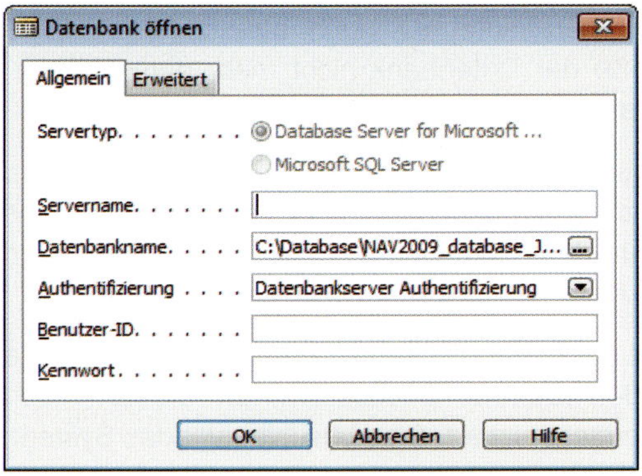

Um eine Datenbank über einen Server zu öffnen, muss der Servername in das Feld „Servername“ eingetragen werden. Das Feld „Datenbankname“ bleibt dann leer. Im Register Erweitert kann eingestellt werden, welches Netzwerkprotokoll verwendet werden soll.

Erfolgt die „Authentifizierung“ über Windows, greift Dynamics NAV auf den Benutzernamen von Windows zu. Bei der Datenbankserver Authentifizierung muss sich der Anwender mit einer Benutzer-ID und dem zugehörigen Kennwort legitimieren, um Zugriff auf die Datenbank zu erhalten.

Welche Authentifizierung von Jet Reports für die Anmeldung an der Datenbank verwendet wird, wird bei der Einstellung der Datenquelle festgelegt.

Datenbankinformation

Die Datenbankinformation gibt Aufschluss über die Größe, den Füllgrad und den Speicherort sowie die angemeldeten Benutzer.

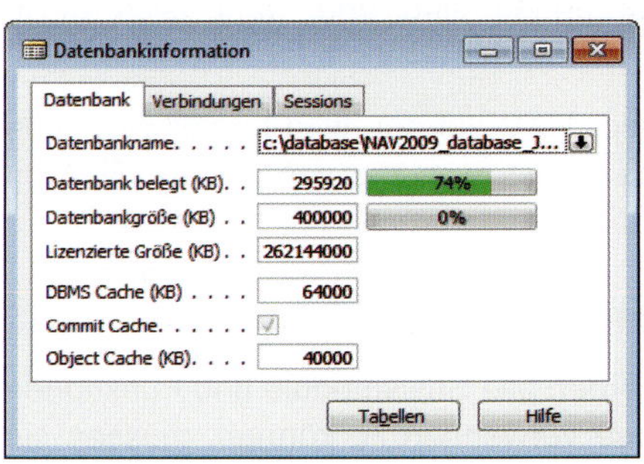

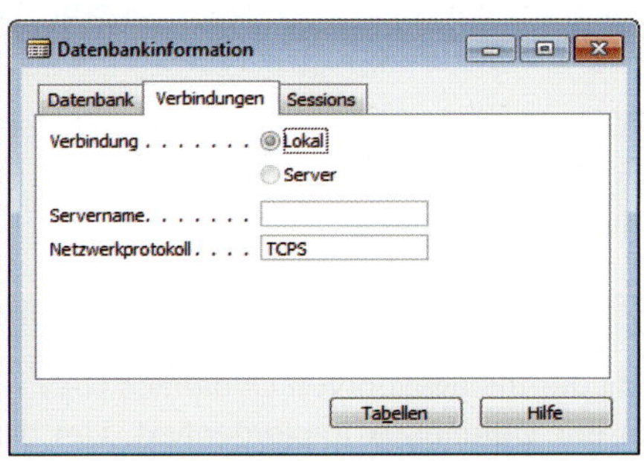

Im Feld „Datenbankname“ werden Pfad und Name der verwendeten Datei angezeigt. Im Feld „Datenbankgröße (KB)“ wird die Größe dieser Datenbank-Datei und im Feld „Datenbank belegt (KB)“ die darin gespeicherte Datenmenge angezeigt. Das Feld „Lizenzierte Größe (KB)“ gibt die maximal zu erreichende

Datenbankgröße an. Dieses Feld hat heute nur noch eine untergeordnete Bedeutung, da die maximale Größe der Datenbank nicht mehr durch Lizenzerweiterungen gekauft werden muss.

Weiterhin werden in diesem Register die Cache-Einstellungen angezeigt. Ein Cache (Zwischenpuffer) wird dazu verwendet Daten im Hauptspeicher des Computers zu speichern. Da auf den Hauptspeicher schneller zugegriffen werden kann als auf die Festplatte, wird das Gesamtsystem dadurch schneller.

Das Feld „DBMS Cache (KB)" gibt die Cache-Größe auf dem Server an. Wurde beim Start von Dynamics NAV der „Commit Cache" aktiviert, werden auch Schreibaktionen im Cache zwischengespeichert. Dies beschleunigt das System, da somit Vorgänge abgeschlossen werden können, bevor die Daten auf die (langsameren) Festplatten geschrieben werden.

Im Register „Sessions" wird angezeigt, wie viele Anwender aktuell am Server angemeldet sind und wie viele Anmeldungen mit der aktuellen Lizenz insgesamt möglich sind. Dies ist für die Nutzung der Jet Reports insofern wichtig, da Jet Reports während der Aktualisierung der Berichte eine „Session" belegt.

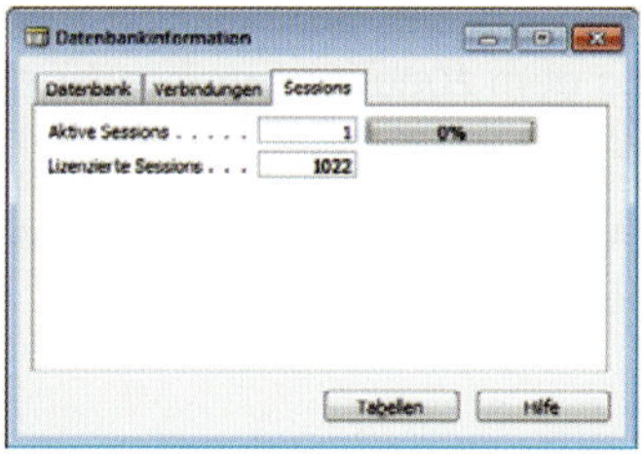

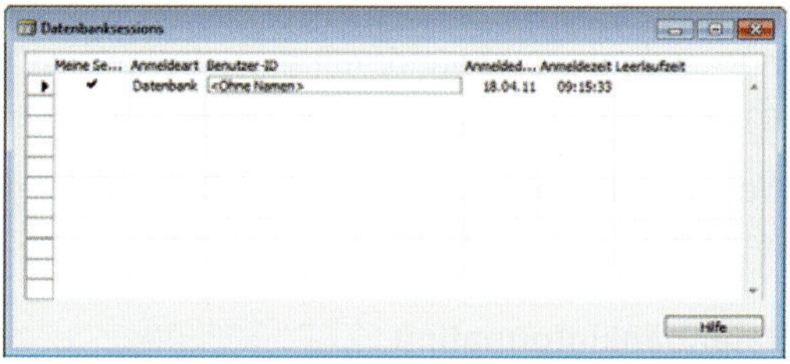

Über den DrillDown-Button oder die Taste **F6** im Feld „Aktive Sessions" kann das Fenster „Datenbanksessions" aufgerufen werden, in dem angezeigt wird, welche Anwender mit dem Server verbunden sind und wann sich diese angemeldet haben.

Wenn Jet Reports die Daten aus Dynamics NAV abfragt, wird hierfür eine freie Session benötigt. Sobald der Bericht erstellt ist, wird die verwendete Session wieder freigegeben.

2.1.3 Dynamics NAV Lizenz-Datei

Mit der Installation von Dynamics NAV werden alle Basismodule und Funktionen in der Datenbank implementiert. Um diese verwenden zu können, müssen sie zuvor durch den Erwerb der entsprechenden Lizenz „freigeschaltet" werden. Dies erfolgt durch das betreuende Dynamics NAV Solution Center, das eine Lizenzdatei („*.flf" **F**inancials **L**icense **F**ile) konfiguriert.

Bei einer Lizenzerweiterung muss somit nur eine neue Lizenzdatei eingespielt werden und die zusätzlichen Module stehen ohne weitere Installationsvorgänge zur Verfügung. Dies trifft z. B. auch für C/FRONT zu. C/FRONT ist die Lizenzerweiterung, die für den Einsatz von Jet Reports benötigt wird.

In einer Client-Server-Umgebung wird sowohl eine Lizenz am Client als auch am Server verwendet. Wird mit einer lokalen Datenbank gearbeitet, ist die lokale Lizenz im Installations-Verzeichnis von Dynamics NAV ausschlaggebend. Bei der Arbeit am Server ist die Lizenzdatei des Servers für die Zugriffsrechte maßgeblich. Dabei wird immer die Lizenzdatei mit dem Namen „fin.flf“ verwendet.

Ändern der Lizenzdatei am Client

Informationen über die aktuell verwendete Lizenz erhält man über den Menüpunkt *Extras / Lizenzinformation.*

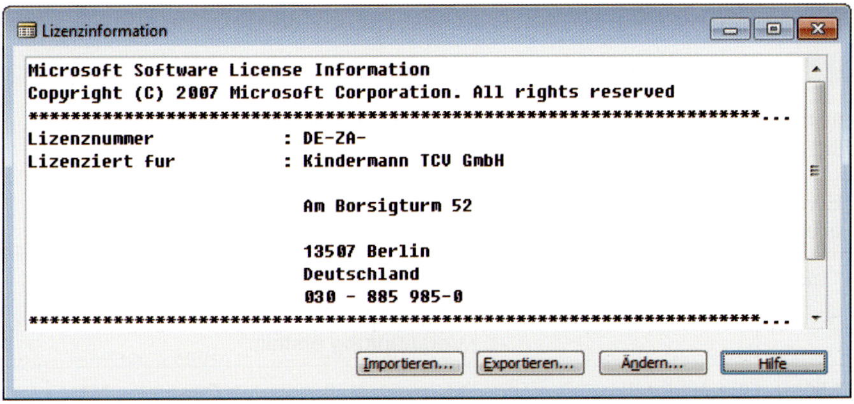

Neben der Lizenznummer, dem Namen und der Anschrift des Lizenznehmers enthält die Lizenzdatei Informationen über alle freigeschalteten Module.

Über Importieren... kann eine Lizenzdatei aus einem anderen Verzeichnis oder von einem Datenträger in das Installationsverzeichnis von Dynamics NAV kopiert werden. Aus Sicherheitsgründen ist von der Verwendung dieser Funktion außer auf Testsystemen abzuraten, da die Lizenz physisch kopiert wird. Es empfiehlt sich stattdessen, die Funktion Ändern... zu nutzen.

Über Ändern... wird die Lizenzdatei temporär nur für den aktuell geöffneten Client geändert. Nach dem Beenden und dem Neustart von Dynamics NAV wird wieder die ursprüngliche Lizenzdatei verwendet.

Über Exportieren... kann eine Kopie der Lizenzdatei in ein anderes Verzeichnis oder auf einen Datenträger gespeichert werden. Alternativ kann die Datei „fin.flf" auch manuell aus dem Client- oder Serververzeichnis kopiert werden.

Aus Sicherheitsgründen wird beim Ändern der Lizenzdatei die Datenbank geschlossen bzw. die Verbindung zum Server getrennt. In diesem Fall kann der zuletzt geöffnete Mandant in der zuletzt gearbeiteten Datenbank über den Menüpunkt *Datei / 1* (**Alt**+**D**+**1**) am schnellsten erneut aufgerufen werden.

Ändern der Lizenzdatei am Server

In einer Client-Server-Umgebung wird die Lizenz geändert, indem die neue „fin.flf" in das Installationsverzeichnis des Servers kopiert wird. Die Änderungen werden an den Clients erst nach erneuter Anmeldung wirksam.

Auf dem Server sollte nur eine, die aktuelle Lizenz gespeichert sein. Bei einer Aktualisierung der Lizenz ist somit sichergestellt, dass die aktuell genutzte Lizenz an der richtigen Stelle ersetzt wird.

2.1.4 Dateitypen für Dynamics NAV

Im Folgenden werden die unterschiedlichen Dateitypen und deren Bedeutung für Dynamics NAV näher erläutert:

Erweiterung	**Dateityp**	**Erläuterung**
*.exe	Programmdatei	Diese Datei ist das eigentliche Programm Dynamics NAV. Auf diese Datei wird die Verknüpfung erstellt.
*.flf	Lizenzdatei (**f**inancials **l**icense **f**ile)	Mit der Installation von Dynamics NAV werden alle Module und Funktionen in der Datenbank implementiert. Um sie verwenden zu können, müssen diese zuvor durch den Erwerb der entsprechenden Lizenz „freigeschaltet" werden. Diese Lizenz wird als *.flf – Datei gespeichert. Die Lizenzdatei des Unternehmens sollte nur auf dem Dynamics NAV-Server und nicht auf den Arbeitsplätzen abgelegt werden. Standardmäßig hat die Lizenzdatei den Namen fin.flf.

Erweiterung	Dateityp	Erläuterung
*.fbk	Datensicherungsdatei (**f**inancials **b**ac**k**up)	Eine komplette Datensicherung enthält alle Daten aller Mandanten und alle Applikationsobjekte der Datenbank.
*.fdb	Datenbankdatei (**f**inancials **d**ata**b**ase)	Alle Tabellen sowie der Quellcode für die einzelnen Fenster, Berichte und Funktionen werden in der Dynamics NAV-Datenbank meistens in einer einzigen Datei abgespeichert.
*.fob	Objektdatei (**f**inancials **ob**jects)	Zum Exportieren bzw. Importieren von Objekten in eine Datenbank stehen zwei verschiedene Formate zur Verfügung in denen die Objekte gespeichert werden. Das Dynamics NAV-eigene Objektformat („.fob“ **F**inancials **Ob**jects“) wird in der Regel verwendet.
*.zup	Benutzerspezifische Einstellungen (setup)	Alle benutzerspezifischen Einstellungen, wie Fenstergröße, Spaltenbreite oder eingeblendete Spalten und gesetzte Filter werden in dieser Datei gespeichert. Ausgenommen davon sind die individuellen Shortcuts.

2.2 Felder und Schaltflächen

Über Felder und Schaltflächen wird man in Dynamics NAV durch das Programm geführt. Über die unterschiedlichen Feldtypen werden die Daten dargestellt, geändert und gespeichert.

An manchen Feldern können zusätzlich Schaltflächen angefügt sein, mit denen weitere Funktionen und Auswahlen aufgerufen werden können.

2.2.1 Anzeige von Feldern

Zur Darstellung und Eingabe von Daten werden in Dynamics NAV unterschiedliche Feldtypen verwendet. Anhand der Darstellung der Felder auf den Formularen können schon einzelne Funktionen und Eingabemöglichkeiten abgeleitet werden.

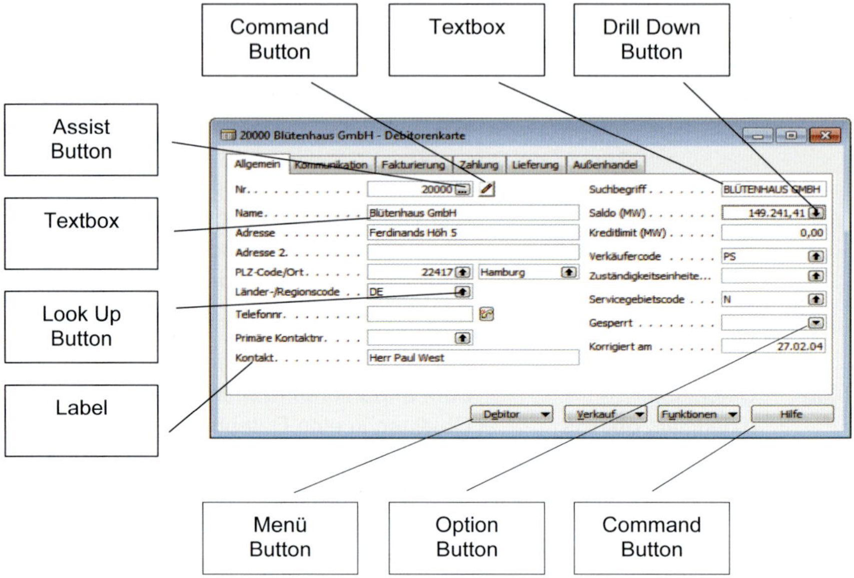

Ein **Label** gibt die Bezeichnung des daneben angezeigten Feldes an.

Eine **Textbox** wird zur Eingabe und Darstellung von Text und Zahlen verwendet. Wenn eine Textbox grau hinterlegt ist, sind keine Eingaben in dieses Feld möglich. Zusätzlich kann am rechten Rand einer Textbox eine der folgenden Schaltfläche sein:

Ein **Assist-Button** dient zur Anwahl einer Eingabehilfe, die den Anwender durch einen oder mehrere Schritte begleitet.

Ein **LookUp-Button** öffnet eine Auswahl möglicher Eingabewerte aus einer anderen Datenbanktabelle.

Ein **DrillDown-Button** ermöglicht die Auflösung einer Zahl in die Einzelwerte, aus der sie gebildet wurde. Drückt man z. B. auf dem Feld „Lagerbestand" der Artikelkarte den DrillDown-Button, so erhält man eine Aufstellung aller Artikelposten, die zu diesem Wert geführt haben.

Bei allen Feldern, die eine solche Schaltfläche enthalten, kann die Auswahl mit **F6** geöffnet werden.

Eine **Check-Box** dient zur Anzeige boolescher Werte (Ja-Nein-Felder). Der Haken kann in eine Check-Box durch einen einfachen Mausklick oder über die Leertaste der Tastatur gesetzt werden.

Ein **Command-Button** führt eine Funktion aus. Dies kann z. B. der Aufruf eines Berichtes, eines Formulars oder der Hilfe-Funktion sein. Ein Command-Button kann über Text oder eine Grafik beschrieben werden. Über einen **Menü-Button** gelangt man in ein Menü zur Auswahl verschiedener Funktionen.

Optionsfelder bieten eine definierte, nicht veränderbare Auswahl von Eingabewerten. Optionsfelder können entweder über Radio-Buttons (links) oder Textboxen (rechts) dargestellt werden. Bei Optionsfeldern ist keine Mehrfachauswahl möglich.

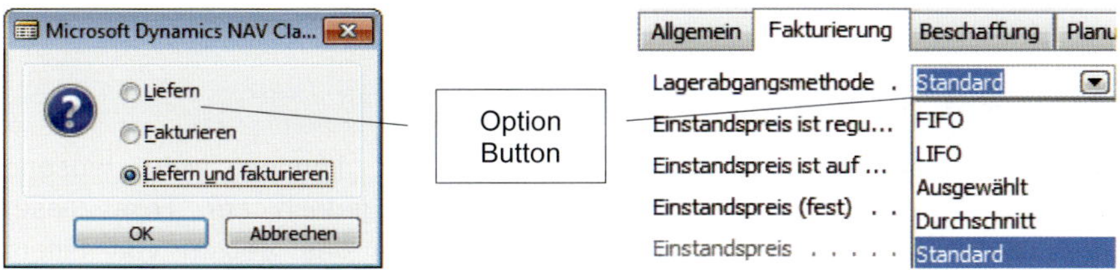

2.2.2 Kalkulierte Felder (FlowFields)

Bestimmte Informationen werden in Dynamics NAV nicht als fester Wert gespeichert, sondern genau in dem Moment berechnet, in dem der Wert angezeigt wird. So wird z. B. an keiner Stelle der Datenbank ein Wert für den aktuellen Debitorensaldo gespeichert. Trotzdem wird der Saldo beim Aufruf der Debitorenkarte angezeigt.

Dies erreicht Dynamics NAV dadurch, dass beim Aufruf des Fensters die Restbeträge aller Debitorenposten addiert werden. Dabei spielt es für die Verarbeitungsgeschwindigkeit keine Rolle, wie viele Einzelwerte dazu addiert werden müssen. Ermöglicht wird dies durch die patentierte SIFT® Sum-Index-Flow-Technologie der Dynamics NAV - Datenbank.

FlowFields besitzen fast immer einen DrillDown-Button, um die hinter dem Wert liegenden Einzelwerte anzuzeigen und sind in der Regel nicht editierbar.

2.2.3 Zoom

In den Bildschirmmasken von Dynamics NAV werden nur die Felder zur Anzeige gebracht, die für die aktuelle Bearbeitung benötigt werden. Für die Auswertungen mit Jet Reports werden jedoch oft weitere Felder und ganz wichtig, der genaue Tabellenname benötigt.

Über den Menüpunkt *Extras / Zoom* oder über die Tastenkombination **Strg** + **F8** werden alle Felder mit ihrer exakten, für Jet Reports so nutzbaren, Feldbezeichnung ausgegeben. In der Zoom-Maske steht links oben im Rand der exakte, ebenfalls für Jet Reports so nutzbare, Tabellenname. Gleichzeitig werden die Feldinhalte des aktuellen Datensatzes angezeigt, von dem aus der Zoom aufgerufen wurde.

Hinweis: Der Zoom kann nur aufgerufen werden, wenn die Benutzerrechte dafür zugewiesen wurden. Um Auswertungen mit Jet Reports effektiv erstellen zu können, benötigt man dieses Recht. Diese Rechte-Zuweisung kann durch den Administrator eingerichtet werden.

2.3 Filtern

In den Tabellen der Dynamics NAV-Datenbank können viele tausend Datensätze gespeichert werden. Häufig werden jedoch nur Teile dieser Datensätze für die Auswertungen benötigt. Durch das Setzen von Filtern können diese Datensätze eingeschränkt werden.

2.3.1 Tabellenfilter und Feldfilter

Die häufigste und wahrscheinlich auch effektivste Art sich nur eine Teilmenge der Daten aus den Tabellen der Datenbank anzeigen zu lassen (z. B. alle spanischen Kunden), ist das Setzen von geeigneten Filtern. Dynamics NAV stellt dafür folgende Filterfunktionen zur Verfügung:

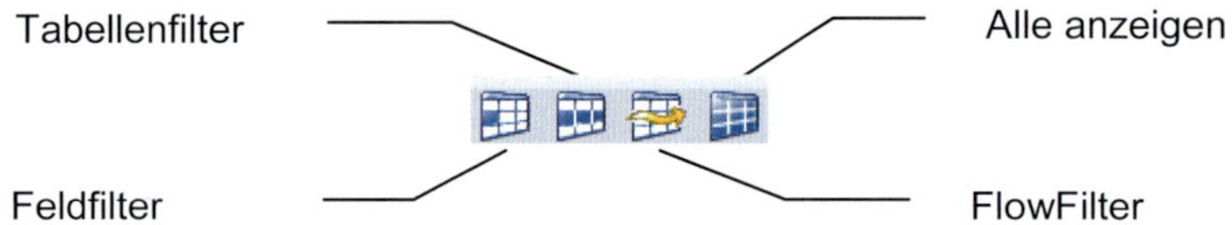

Feldfilter (F7) und Tabellenfilter (Strg + F7) sind von der Funktionsweise her gleich. Es handelt sich dabei nur um unterschiedliche Eingabemöglichkeiten. Im weiteren Text wird deshalb ausschließlich von Tabellenfiltern gesprochen.

Tabellenfilter grenzen die angezeigten oder zu verarbeitenden Datensätze ein. Hierbei kann auf jedes Feld der Tabelle ein Filter gesetzt werden. Es ist ebenso möglich auf mehrere Felder gleichzeitig Filter zu setzen.

Um z. B. alle spanischen Debitoren anzuzeigen, muss in der Debitorenübersicht auf das Feld „Länder-/Regionscode" der Filter „ES" für Spanien gesetzt werden.

Der Filter wird aktiv, sobald das Filterfenster über OK verlassen oder die Schaltfläche Anwenden gedrückt wird. Der Unterschied zwischen beiden ist, dass bei OK das Filterfenster geschlossen wird und es bei Anwenden geöffnet bleibt.

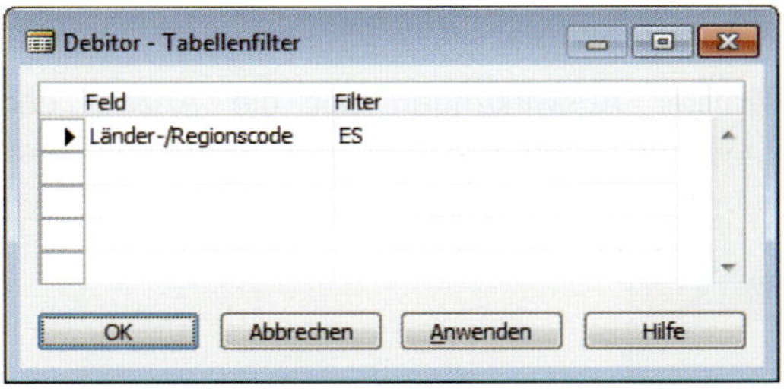

Alle zurzeit gesetzten Filter in einem Formular werden im Tabellenfilterfenster angezeigt. Außerdem wird das aktuelle Feld in die Liste der Felder aufgenommen. Bei der Verwendung des Feldfilters wird nur der Filter des aktuellen Feldes angezeigt bzw. der Wert des aktuellen Datensatzes zum Setzen eines Filters vorgeschlagen.

Am schnellsten kann ein Filter gesetzt werden, indem man auf dem zu filternden Feld das bereits den Filterausdruck enthält (z. B. das Feld Ländercode eines spanischen Debitoren), **F7** und **ENTER** drückt. Der Tabellenfilter muss dann verwendet werden, wenn ein Filter auf ein Feld gesetzt werden soll, welches in dem aktuellen Formular nicht angezeigt wird und nicht über *Ansicht / Spalte anzeigen...* zur Anzeige gebracht werden kann.

Damit wieder alle Datensätze angezeigt werden, müssen die gesetzten Tabellen- bzw. Feldfilter aufgelöst werden. Dies wird durch einen Klick auf die Schaltfläche , die Tastenkombination **Groß** + **Strg** + **F7** oder über das Menü *Ansicht / Alle anzeigen* erreicht.

Werden in einem Formular Tabellenfilter gesetzt und werden anschließend von diesem Formular aus weitere Formulare geöffnet, werden die Filter weitergegeben. Das bedeutet: Wird z. B. ein Filter in der Debitorenkarte auf den Ländercode „ES" gesetzt, so wird dieser Filter an die Debitorenübersicht weitergegeben, wenn diese mit **F5** aufgerufen wird.

Gesetzte Filter werden in der *.zup-Datei benutzerspezifisch gespeichert. Wird also ein Filter gesetzt und anschließend Dynamics NAV verlassen, so ist der Filter auch beim nächsten Aufruf des Formulars noch aktiv.

Ob ein Filter in dem aktuellen Formular aktiv ist, wird am unteren rechten Rand in der Statusleiste mit dem Schriftzug FILTER angezeigt.

Neben Filtervorgängen auf konkrete Feldinhalte können auch komplexe Filterausdrücke verwendet werden. Eine Aufstellung der möglichen Ausdrücke ist im Anhang aufgeführt.

2.3.2 FlowFilter

Während die gesetzten Tabellenfilter Auswirkungen auf die Anzahl der angezeigten Datensätze haben, wirken FlowFilter nur auf die Werte der FlowFields einer Tabelle.

Ein FlowField wird auf Basis von Einzelwerten berechnet. Ein FlowFilter schränkt die Datensätze ein, die zur Berechnung des Wertes herangezogen werden. Wird z. B. in einem Sachkonto ein Datumsfilter auf das Jahr 2011 gesetzt, so wird im Kontenplan in der Spalte „Bewegung“ die Summe aller Buchungen angezeigt, die im Jahr 2011 stattgefunden haben. Die Anzahl der Konten, die im Kontenplan angezeigt werden, bleibt dabei unverändert.

Durch einen zusätzlichen Kostenstellenfilter könnte jetzt der angezeigte Wert auf alle Buchungen im Jahr 2011 in Verbindung mit der angegebenen Kostenstelle weiter eingegrenzt werden.

FlowFilter können auch mit Tabellenfiltern kombiniert werden. So könnte im Kontenplan jetzt zusätzlich ein Tabellenfilter gesetzt werden, mit dem nur die Konten angezeigt werden, auf denen im Jahr 2011 eine Bewegung stattgefunden hat (also auf die Spalte „Bewegung“ der Filter <>0).

Bei FlowFiltern ist zu beachten, dass nicht alle FlowFields gleichermaßen von den Datumsfiltern beeinflusst werden. Generell gilt dabei:

- Bewegungs-Felder berücksichtigen den Datumsfilter
- Saldo-Felder berücksichtigen den Datumsfilter nicht
- Saldo-Bis-Datum-Felder berücksichtigen nur die Ende-Begrenzung des Datumsfilters

FlowFilter können nicht über die Schaltfläche bzw. oder über das Menü *Ansicht / Alle anzeigen* aufgelöst werden. Sie müssen über das Löschen der Einträge in der Spalte „Filter“ im FlowFilter-Fenster und der anschließenden Bestätigung mit OK aufgehoben werden.

2.4 Kontenplan

Der Kontenplan ist ein zentrales Element in der Dynamics NAV Finanzbuchhaltung. Er stellt nicht nur eine Liste der angelegten Sachkonten dar, sondern ermöglicht über FlowFields die direkte Anzeige der Sachkontensalden und der Bewegungen in (über FlowFilter) ausgewählten Perioden. Darüber hinaus können im Kontenplan Sachkonten mehrstufig zusammengefasst werden.

2.4.1 Sachkonten

Sachkonten sind die einzelnen Datensätze, die innerhalb des Kontenplans angezeigt werden.

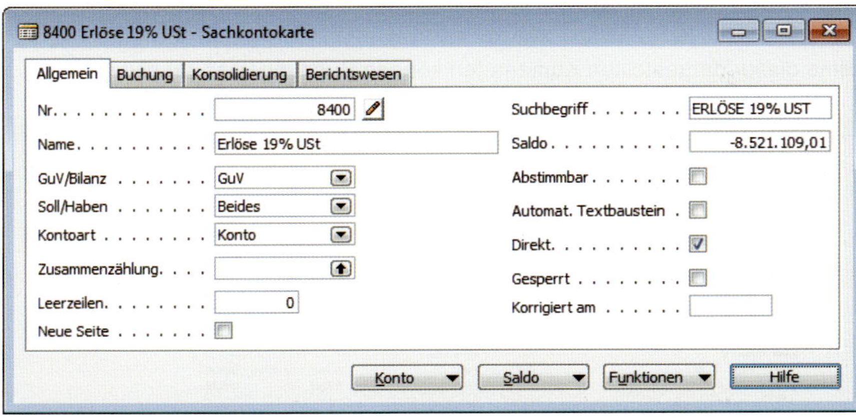

Auf der Sachkontokarte wird u.a. definiert, ob ein Konto ein GuV- oder Bilanzkonto ist. GuV-Konten können durch die Funktion GuV-Konten Nullstellung zum Jahresende abgeschlossen werden.

Sachkonten, die als gesperrt gekennzeichnet sind, können nicht mehr bebucht werden. Systemkonten (Automatikkonten) haben im Feld „Direkt" einen Haken.

Außerdem wird im Feld „Saldo" über ein FlowField der aktuelle Saldo des Sachkontos dargestellt. Er ist die Summe aller im System erfassten Buchungen für dieses Konto.

2.4.2 Strukturierung des Kontenplans

Der Kontenplan kann mehrstufig strukturiert werden und stellt damit ein wertvolles Auswertungswerkzeug dar. Bei der Anlage der Sachkonten muss definiert werden, ob es sich um ein „echtes" Konto handelt. Die anderen Kontoarten werden für die Strukturierung des Kontenplans verwendet. Hier stehen folgende Auswahlen zur Verfügung:

<Überschrift>: einfache Textzeilen

<Summe>: Summe verschiedener Zeilen im Kontenplan, die nicht notwendigerweise aufeinander folgen müssen.

<Von-Summe>: Beginn eines Blocks gleichartiger Sachkonten. Alle dahinter folgenden Konten werden eingerückt.

<Bis-Summe>: Ende eines Blockes gleichartiger Konten. In den FlowFields der <Bis-Summe> werden alle Konten addiert, die zwischen der <Bis-Summe> und der vorhergehenden <Von-Summe> liegen.

<Konto>: Zeilen mit der Kontoart <Konto> sind die eigentlichen Sachkonten, die bei den Buchungsvorgängen in Dynamics NAV angesprochen werden können.

Die ersten vier Kontenarten werden im Kontenplan in Fettdruck dargestellt. Auf keine dieser dargestellten Kontenarten können Buchungen abgesetzt werden!

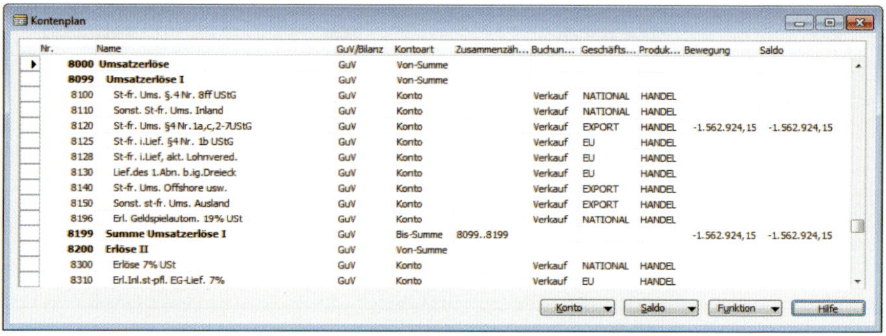

Nr.	Name	GuV/Bilanz	Kontoart	Zusammenzäh...	Buchun...	Geschäfts...	Produk...	Bewegung	Saldo
8000	**Umsatzerlöse**	GuV	Von-Summe						
8099	**Umsatzerlöse I**	GuV	Von-Summe						
8100	St-fr. Ums. §.4 Nr. 8ff UStG	GuV	Konto		Verkauf	NATIONAL	HANDEL		
8110	Sonst. St-fr. Ums. Inland	GuV	Konto		Verkauf	NATIONAL	HANDEL		
8120	St-fr. Ums. §4 Nr. 1a,c,2-7UStG	GuV	Konto		Verkauf	EXPORT	HANDEL	-1.562.924,15	-1.562.924,15
8125	St-fr. i.Lief. §4 Nr. 1b UStG	GuV	Konto		Verkauf	EU	HANDEL		
8128	St-fr. i.Lief, akt. Lohnvered.	GuV	Konto		Verkauf	EU	HANDEL		
8130	Lief.des 1.Abn. b.ig.Dreieck	GuV	Konto		Verkauf	EU	HANDEL		
8140	St-fr. Ums. Offshore usw.	GuV	Konto		Verkauf	EXPORT	HANDEL		
8150	Sonst. st-fr. Ums. Ausland	GuV	Konto		Verkauf	EXPORT	HANDEL		
8196	Erl. Geldspielautom. 19% USt	GuV	Konto		Verkauf	NATIONAL	HANDEL		
8199	**Summe Umsatzerlöse I**	GuV	Bis-Summe	8099..8199				-1.562.924,15	-1.562.924,15
8200	**Erlöse II**	GuV	Von-Summe						
8300	Erlöse 7% USt	GuV	Konto		Verkauf	NATIONAL	HANDEL		
8310	Erl.Inl.st-pfl. EG-Lief. 7%	GuV	Konto		Verkauf	EU	HANDEL		

Zur internen Berechnung der <Bis-Summe> und <Summe> in den FlowFields verwendet Dynamics NAV die Spalte „Zusammenzählung". In dieser wird angegeben, welche Sachkonten in die Summe einfließen sollen. Dabei kann ein Intervall (z. B. 8099..8199) oder das logische ODER (z. B. 8300|8400) verwendet werden.

Zum Erzeugen der Einrückungen und der Zusammenzählungen in den <Bis Summen> sollte man in jedem Fall die Funktion **Funktion▼** / *Einrückung des Kontenplans* verwenden. Hat man Zusammenzählungen in <Bis-Summen> manuell eingegeben oder geändert, so werden diese durch die Funktion *Einrückung des Kontenplans* überschrieben. In Zeilen der Kontoart <Summe> muss die Spalte „Zusammenzählung" in jedem Fall manuell gefüllt werden.

Die Bildung von Kontenblöcken mit <Von-Summe> und <Bis-Summe> ist in Kontenplänen nach dem Abschlussprinzip, wie z. B. dem SKR03, besonders wirkungsvoll. Sind die Buchungen auf dem aktuellen Stand, können in diesen Kontenplänen auf einen Blick Informationen wie z. B. aktuelles Anlagevermögen, Umlaufvermögen und im aktuellen Jahr erzielter Gewinn abgelesen werden.

2.5 Posten und Journale

In Dynamics NAV stehen eine Reihe von Möglichkeiten zur Verfügung, die im System vorhandenen Buchungen nachzuvollziehen. Diese Möglichkeiten sollten gerade in der Einarbeitungszeit dazu genutzt werden, um die Auswirkungen und Ergebnisse von Buchungen im System zu verstehen und somit ein Gefühl für die Arbeitsweise von Dynamics NAV zu entwickeln.

2.5.1 Postenprinzip

Um mit Dynamics NAV erfolgreich arbeiten zu können, ist es ratsam, einmal hinter die Kulissen zu schauen und die Philosophie des Programms zu verstehen. Einer dieser „philosophischen Ansätze" ist das Postenprinzip, das im Folgenden näher erklärt wird.

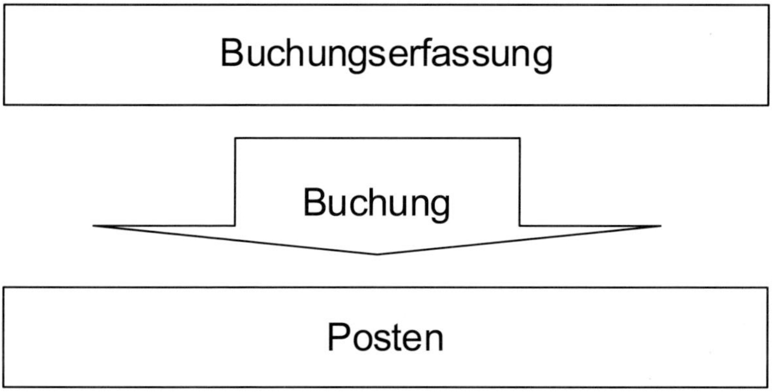

Die zu buchenden Daten in der Finanzbuchhaltung, im Ein- und Verkauf, in der Kostenrechnung usw. werden zunächst in einem Erfassungsbereich erfasst. Die Buchungsblätter sind ein solcher Erfassungsbereich. Solange sich die Daten in diesem Erfassungsbereich befinden, können sie beliebig verändert, erweitert oder gelöscht werden. Eine Erfassung von Buchungsdaten hat also noch keinerlei Auswirkungen auf Buchhaltungsergebnisse.

Erst mit dem Buchen der erfassten Daten werden mittels der Buchungsfunktion die Buchhaltungsergebnisse beeinflusst. Dabei entstehen als Ergebnis einer Buchung so genannte Posten. Einmal erzeugte Posten können nicht mehr verändert oder gelöscht werden. War eine Buchung versehentlich falsch, so muss diese storniert und erneut gebucht werden.

Sachposten

Das Ergebnis einer Buchung in der Finanzbuchhaltung sind Sachposten. Hierbei wird für jedes angesprochene Sachkonto ein Sachposten erstellt, der den auf dieses Konto gebuchten Betrag enthält.

Die Sachposten bilden die Grundlage der Saldenberechnung der Sachkonten und damit die Basis für den Jahresabschluss und die meisten Auswertungen im Buchhaltungsbereich. Die Sachkonten enthalten FlowFields, in denen die Summe der Sachposten des Sachkontos angezeigt wird. Auf diese Weise ist es möglich, direkt im Kontenplan den aktuellen Saldo des Sachkontos und die Bewegung innerhalb eines Zeitraums anzuzeigen und die gewünschten Informationen direkt am Bildschirm abzufragen. Darüber hinaus kann die DrillDown-Funktionalität der FlowFields am Bildschirm genutzt werden, über die kein ausgedruckter Bericht verfügt.

Die meisten Felder in den Sachposten werden beim Buchen aus der entsprechenden Buchungsblattzeile oder anderen Erfassungsbereichen übertragen.

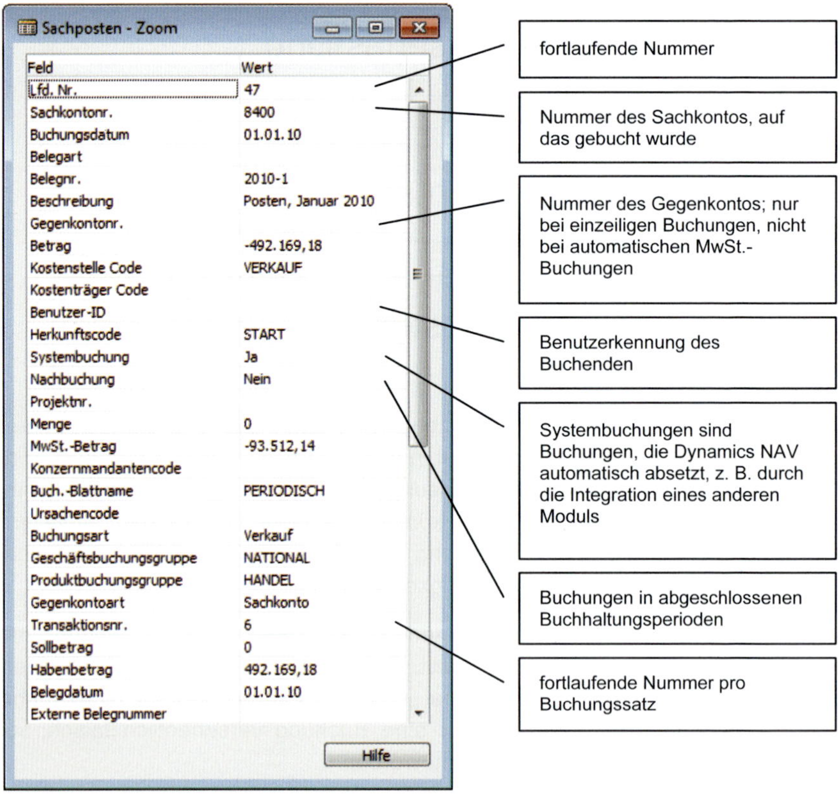

MwSt.-Posten

MwSt.-Posten werden immer dann erzeugt, wenn in Dynamics NAV eine Buchung erfolgt, bei der automatisch MwSt. gezogen bzw. manuell MwSt. verbucht wird.

Die entstandenen MwSt.-Posten bilden die Grundlage für die monatliche UStVA an das Finanzamt bzw. für die MwSt.-Abrechnung. Diese Posten werden erst durch das Buchen der MwSt.-Abrechnung geschlossen.

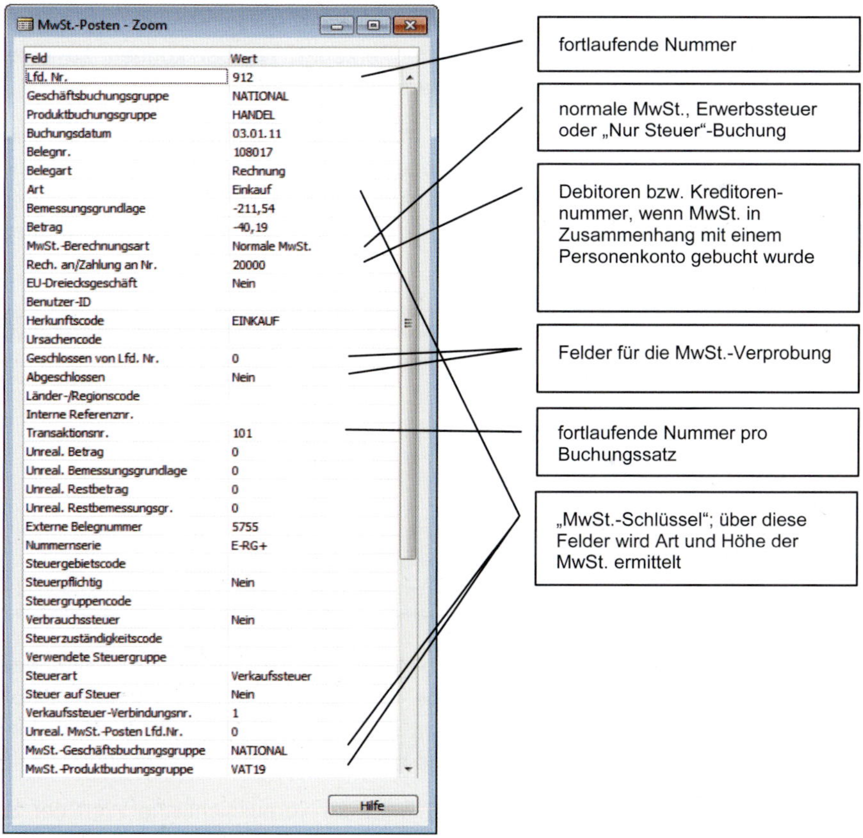

Artikelposten und Wertposten

Grundsätzlich wird in Dynamics NAV zwischen der physischen und der wertmäßigen Artikelbewegung unterschieden. Wird ein Artikel z. B. von einem Lieferanten angeliefert und eingelagert, so findet zunächst nur eine physische Lagerbewegung statt. Wertmäßig wird der Artikel erst mit der Rechnung gebucht, da auch erst dann der verlässliche Wert feststeht. Im Gegensatz zu Aufträgen und Bestellungen fallen bei Buchungen über die Artikelbuchungsblätter physische und wertmäßige Artikelbewegung immer zusammen.

Bei einer physischen Lagerbewegung werden Artikelposten, bei einer wertmäßigen Lagerbewegung Wertposten erzeugt. Hierbei können zu einer physischen Lagerbewegung mehrere Wertposten entstehen.

Innerhalb der Artikelposten können aber auch Informationen über den (aktuellen) Wert der Artikelbewegung abgerufen werden, die FlowFields auf die zugehörigen Wertposten darstellen. Die Artikelposten zu einem Artikel können aus der Artikelkarte über den Menüpunkt *Artikel / Posten / Posten* aufgerufen werden:

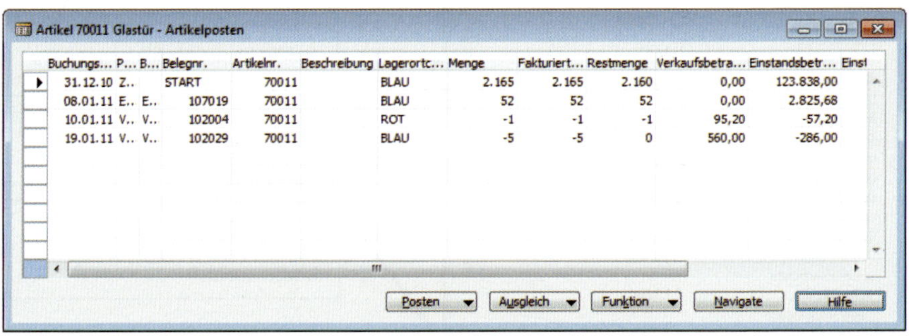

Buchungs...	P...	B...	Belegnr.	Artikelnr.	Beschreibung	Lagerortc...	Menge	Fakturiert...	Restmenge	Verkaufsbetra...	Einstandsbetr...	Einst
31.12.10	Z..		START	70011		BLAU	2.165	2.165	2.160	0,00	123.838,00	
08.01.11	E..	E..	107019	70011		BLAU	52	52	52	0,00	2.825,68	
10.01.11	V..	V..	102004	70011		ROT	-1	-1	-1	95,20	-57,20	
19.01.11	V..	V..	102029	70011		BLAU	-5	-5	0	560,00	-286,00	

Die Spalte „Menge" gibt die physisch bewegte Menge, die Spalte „Fakturierte Menge" die wertmäßig bewegte Menge an. Abweichungen zwischen beiden Werten entstehen dann, wenn in einem Auftrag, einer Bestellung oder einer Reklamation bisher nur die Lieferung und nicht die Rechnung gebucht wurde.

In der Spalte „Einstandspreis (erwartet)" wird der voraussichtliche Wert der zu erwartenden Rechnung bzw. Gutschrift dargestellt. Dieser Wert kann über die Lagerregulierung auf Interimskonten gebucht werden, um die erwarteten Rechnungseingänge in der Finanzbuchhaltung darzustellen.

Der „Einstandsbetrag (tatsächlich)" ist der für die Lagerbewertung ausschlaggebende Wert. Die Einstandsbeträge sind FlowFields auf die zum Artikelposten gehörigen Wertposten:

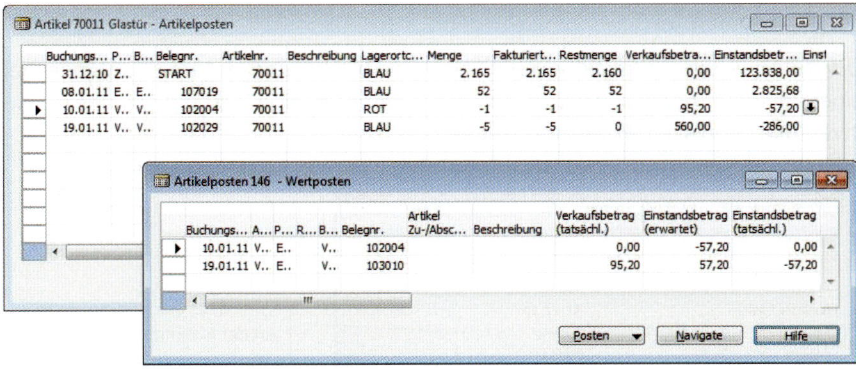

Wertposten werden immer dann erzeugt, wenn ein wertrelevanter Vorgang gebucht wird. Auf was für einen Vorgang ein Wertposten zurückzuführen ist, kann an der Postenart erkannt werden:

<EK-Preis>: Entstehen bei den regulären Artikelbewegungen wie Einkauf, Verkauf, Zu- oder Abgang. Bei Verkaufs- und Abgangsposten können durch nachträgliche Wertänderungen im Rahmen der Lagerregulierung mehrere Wertposten der Art <EK-Preis> erzeugt werden.

<Neubewertung>: Wertänderungen die explizit vom Anwender über die Neubewertungsbuchungsblätter vorgenommen wurden.

<Rundung>: Rundungen werden bei Bedarf durch die Lagerregulierung automatisch erzeugt. Sie entstehen, wenn die Summe aller Abgänge sich wertmäßig von dem Zugang unterscheidet. Zum Beispiel werden drei Stück für 10 € eingekauft und einzeln wieder verkauft. Jedem einzelnen Stück wird in diesem Fall ein Abgangswert von 3,33 € zugewiesen. Der verbleibende Cent wird als Rundungsposten ausgebucht.

<Kosten>: Neben dem Einkaufspreis können in Dynamics NAV auch Beschaffungskosten wie z. B. Transportkosten einem Artikelposten zugewiesen und über die Lagerregulierung aktiviert werden. Diese Buchungen erhalten die Postenart <Kosten>.

<Abweichung>: Wird mit Standardkosten, also einem festen Einstandsbetrag gearbeitet, so wird über die Posten der Art <Abweichung> die Differenz zwischen dem festen und dem tatsächlichen Einstandspreis dokumentiert.

Inventurposten

Um zu späteren Zeitpunkten nachvollziehen zu können, welche Bestände bei einer Inventur gezählt wurden, werden Inventurposten erzeugt, in denen die Inventurergebnisse gespeichert werden:

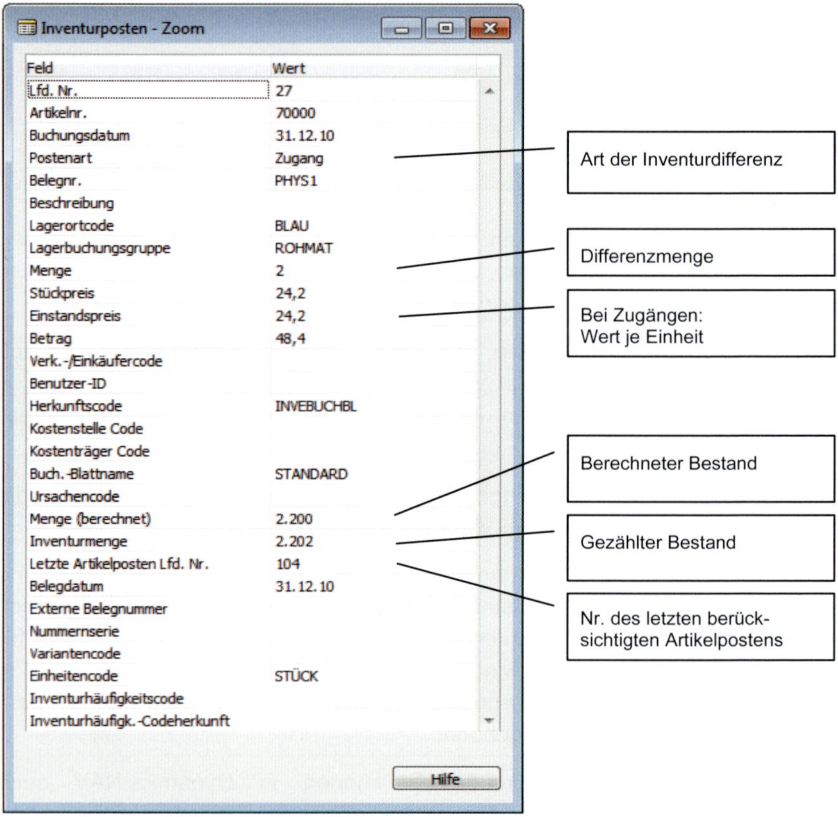

Nach einer Inventur können sich die Bestände durch nachträgliche Artikel-, Einkaufs- und Verkaufslieferungen noch verändern. Aus diesem Grund werden in den Inventurposten auch der berechnete Bestand zum Inventurzeitpunkt sowie die Nummer des letzten berücksichtigten Artikelpostens angezeigt.

2.5.2 Journale

Über die verarbeiteten Buchungen wird auch in Dynamics NAV ein Journal geführt. Die Vergabe der Journalnummer unterscheidet sich jedoch von anderen Buchhaltungsprogrammen. Für jeden Buchungsvorgang, der angestoßen wird, wird eine Journalnummer angelegt. Dabei ist es unerheblich, wie viele Buchungssätze dabei verarbeitet werden. Wenn z. B. in einem Buchungsblatt zunächst fünf Buchungssätze eingegeben und anschließend gebucht werden, dann entsteht dabei nur ein Journal.

Fibujournal 18. Juli 2011
CRONUS AG Seite 1

Fibujournal: Nr.: 108..110

Buchungsda	B	Belegnr.	Sachkonton	Name	Beschreibung	MwSt.-Betrag	Bu	Ge	Pro	Betrag	Lfd. Nr.
Journalnr.		**108**									
19.01.11	Re	103018	8400	Erlöse 19% USt	Auftrag 6005	-106,40	Ve	NA	RO	-560,00	3057
19.01.11	Re	103018	1775	USt 19%	Auftrag 6005	0,00				-106,40	3058
19.01.11	Re	103018	8400	Erlöse 19% USt	Auftrag 6005	-859,37	Ve	NA	HA	-4.523,00	3059
19.01.11	Re	103018	1775	USt 19%	Auftrag 6005	0,00				-859,37	3060
19.01.11	Re	103018	1401	Ford.Lief.u.Leist.Inland	Auftrag 6005	0,00				6.048,77	3061
19.01.11	Re	103018	2160	Aufw. a. Kursdiff. real.	Rundungsdifferenz von Bet	0,00				0,00	3062
Journalnr.		**109**									
13.12.10	Re	103019	8400	Erlöse 19% USt	Rechnung 1001	-312,80	Ve	NA	HA	-1.646,30	3063
13.12.10	Re	103019	1775	USt 19%	Rechnung 1001	0,00				-312,80	3064
13.12.10	Re	103019	1401	Ford.Lief.u.Leist.Inland	Rechnung 1001	0,00				1.959,10	3065

Um die Vollständigkeit der Sachbuchungen nachzuweisen, kann die laufende Nummer der Sachposten verwendet werden. Diese wird beim Ausdruck des Journals ebenfalls angezeigt.

Mit Hilfe des Journals kann man nachvollziehen, wer an welchem Tag eine Buchung getätigt hat. Mit Hilfe des Buchungsdatums ist dies nicht möglich, da dieses nicht mit dem Tagesdatum übereinstimmen muss. Um das Datum und den Buchenden zu ermitteln, muss man sich die Nummer des Sachpostens („Lfd. Nr.") merken und das entsprechende Journal aufsuchen, in dem diese Nummer enthalten ist.

Wenn die Belegnummer nicht ausreicht, um alle Sachposten einer Buchung zu ermitteln, kann die Transaktionsnummer verwendet werden, die alle Posten eines Buchungssatzes zusammenfasst. Diese dient vor allem der internen Verarbeitung und wird in der Regel nicht in den Formularen angezeigt. Um trotzdem damit arbeiten zu können, kann sie über den Zoom (**Strg** + **F8**) ermittelt und mittels des Tabellenfilters auf der Sachpostentabelle darauf abgegrenzt werden.

2.5.3 Navigate

Die Funktion Navigate ist ein ganz besonderes Highlight von Dynamics NAV: Auf Knopfdruck werden alle Buchungsergebnisse zu einer Belegnummer und/oder einem Buchungsdatum angezeigt.

Je nach Vorgang, der nachvollzogen werden soll, können dabei die unterschiedlichsten Buchungsergebnisse angezeigt werden. Die Funktion gibt somit einen vollständigen und lückenlosen Überblick über die von Dynamics NAV erzeugten Posten.

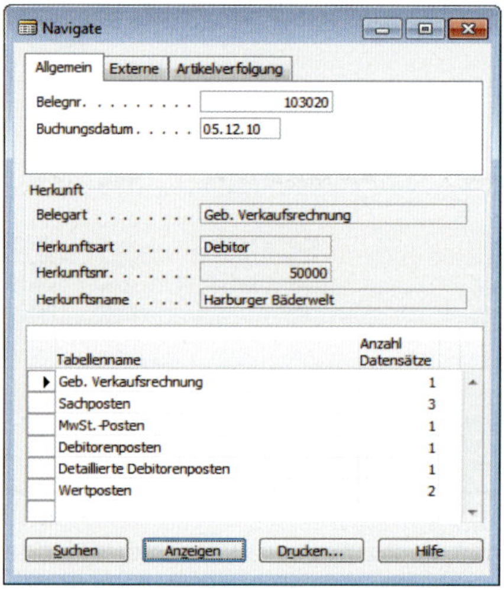

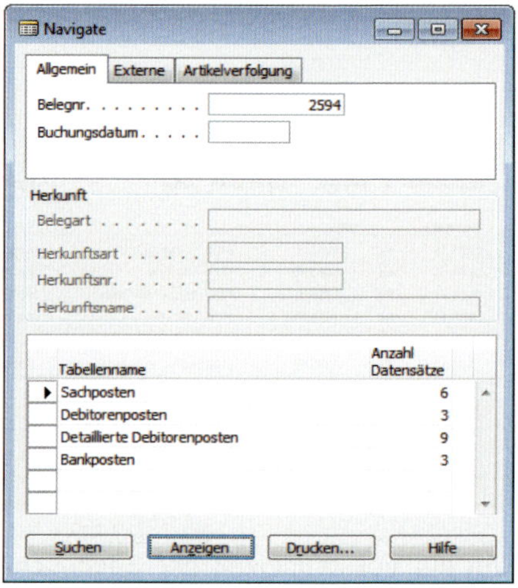

Im Register Externe ist alternativ auch die Suche nach einer externen Belegnummer z. B. der Rechnungsnummer des Kreditors möglich. Des Weiteren ist im Register Artikelverfolgung die Suche nach Vorgängen mit einer bestimmten Seriennr. bzw. Chargennr. im System möglich.

Wenn man die gleiche Belegnummer und das gleiche Buchungsdatum für verschiedene Buchungen verwendet, zeigt NAVIGATE die Ergebnisse aller dieser Buchungen an. Eine anschließende Auflösung in die einzelnen Buchungssätze ist dann nur mit großem Aufwand (über die Transaktionsnummer) möglich.

3 Jet Reports - Grundlagen

Jet Reports ist ein Werkzeug, mit dem man alle Daten aus Dynamics NAV schnell und einfach nach Excel holen und in Berichte und Analysen einfließen lassen kann. Dies gilt auch, für die firmenspezifischen Erweiterungen und Anpassungen in der Dynamics NAV-Datenbank.

Jet Reports wurde speziell für das Berichtswesen von Dynamics NAV entwickelt und ist als Add-In voll in Excel integriert. Es bietet als Erweiterung zu Excel komplexe, jedoch einfach zu bedienende zusätzliche Funktionen und Assistenten, um Daten direkt und immer aktuell aus Dynamics NAV in Auswertungen und Analysen zu präsentieren.

3.1 Die Jet Reports Werkzeuge

Als Grundlage für die Arbeit mit Jet Reports werden im Folgenden die Umgebung und die ersten Werkzeuge des Add-Ins in Excel dargestellt.

3.1.1 Jet-Multifunktionsleiste

Durch die Installation des Add-Ins Jet Reports wird die Multifunktionsleiste von Excel um das Register *Jet* erweitert.

Mithilfe dieses Kontext-Registers wird Jet Reports gesteuert. Über dieses Register ist es möglich, schnell zwischen den 6 unterschiedlichen Aufgabengebieten für Jet Reports zu wechseln: Der Bereich Modus enthält die Funktionen, um einen Bericht manuell zu erstellen bzw. zu bearbeiten. Der Bereich Wizards enthält die Funktionen, die zur Unterstützung der Berichtserstellung zu Verfügung stehen.

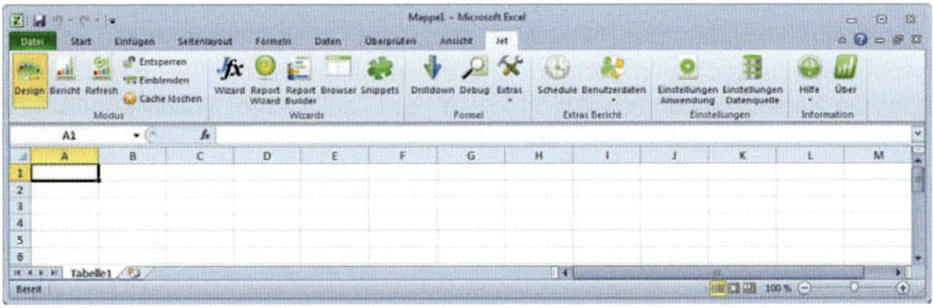

Die Bereiche Formel, Extras Bericht, Einstellungen sowie Informationen und deren enthaltenen Funktionen werden an gegebener Stelle genauer erläutert.

3.1.2 Design- und Berichts-Modus

Zur Entwicklung der Berichte wird der Design-Modus verwendet. In diesem Modus werden die Logik, die Berichtsstruktur und das Layout erstellt. Die durch Jet Reports zur Verfügung gestellten Funktionen (NL, NF, GL, NP) können manuell oder automatisch mit den zur Verfügung stehenden Assistenten eingefügt werden.

Nach dem Einfügen einer Funktion wird bereits im Design-Modus der erste Datensatz des Ergebnisses angezeigt.

Als Beispiel sollen alle angelegten Länder der Datenbank angezeigt werden. Dazu sind im Design-Modus folgende Formeln in die Zellen einzutragen. Die Erläuterung der einzelnen Funktionen und Parameter erfolgt in Kapitel 3.2:

```
A1   Auto+Ausblenden
B1   Ausblenden
C3   Name
B4   =NL("Zeilen";"Land/Region")
C4   =NF($B4;"Name")
```

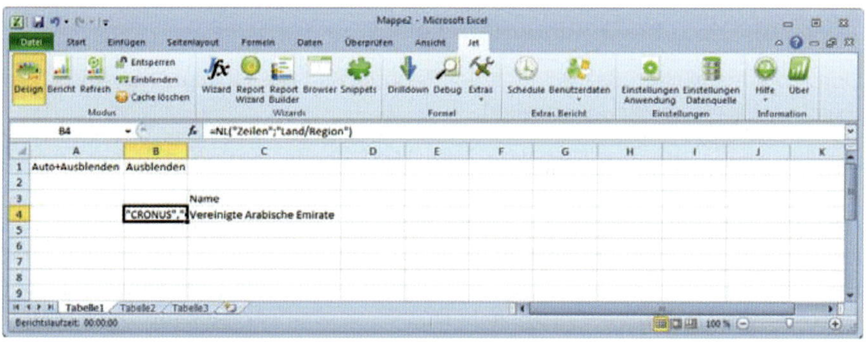

Um einen designten Bericht auszuführen, muss der Design-Modus in den Berichts-Modus geändert werden. Dieser ist über *Jet / Modus / Bericht* oder über die Tastenkombination Alt + J + Y + 1 zu ändern. Anschließend wird der Bericht mit den definierten Parametern ausgeführt.

Im Berichts-Modus werden die Auswertungen und Analysen mit aktuellen Daten aus Dynamics NAV versorgt und stehen als fertige Auswertungen für den Anwender zur Verfügung.

In dem dargestellten Beispiel werden nun die Spalten A und B sowie die Zeile 1 ausgeblendet. In der Spalte C werden nun alle in Dynamics NAV angelegten Länder untereinander dargestellt.

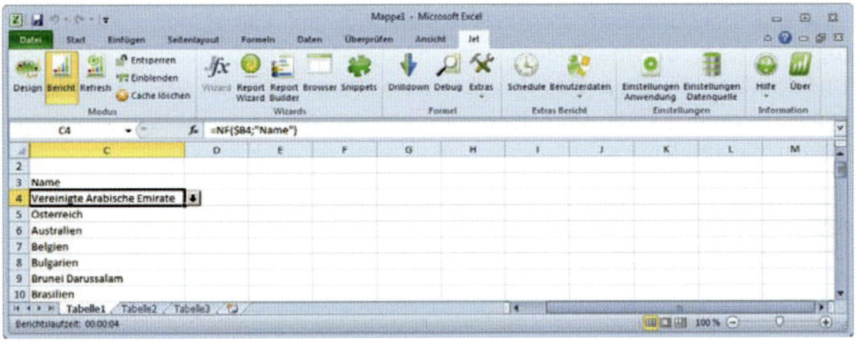

Ist ein Bericht bereits im Berichts-Modus, so kann dieser über die Schaltfläche Refresh oder über die Tastenkombination Alt + J + F aktualisiert werden. Dabei werden die Daten neu aus Dynamics NAV geholt.

Um vom Berichts-Modus wieder in den Design-Modus für die weitere Bearbeitung zu wechseln, wird dieser über *Jet / Modus / Design* (ein Klick auf die Schaltfläche Design) oder über die Tastenkombination Alt + J + D geöffnet.

3.1.3 DrillDown-Button zu Dynamics NAV

Mit der DrillDown-Funktion ist man innerhalb von Dynamics NAV in der Lage angezeigte Werte in die Ursprungsposten aufzulösen und sich diese anzeigen zu lassen. Eines der Highlights von Jet Reports ist ohne Zweifel die Integration dieser DrillDown-Funktion an die Excel-Zellen.

Die DrillDown-Funktion steht im Berichts-Modus automatisch an allen Feldern zur Verfügung, die durch eine Jet Reports Funktion gefüllt wurden.

Diese Funktion kann sowohl direkt über den DrillDown-Button an der Excel-Zelle aufgerufen werden, als auch über die Menüschaltfläche in der Jet-Multifunktionsleiste bzw. über die Tastenkombination Alt + J + L. Steht eine dieser Möglichkeiten nicht zur Verfügung, kann eine der anderen dafür genutzt werden.

Mit dem DrillDown wird automatisch Dynamics NAV geöffnet und es werden die Quelldaten angezeigt. Wie von Dynamics NAV gewohnt, werden in dem entsprechenden Formular die Daten dargestellt, die zum Ergebnis in Excel geführt haben.

Hinweis: Der DrillDown funktioniert nicht nur auf kalkulierten Feldern und zugehörenden Summenfeldern wie in Dynamics NAV, sondern auch bei Einzelwerten, wie einem Debitor oder einem Artikel (siehe Beispiel für die Land-Tabelle). Dann öffnet die DrillDown-Funktion das zur Tabelle gehörende Übersichtsformular.

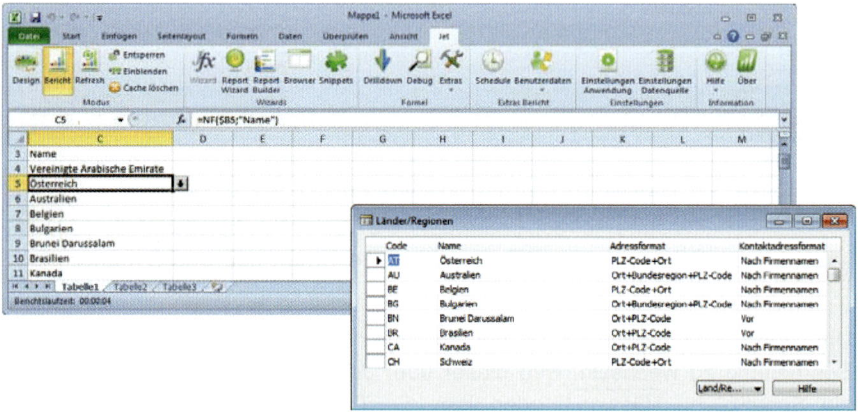

Damit der DrillDown funktioniert und dabei auch die aktuellen Werte anzeigt werden, ist Folgendes zu beachten:

- Sobald in einem Arbeitsblatt Änderungen vorgenommen wurden, egal ob im Design- oder im Berichts-Modus, wird der DrillDown-Button deaktiviert. Dies liegt daran, dass ein aktivierter DrillDown die Rückgängig-Funktion in Excel unterbindet.
- Bevor man die DrillDown-Funktion aktiviert, sollte man den Jet Reports Bericht über den Berichts-Modus aktualisieren oder sicher sein, dass seit der letzten Aktualisierung keine Änderungen / Buchungen in Dynamics NAV durchgeführt wurden. Sonst kann es sein, dass die Excel-Werte nicht mit den Dynamics NAV-Werten übereinstimmen.
- Wenn Dynamics NAV bereits geöffnet ist, das Fenster aber minimiert, muss es erst in den Vordergrund gebracht werden, um das Ergebnis des DrillDowns zu sehen.
- Bei einer lokalen Datenbankkopie muss Dynamics NAV geschlossen werden, bevor der DrillDown aktiviert wird, da an einer lokalen Datenbank nur ein Zugang aktiv sein kann.
- In der NL-, GL- oder NF-Funktion dürfen als Argumente der Funktion keine anderen Funktionen verwendet werden, da Jet Reports dann den DrillDown nicht auflösen kann.

Hinweis: Der DrillDown funktioniert immer dann, wenn an der zugehörenden Dynamics NAV-Tabelle ein Übersichtformular hinterlegt ist. Fehlt es, kann es einfach in Dynamics NAV durch einen Administrator oder den Dynamics NAV-Partner über den Formular-Designer von Dynamics NAV erstellt und dann mit der Tabelle verknüpft werden.

Die Funktionalität, den DrillDown-Button als Anzeige für das Übersichtsformular aus der Dynamics NAV Datenbank zu nutzen, ist standardmäßig in Jet Reports voreingestellt.

DrillDown über Datengrid

Mit der Jet Reports Version 10 gibt es eine weitere Möglichkeit den DrillDown zu verwenden. Anstelle des Öffnens des Classic Client der Dynamics NAV-Datenbank kann ein Datengrid angezeigt werden. In diesem Datengrid werden die Quelldaten nicht nur angezeigt, sie können zusätzlich gruppiert und sortiert werden.

Hierfür ist es notwendig unter dem Menüpunkt *Jet / Einstellungen / Einstellungen Datenquelle* das entsprechende Formular zu öffnen. Im Register Datenquellen im Punkt Allgemein ist die Option für den Drilldown von <Navision Classic Client verwenden> auf <Jet Reports Datengrid verwenden> zu ändern.

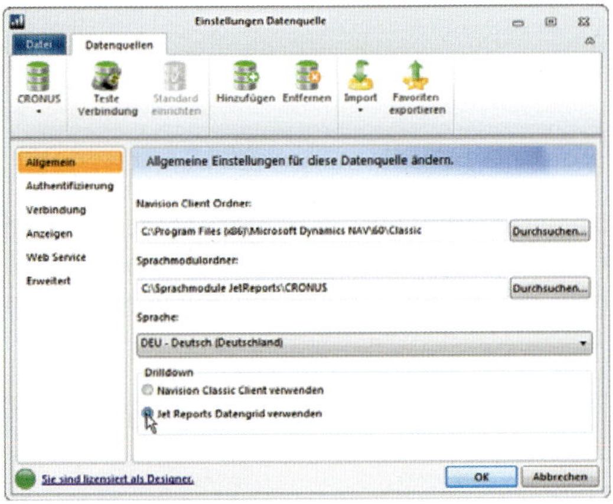

Mit dieser aktivierten Option wird nun nicht mehr Dynamics NAV geöffnet, sondern wird in einem ausgeführten Bericht (Bericht-Modus) der DrillDown-Button aktiviert, wird eine Übersicht innerhalb von Jet Reports mit den Quelldaten geöffnet.

Zur besseren Veranschaulichung soll als Beispiel die Tabelle Debitor mit dem „Betrag (MW)“ aus der Tabelle Debitorenposten angezeigt werden. Dazu sind im Design-Modus folgende Formeln in die Zellen einzutragen. Die Erläuterung der einzelnen Funktionen und Parameter erfolgt in Kapitel 3.2:

```
A1  Auto+Ausblenden
B1  Ausblenden
C1,D1,E1    Anpassen
C3  Debitorennr.
D3  Name
E3  Summe von "Betrag (MW)"
C4  =NL("Zeilen";"Debitorenposten";"Debitorennr.")
D4  =NL("Zeilen";"Debitor";"Name";"Nr.";$C4)
E4  =NL("Summe";"Debitorenposten";"Betrag (MW)";
     "Debitorennr.";$C4)
```

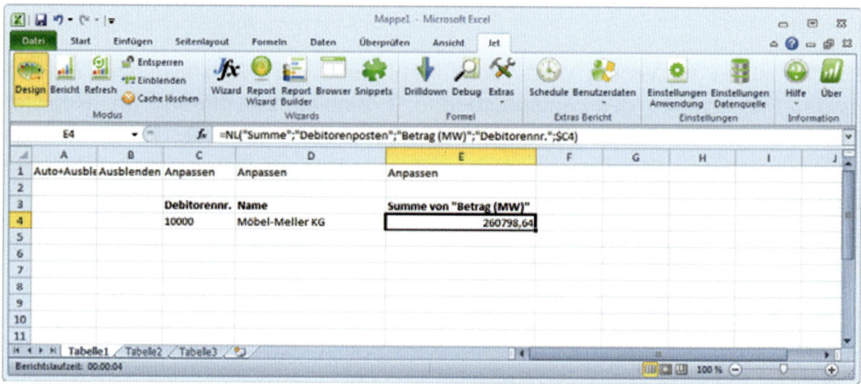

Anschließend ist der Bericht auszuführen. Wird nun im Berichts-Modus im Feld „Summe von “Betrag (MW)”“ der DrillDown geöffnet, erscheint ein Formular, in dem alle Belege angezeigt werden, die zu der angezeigten Summe aus den Debitorenposten führt.

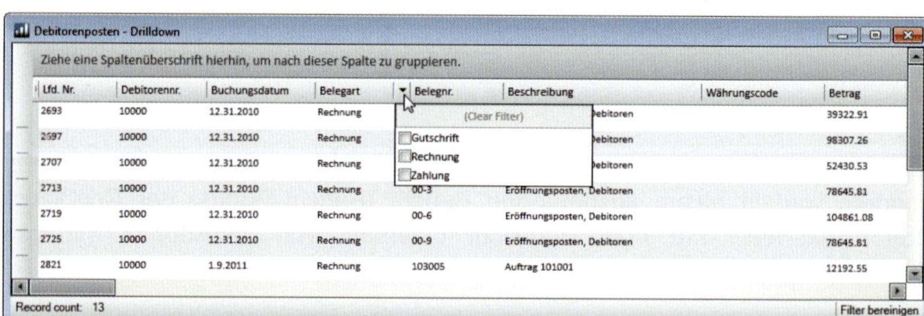

Im DrillDown der Debitorenposten können nach Bedarf Filter gesetzt werden, indem auf den Pfeil ▾, rechts neben der Bezeichnung geklickt wird. Die Auswahl der Filterkriterien wird, wie in der obigen Abbildung zu erkennen, aufgelistet.

Eine weitere Option, das DrillDown-Formular übersichtlicher zu gestalten, ist die Möglichkeit der Gruppierung. Dazu wird die gewünschte Spaltenüberschrift der Spalte, z. B. die Belegart, mit der gedrückten linken Maustaste in den grau hinterlegten Bereich gezogen, der sich im oberen Teil des DrillDown Fensters befindet.

Die Gruppierung erfolgt direkt nach dem „Ablegen" der Spaltenüberschrift. Anschließend wird die Spalte in dem Gruppierungsbereich angezeigt, nach der gruppiert wird.

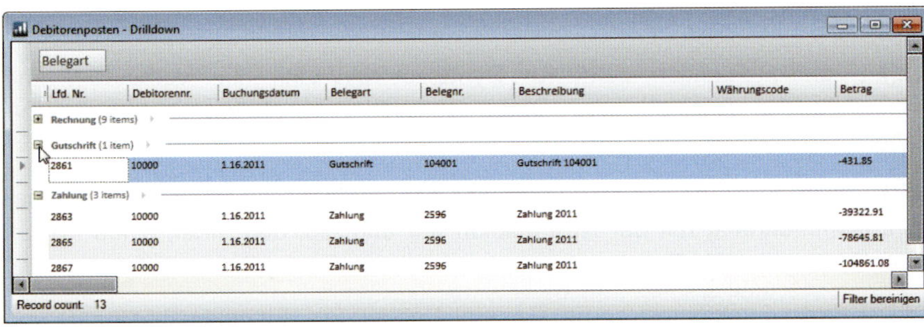

Um die Detailinformationen einer Gruppe auszublenden, ist die [-] Schaltfläche am linken Rand des DrillDown Fensters zu drücken. Anschließend wird nur noch die Gruppenüberschrift angezeigt. Durch einen Klick auf die [+] Schaltfläche werden die Detailinformationen der Gruppe wieder eingeblendet.

Eine Mehrfachgruppierung ist ebenfalls möglich. Hierfür muss ein zweites Gruppierungskriterium ausgewählt werden und wiederum in den grau hinterlegten Bereich gezogen werden. Das Ergebnis einer Mehrfachgruppierung zeigt die nächste Abbildung.

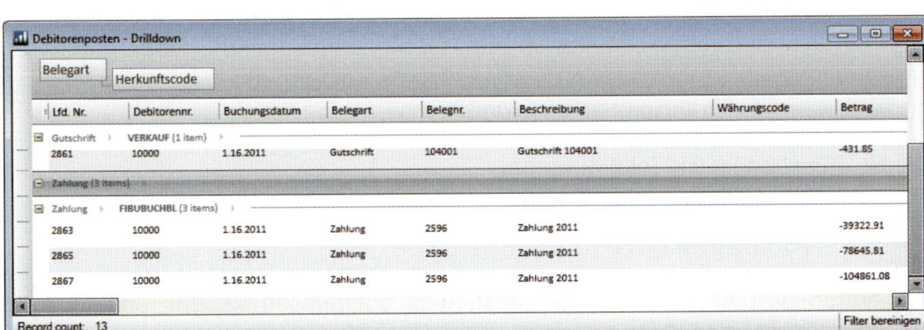

Eine absteigende- bzw. aufsteigende Sortierung ist durch Klicken auf eine der Spaltenbezeichnungen durchzuführen.

Sollen aus der Übersicht Felder entfernt werden, ist dieses durch einen Klick mit der rechten Maustaste auf die Spaltenbezeichnung vorzunehmen. Es öffnet sich eine Übersicht aller Felder der Tabelle. In dieser Übersicht kann ausgewählt werden, welche Felder angezeigt bzw. ausgeblendet werden sollen. Die Felder, hinter denen ein Haken gesetzt ist, werden in der Übersicht weiter angezeigt. So kann die Übersicht individuell gestaltet werden.

3.2 Die vier Funktionen von Jet Reports

Mit Jet Reports wird Excel um vier neue Funktionen erweitert:

NL() - diese Funktion steht für Dynamics **N**AV **L**ink (link=verbinden) und ermöglicht das Auslesen von Daten aus jeder beliebigen Dynamics NAV-Tabelle.

NF() - diese Funktion steht für Dynamics **N**AV **F**ield. Diese Funktion tritt immer im Zusammenhang mit der NL-Funktion auf und gibt den Inhalt eines Feldes einer Dynamics NAV-Tabelle zurück.

GL() - diese Funktion steht für **G**eneral **L**edger (dt.: Finanzbuchhaltung) und wurde speziell für komplexe Auswertungen im Bereich Finanzbuchhaltung entwickelt.

NP() - diese Funktion steht für Dynamics **N**AV **P**rofessional. Hier sind ab Jet Reports Version 5.0 einige spezielle Funktionen für die Berechnung von z. B. Mengen, Teilmengen, Schnittmengen und Vereinigungsmengen zusammengefasst.

3.2.1 NL-Funktion

Die NL-Funktion liest abhängig von den gesetzten Parametern Informationen aus der Dynamics NAV-Datenbank aus. Genauer gesagt: Sie gibt Datensätze aus einer Tabelle unter Verwendung von Filtern zurück und kopiert Zellbereiche. Sie bestimmt was aus Dynamics NAV geholt wird.

Die NL-Funktion ist wie folgt aufgebaut:

```
=NL(Was; Tabelle; Feld; Filterfeld1; Filter1; ..
    FilterFeld10; Filter10)
```

Die ersten drei Argumente legen fest, was ausgelesen werden soll, welche Tabelle und welches Feld herangezogen wird. Die dann folgenden Parameter definieren die Filterkriterien. Jeweils paarweise wird zuerst das Filterfeld und dann der zugehörige Filterausdruck festgelegt. Dabei können bis zu 10 Filterkriterien angegeben werden. Die Syntax der Filterausdrücke ist die gleiche wie in Dynamics NAV.

Bleibt der erste Parameter „Was“ leer, gibt Jet Reports den ersten Datensatz im Filterbereich zurück. Alternativ können auch diverse andere Optionen für die Ausgabe verwendet werden.

Beispiel 1:

In Excel soll in der Zelle B4 der Saldo des Debitors mit der Nr. 10000 angezeigt werden. Dazu ist in die entsprechende Zelle folgende Formel einzutragen:

```
=NL(;"Debitor";"Saldo";"Nr.";"10000")
```

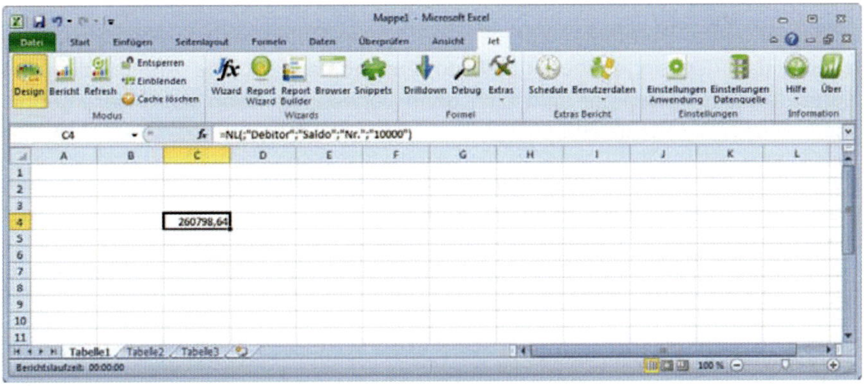

Das erste Argument der Funktion „Was“ bleibt in diesem Beispiel leer, da nur ein Datensatz ausgegeben werden soll, der dem Filterkriterium (Debitornummer gleich 10000) entspricht. Im zweiten Argument wurde dem System mitgeteilt, aus welcher Tabelle der Datensatz geholt werden soll, hier aus der Tabelle „Debitor“. Als drittes Argument wurde das Feld des Datensatzes bestimmt, aus dem der anzuzeigende Wert geholt werden soll. In diesem Beispiel das Feld „Saldo“.

Nun muss noch spezifiziert werden, für welchen Debitor der Wert aus dem Feld „Saldo“ ausgegeben werden soll. Dazu wird nun das erste Filterpaar verwendet. Im „FilterFeld1“ (das vierte Argument) wurde festgelegt: Setze auf das Feld „Nr.“ einen Filter. Im Feld „Filter1“ (dem fünften Argument) wurde der Wert für den Filter auf das Feld „Nr.“ mit „10000“ festgelegt.

Im Ergebnis wird in der Zelle C4 der Saldo des Debitors mit der Nr. 10000 angezeigt. Die Debitortabelle enthält genau einen Datensatz mit der

Debitorennummer 10000, damit reicht die so eingegebene Formel für ein korrektes Ergebnis aus.

Beispiel 2:

Nun soll der Saldo aller Debitoren mit dem Ländercode „AT“ in die Zelle D4 ausgegeben werden. Dafür ist analog zum vorhergehenden Beispiel folgende Formel in eine Zelle einzugeben:

```
=NL(;"Debitor";"Saldo";"Länder-/Regionscode";"AT")
```

Der Wert, der jetzt in der Zelle angezeigt wird, ist der Saldo des ersten Datensatzes der den Ländercode AT hat. Durch den ersten, leeren Parameter der Funktion, wird der Wert des ersten Debitors angegeben, der dem Filter entspricht. Die Formel kann demzufolge noch nicht vollständig sein, da in der Datenbank mehreren Debitoren der Ländercode AT zugewiesen wurde.

Ein leerer, erster Parameter gibt stets den ersten Datensatz bzw. das erste Feld zurück, das den angegebenen Filterkriterien entspricht. Die Konstruktion mit leerem erstem Parameter wird also dann verwendet, wenn das Filterergebnis genau einem Datensatz entspricht.

Um jedoch die Summe der Salden aller Debitoren aus Österreich zu erhalten, muss die Formel wie folgt geändert werden:

```
=NL("Summe";"Debitor";"Saldo";"Länder-/
    Regionscode";"AT")
```

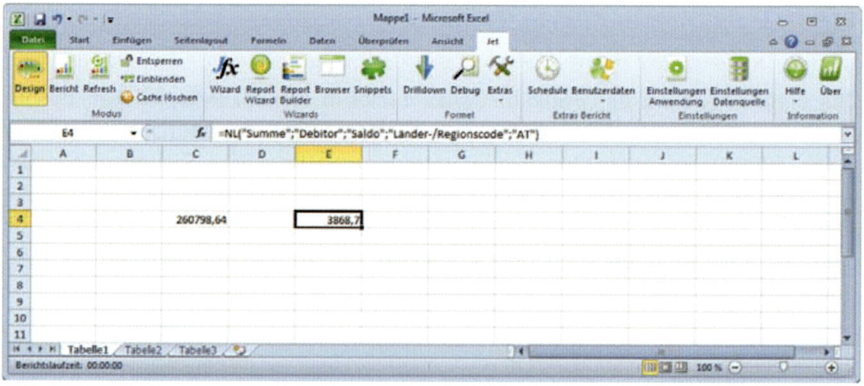

Diese Formel summiert nun die Werte aus dem Feld „Saldo“ über alle Debitoren (aus der Debitor-Tabelle) mit dem Länder-/Regionscode „AT“.

Dadurch, dass sich der Wert für die Summe der Salden mit leerem Parameter und „Summe“ nicht ändert, kann anstatt der Summierung der Salden z. B. die

Anzahl der Debitoren ausgegeben werden. Dafür ist das Wort „Summe" durch „Count" zu ersetzen.

```
=NL("Count";"Debitor";"Saldo";"Länder-/
    Regionscode";"AT")
```

Das Ergebnis ist dann 3. Es sind demnach 3 Debitoren mit dem Ländercode AT in der Datenbank angelegt. Dadurch, dass es drei Debitoren mit dem Ländercode AT gibt, und sich der Wert für die Summe der Salden mit leerem Parameter und „Summe" nicht ändert, weist der erste Debitor ein Saldo auf, die anderen beiden haben einen Saldo von 0,00.

3.2.2 NF-Funktion

Die NF-Funktion gibt den Feldinhalt zu einem vorher festgelegten Datensatz zurück. Die Festlegung erfolgt mittels eines Datensatzschlüssels, der mit einer NL-Funktion erzeugt wurde. Das bedeutet, es gibt keine NF-Funktion ohne eine NL-Funktion.

Die NL-Funktion ist dafür geeignet, Werte aus einem einzelnen Feld aus einem Datensatz zu holen. Sollen mehrere Felder desselben Datensatzes ausgegeben werden, müssten dazu mehrere NL-Funktionen erstellt werden und in jeder dieser Funktionen sind die Filterkriterien neu festzulegen. Um hier die Arbeit zu erleichtern und mögliche Fehleingaben zu vermeiden stellt Jet Reports die NF-Funktion zur Verfügung.

Zusätzlich bietet Jet Reports in der NF-Funktion die Möglichkeit FlowFilter zu nutzen.

Die NF-Funktion setzt sich wie folgt zusammen:

```
=NF(Schlüssel;Feld;FlowFilterFeld1;Filter1;..;
    Flowfilterfeld10;Filter10)
```

Das erste Argument „Schlüssel" verweist auf die Zelle, in der sich die NL-Funktion für die Verknüpfung befindet. Als zweites Argument wird das Feld benannt, welches ausgegeben werden soll.

✎ **Beispiel 1:**

Für die NL-Funktion aus Beispiel 1 sollen nun auch noch Name und Anschrift des Debitors ausgegeben werden. Damit muss zuerst die vorhandene NL-Funktion etwas angepasst werden.

Hinweis: Wenn die NL-Funktion in Zusammenhang mit der NF-Funktion genutzt wird, darf das Argument „Feld" nicht gefüllt sein.

Die NL-Funktion sieht demnach wie folgt aus:

```
B4 =NL(;"Debitor";;"Nr.";"10000")
```

Um nun in weiteren Zellen den Saldo, den Namen und weitere Felder auszugeben, wird dort jeweils eine NF-Funktion wie folgt eingetragen:

```
C4 =NF(B4;"Saldo")
D4 =NF(B4;"Name")
```

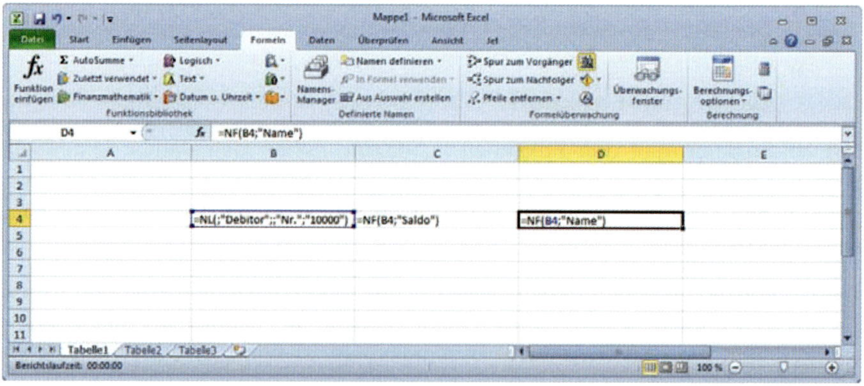

Die NL-Funktion mit dem leeren Argument „Feld“ stellt den vollständigen Datensatz aus der Tabelle bereit. Dieser wird jedoch nicht angezeigt. Die NF-Funktion definiert dann die entsprechenden Felder des Datensatzes, die zur Anzeige gebracht werden sollen. Der Bezug wird über den Zellbezug im Argument „Schlüssel“ auf die Zelle mit der NL-Funktion hergestellt.

Wenn nun Filterkriterien in der NL-Funktion definiert werden, wirken sich diese auch auf die damit verbundenen NF-Funktionen aus.

3.2.3 GL-Funktion

Die GL-Funktion wurde speziell für den Bereich Finanzbuchhaltung entwickelt. Mit ihr können Werte wie Budgets, Salden, Soll- und Habenbuchungen mit Filtermöglichkeiten zurückgegeben werden.

Da die GL-Funktion ausschließlich auf Finanzbuchhaltungsdaten (Sachposten / Budgetposten etc.) zugreift, brauchen die zu verwendenden Tabellen nicht angegeben werden. Diese sind fest in der Funktion enthalten und werden im Hintergrund bei der Auswahl je nach Parameter im Argument „Was“ bereitgestellt.

Die GL-Funktion ist wie folgt aufgebaut:

```
=GL(Was; Konto; Startdatum; Enddatum; Ansicht;
    Global Dim. 1; Global Dim. 2; Konzernmandant;
    Mandant; Exclude Close; Datenquelle)
```

Das erste Argument „Was" legt fest, was die GL-Funktion zurückgibt und auf welche Tabelle in Dynamics NAV zugegriffen wird. Dabei gibt es folgende Optionen:

<Saldo> Hier werden die Werte aus Dynamics NAV aus der Tabelle 17 (Sachposten) aus dem Feld „Saldo(MW)" geholt. Analog dazu werden die Werte bei den Optionen **<Haben>** aus dem Feld „Habenbetrag" und **<Soll>** aus dem Feld „Sollbetrag" ebenfalls aus der Tabelle 17 (Sachposten) berücksichtigt.

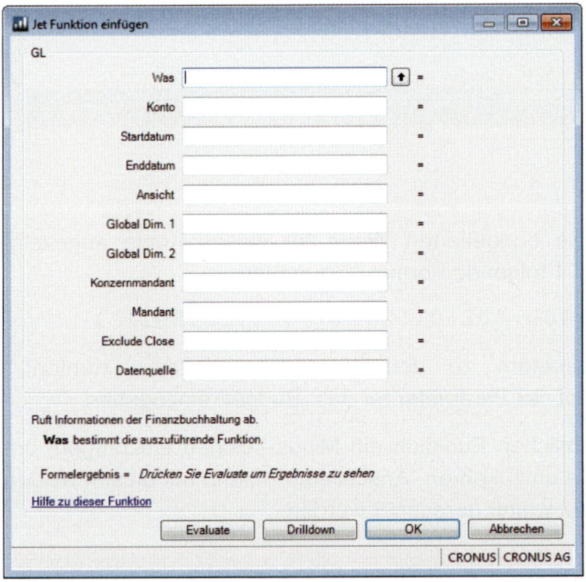

Eine Ausnahme bildet die Option **<Budget>**, die die Werte aus der Tabelle 96 (Budgetposten) aus dem Feld „Betrag" als Grundlage hat.

Die weiteren Argumente der GL-Funktion, werden als Filterfelder genutzt. Die in diese Felder eingetragenen Werte grenzen die Datensätze, die zur Berechnung herangezogen werden, ein.

✎ **Beispiel 1:**

In der Zelle B4 soll der Saldo des Kontos 8400 (Erlöse 19% USt) im Jahr 2011 ausgeben werden. Dafür muss die Formel wie folgt lauten:

```
=GL("Saldo";"8400";"01.01.2011";"31.12.2011")
```

Hinweis: Um den Wert positiv auszugeben, ist zwischen „=“ und „GL“ ein Minuszeichen zu setzen. Dieses bewirkt eine Vorzeichenumdrehung. Die Formel in Excel sieht nun wie folgt aus:

```
=-GL("Saldo";"8400";"01.01.2011";"31.12.2011")
```

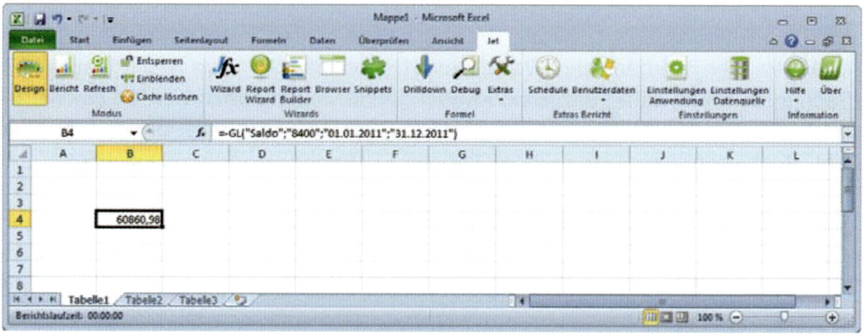

Beispiel 2:

Sollen in der Zelle C4 die budgetierten Werte für dieses Konto angezeigt werden, so ist in die Zelle C4 folgende Formel einzugeben:

```
=-GL("Budget";8400;"01.01.2011";"31.12.2011")
```

Zusätzlich zu den Parametern zu den Argumenten „Was“, „Kontonr.“, “Startdatum“, “Enddatum“ ist der Parameter für das „Budget“ einzugeben.

Auch hier ist vor der eigentlichen Funktion ein Minus-Zeichen einzufügen, um den Betrag bei der Anzeige umzukehren. Anschließend kann mit diesen beiden Zahlen ganz normal in Excel weiter gerechnet werden.

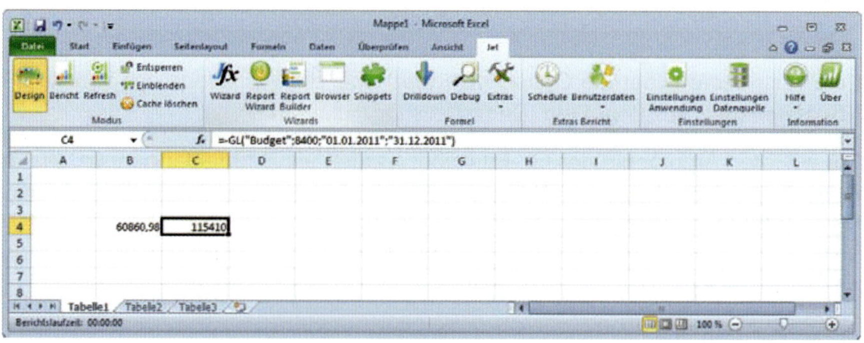

3.2.4 NP-Funktion

Ab der Jet Reports Version 5.0 wurden Befehle aus der NL-Funktion in die NP-Funktion ausgelagert. Diese Funktion beinhaltet zum einen Befehle zur Optimierung von Berichten und zum anderen Befehle, um Ergebnismengen miteinander zu verbinden.

```
=NP(Was; Arg1; .. ; Arg22)
```

Je nachdem welche Option im Argument „Was" ausgewählt wird, können die weiteren Argumente belegt werden. Die Bezeichnung dieser Argumente ist ebenfalls davon abhängig.

✎ **Beispiel 1:**

Um aus einem Startdatum in einer Excelzelle und einem Enddatum in einer weiteren Excelzelle einen Dynamics NAV-konformen Datumsfilter in der Form Startdatum..Enddatum zu bilden, kann im Argument „Was" der NP-Funktion <Datumsfilter> genutzt werden.

```
=NP("Datumsfilter";C4;C5)
```

Im Ergebnis wurde aus dem Startdatum in Zelle C4 und dem Enddatum in Zelle C5 der Datumsfilter durch die NP-Funktion der in Zelle C7 gebildet.

✎ **Beispiel 2:**

Um bei der Berichtserzeugung Werte aus einem weiteren Tabellenblatt, z. B. für Filterdefinitionen, genau einmal auszuwerten, kann im Argument „Was" der NP-Funktion <Eval> genutzt werden. Wird diese Funktion nicht verwendet, holt Excel bei jeder neuen Berechnung einer Formel einer Zelle die Werte wieder neu aus dem zweiten Tabellenblatt. Dies bewirkt einen ständigen Wechsel zwischen den Tabellenblättern, was eine erhebliche Performanceeinbuße zur Folge haben kann.

```
=NP("Eval";"Tabelle1!$C$5")
```

✎ **Beispiel 3:**

Mit der Option <Mandanten> im ersten Argument der NP-Funktion können alle Mandanten oder über Filterkriterien im zweiten Argument der Funktion ein einzelner Mandant einer Datenquelle ausgegeben werden. Dabei kann jede beliebige Datenquelle gewählt werden. Bei der manuellen Eingabe kann alternativ auch der englische Parameter <Companies> verwendet werden.

```
=NP("Companies";;"Cronus AG")
```

Hier liefert die Funktion alle Mandanten der Datenquelle CRONUS AG zurück, da kein Filter im zweiten Argument der Funktion gesetzt ist. Dieser Ausdruck könnte nun entweder in einer weiteren Funktion zur Ausgabe gebracht oder als Filterkriterium in einer anderen Funktion genutzt werden, z. B.

```
=NL("Zeilen"; NP("Companies";;"Cronus AG"))
```

3.3 Die Jet Reports Assistenten

Neben der manuellen Eingabe der Formeln mit den Funktionen von Jet Reports, stehen mit dem Add-In im Design-Modus eine Reihe von Assistenten / Hilfsmitteln zur Verfügung, die die Erstellung der Formeln und die Nutzung der Funktionen erleichtern.

Dazu gehören unter anderem der Funktionsassistent und der Browser sowie einige Wizards, die im Folgenden näher vorgestellt werden.

3.3.1 Funktionsassistent

Zur Unterstützung bei der Erstellung der Funktionen stellt Jet Reports im Funktionsassistenten von Excel die Jet Reports Funktionen zur Verfügung. Dieser kann über das Menü mit *Jet / Wizard / Wizard* oder über die Tastenkombination **Alt** + **J** + **X** aufgerufen werden.

Außerdem kann unter dem Menüpunkt *Formeln / Funktion einfügen…* ebenfalls der Standard-Funktionsassistent von Excel mit dem Menüpunkt *Jet* genutzt werden. Hier stehen dann die vier Funktionen von Jet Reports zur Auswahl.

Nachdem eine der vier Funktionen (NL, NF, GL, NP) ausgewählt und mit **OK** bestätigt wurde, werden die verfügbaren Parameter im Fenster Funktionsargumente angezeigt. Dieses Fenster zeigt gleichzeitig fünf Parameter an. Weitere Parameter können über die Bildlaufleiste zur Anzeige gebracht werden.

Eine weitere Möglichkeit den Excel-Funktionsassistenten aufzurufen, ist die Schaltfläche *fx* neben der Bearbeitungszeile oder die Tastatur mit **Groß** + **F3**. Dafür ist zuerst der Cursor in der Zelle, in die die Funktion eingefügt werden soll zu positionieren und anschließend die Schaltfläche oder Tastenkombination zu verwenden.

Dieser Weg kann auch genutzt werden, wenn schon begonnen wurde, die Funktion manuell in die Zelle einzutragen.

Im Funktionsassistenten können die einzelnen Argumente definiert werden. Dabei spielt die Groß- und Kleinschreibung keine Rolle. Ebenfalls setzt Excel selbständig die Anführungsstriche „“ “, wenn es notwendig ist.

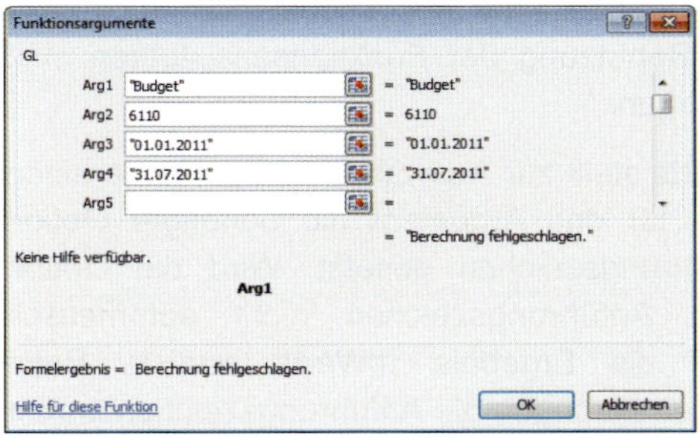

Im Unterschied zu den „normalen“ Excel-Funktionen wird bei den Jet Reports Funktionen das Ergebnis nicht immer im Feld „Formelergebnis=“ angezeigt. Damit stehen erst beim Start des Berichtes die endgültigen Werte bereit.

Mit dem Jet Reports-Funktionsassistent sind zusätzliche Eingaben für die Formeln möglich.

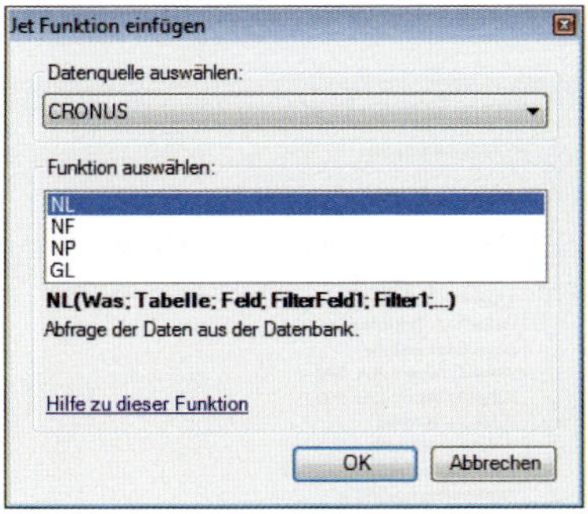

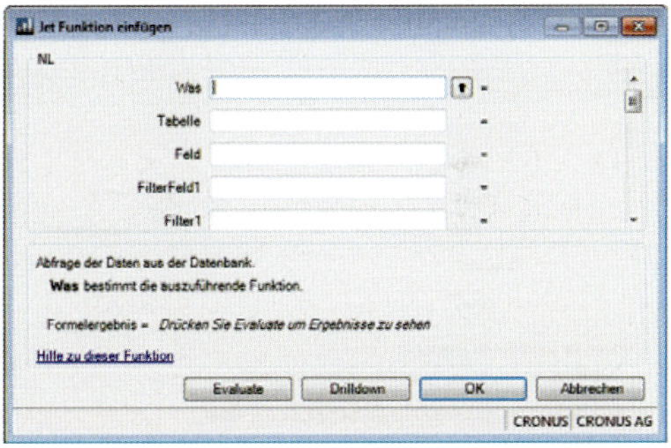

Im Bereich Datenquelle auswählen ist die Datenbank auszuwählen, auf die sich die Funktion beziehen soll. Als Vorgabe ist hier die Datenquelle eingetragen, die in der Einrichtung als Standard hinterlegt ist.

Die erforderliche Funktion ist anschließend im Bereich Funktion wählen zu aktivieren. Durch die Bestätigung mit dem Button OK wird in die nächste Ansicht gewechselt, in der die Argumente der ausgewählten Funktion ausgefüllt werden können.

Über die Schaltfläche Drilldown kann schon an dieser Stelle der DrillDown nach Dynamics NAV getestet werden, ob wirklich die gewünschten Daten angezeigt werden. Bei einem Klick auf den Button Evaluate wird das Ergebnis der Funktion sofort im Funktionsassistenten angezeigt. Um die erstellte Funktion nach Excel zu übernehmen ist diese mit dem Button OK zu bestätigen.

Bei den zu erstellenden Berichten können beide Funktionsassistenten verwendet werden, der Standard von Excel oder der mitgelieferte Funktionsassistent von Jet Reports. Bei der Benutzung der Funktionsassistenten sind folgende Unterschiede zu berücksichtigen:

Der Funktionsassistent von Jet Reports stellt zur Auswahl der Argumente einen LookUp zur Verfügung. Wird damit für das Argument die benötigte Option gewählt, werden automatisch Anführungszeichen gesetzt. Wird die Option manuell eingetragen, werden die Anführungszeichen nicht automatisch eingefügt, und die Funktion gibt als Ergebnis „#Wert!" zurück. Beim Funktionsassistenten von Excel werden hingegen die Anführungszeichen immer automatisch gesetzt. Hier existiert der LookUp nicht.

✎ **Beispiel:**

Es soll der Lagerbestand des ersten Artikels ausgegeben werden. Dazu ist der Funktionsassistent über das Menü *Jet / Wizard / Wizard* oder über die Tastenkombination **Alt** + **J** + **X** zu öffnen. Für die Ausgabe des gewünschten Wertes ist die NL-Funktion zu nutzen. Nach der Bestätigung mit OK wird das zweite Formular des Assistenten geöffnet.

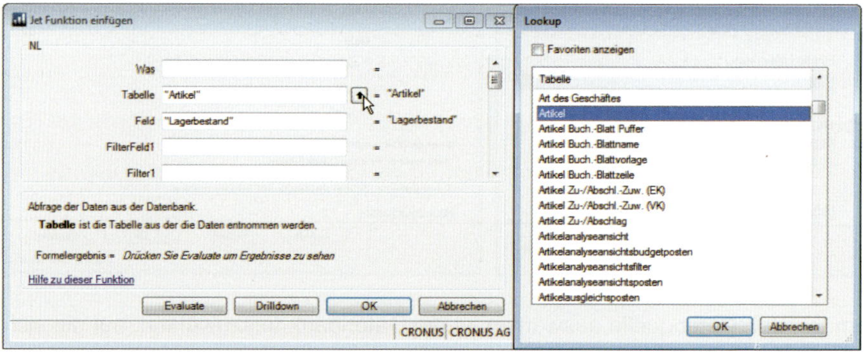

Hier ist der Parameter <Was> leer zu lassen, da der erste Datensatz, der den Filterkriterien entspricht, zurückgegeben werden soll.

Im Feld „Tabelle" ist die Tabelle einzutragen, die die Daten für die Berechnung enthält. Hier ist es „Artikel". Die Eingabe kann ebenso unter Verwendung des LookUp-Buttons erfolgen. Hierüber werden alle Tabellen aus Dynamics NAV aufgelistet. Die Tabelle, in diesem Fall Artikel, kann durch einen Doppelklick oder mit der OK Schaltfläche übernommen werden.

Die gleiche Vorgehensweise kann nun auch für das Feld „Feld“ verwendet werden. Hier ist „Lagerbestand“ einzutragen bzw. auszuwählen. Die Erstellung der Formel ist mit der Schaltfläche [OK] abzuschließen.

Wird der Bericht nun ausgeführt, erscheint der Lagerbestand des ersten Artikels aus der Datenbank. Soll jetzt der Lagerbestand eines bestimmten Artikels ausgegeben werden, kann die Formel um die Felder „FilterFeld1“ und „Filter“ erweitert werden.

3.3.2 Browser

Der Browser hilft, Berichte einfacher und schneller zu erstellen. Er bietet eine einfache Navigation innerhalb aller Tabellen und Felder in der Dynamics NAV-Datenbank, auch kundenspezifische Anpassungen wie Tabellen- bzw. Felderweiterungen werden dabei berücksichtigt.

Mit Hilfe des Browsers werden NL- und NF-Funktionen in Excel erstellt. Ist der Browser nicht aktiviert, ist dieser über *Jet / Wizards / Browser,* über die Schaltfläche oder die über die Tastenkombination [Alt] + [J] + [Y] + [3] zu starten.

Um eine Funktion in Excel mit Hilfe des Browsers einzufügen, ist im Browser in den Bereichen Tabellen und Feld das erforderliche Feld der Dynamics NAV-Tabelle auszuwählen, die linke Maustaste gedrückt zu halten und die Maus in die Excel-Zelle zu bewegen, in die der Wert eingefügt werden soll. Anschließend kann die Maustaste losgelassen werden (Drag & Drop).

Aufbau des Browsers

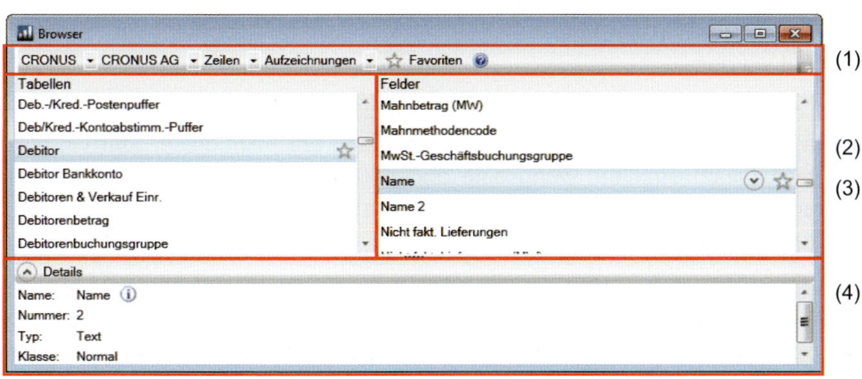

(1) Die **Browserzeile** besteht aus fünf Menüpunkten. Über diese kann festgelegt werden auf welchen Mandant in welcher Datenbank zugegriffen

wird. Außerdem stehen in dieser Zeile die Rückgabe- und Kopieroptionen für die Berichtserstellung zur Auswahl.

(2) Der **Tabellen**bereich beinhaltet alle Tabellen der ausgewählten Datenbank. Die Auflistung ist alphabetisch sortiert. Je nach Auswahl in diesem Bereich wird die Auswahl im Bereich Felder aktualisiert.

(3) Im Bereich **Felder** werden alle in der ausgewählten Tabelle enthaltenen Felder alphabetisch dargestellt. Wird neben einem Feld, aus einer beliebigen Tabelle, ein Pfeil angezeigt, so werden durch einen Klick auf diesen, die ersten Feldeinträge aus der gewünschten Tabelle ersichtlich. Hier wurde eine direkte DrillDown-Verbindung integriert.

(4) Der Bereich **Details** enthält weitere Informationen zur zuletzt ausgewählten Tabelle bzw. Feld. Hier werden für ein Feld z. B. der Name, die Feldnummer und der Feldtyp und für eine Tabelle der Tabellenname und die Tabellennummer angezeigt. Dieser Bereich ist im Allgemeinen zugeklappt.

In den Bereichen Tabellen und Felder kann über die schnelle Eingabe des Namens der Eintrag (Tabelle oder Feld) gezielt gefunden werden. Mit Eingabe der Anfangsbuchstaben des gewünschten Feldnamens wird einfach in der Feldliste navigiert.

Arbeiten mit Favoriten im Browser

Wurde im Bereich Tabellen oder Felder eine Auswahl getroffen, erscheint auf der rechten Seite der Markierung ein weißer bzw. gelber Stern. Durch diese Anzeige werden die festgelegten Favoriten gekennzeichnet. Über die Festlegung von Einträgen als Favoriten kann die angezeigte Liste in den Bereichen Tabellen und Felder so angepasst werden, dass nur noch die Einträge angezeigt werden, die „Tag-Täglich“ für die Erstellung der Berichte benötigt werden.

Wird ein weißer Stern angezeigt, kann durch Anklicken des Symbols dieser Eintrag als Favorit gekennzeichnet werden. Dann erscheint dieser Stern in gelb und bleibt auch erhalten, wenn eine andere Auswahl getroffen wird. Soll der Eintrag aus den Favoriten entfern werden, ist ebenfalls das Symbol anzuklicken. Der zuvor gelbe Stern wird wieder weiß.

Wird eine Tabelle als Favorit gekennzeichnet, werden anschließend automatisch alle Felder der Tabelle ebenfalls als Favoriten gekennzeichnet. Ist das nicht gewünscht, sollen also nur ausgewählte Felder der Tabelle als Favoriten gekennzeichnet werden, muss die Aktivierung auf der Seite der Felder erfolgen. Die Tabelle wird dann automatisch ebenfalls als Favorit festgelegt. Jedoch nicht alle Felder sondern nur die ausgewählten Felder der Tabelle.

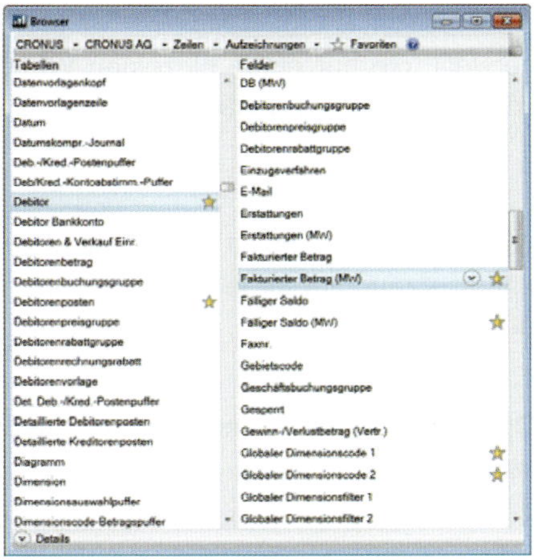

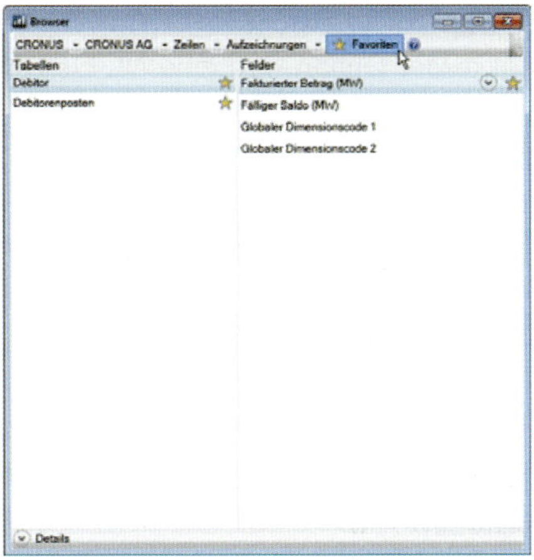

Wird der Menüpunkt Favoriten in der Browserzeile aktiviert, werden im Browser nur noch die Einträge in den Tabellen bzw. Feldern angezeigt, die als Favoriten zuvor gekennzeichnet wurden.

Erstellen von Formeln mit dem Browser

In der Browserzeile kann über die **LINKOPTIONEN** festgelegt werden, welche Daten wie in den Bericht eingefügt werden. Standardmäßig ist hier die Option <Zeilen> ausgewählt. Über diese Optionen wird immer eine NL-, NF- oder NP-Funktionen erstellt.

<Count>
Mit dieser Option wird aus dem Feld-Bereich eine NL-Funktion eingefügt, die die Anzahl der eindeutigen Datensätze in einer Tabelle zurückgibt, wobei die Eindeutigkeit über den Feldnamen definiert wird.

Wird aus dem Tabellen-Bereich mit dieser Option die Formel in Excel eingefügt, so wird eine NL-Funktion erstellt, die die Anzahl der Datensätze in der Tabelle zurückgibt.

<Summe>
Wenn als Linkoption <Summe> ausgewählt wird, erzeugt Jet Reports eine NL-Funktion, die über das ausgewählte Feld alle Datensätze im Filter summiert. Das Feld, über das die Summe gebildet werden soll, muss ein numerisches Feld sein. Wird ein anderer Feldtyp gewählt, beispielsweise ein Textfeld wie „Beschreibung“, so wird das Ergebnis der Formel „#Wert!“ sein.

Diese Formel wird nur in Excel erstellt, wenn diese aus dem Feld-Bereich heraus nach Excel eingefügt wird.

<First>
Mit dieser Option wird eine NL-Funktion erstellt, die nur einen einzelnen Wert, den ersten Wert der Ergebnismenge, zurückgibt. Diese Funktion kann nur für Tabellenfelder genutzt werden.

<Zeilen>
Sollen die Daten im Bericht als Zeilen dargestellt werden, so ist diese Option zu wählen. Jet Reports wird dann bei der Berichtserzeugung für jeden gefundenen Datensatz eine neue Zeile in der Excel-Tabelle anlegen.

<Spalten>
Analog zur Option <Zeilen> wird bei der Option <Spalten> für jeden gefundenen Datensatz eine Spalte im Excel-Arbeitsblatt angelegt.

<Blätter>
Um beim Erstellen des Berichtes für jeden gefundenen Datensatz ein neues Tabellenblatt anzulegen, ist die Option <Blätter> zu wählen. Als Tabellenblattname wird dann der Wert des Feldes verwendet.

<Tabelle>
Beim Erstellen des Berichtes werden für jeden gefundenen Datensatz die Werte in die Excel-Zellen eingetragen. Anschließend stehen die Ergebnisse der Formeln und nicht die Formeln selbst zur Verfügung. So lassen sich Autofilter setzen, oder aus den Berichtsdaten Pivottabellen erstellen. Ein Link nach Dynamics NAV ist nicht möglich. Zusätzlich wird eine Überschriftenzeile eingefügt, in der die Filterfunktion bereits aktiviert ist.

Eine weitere Möglichkeit den Bericht mit seinen Werten zu beeinflussen bieten die **RÜCKGABEOPTIONEN**. Hier stehen die Optionen <Aufzeichnungen> und <Werte> zur Verfügung:

<Aufzeichnungen>
Wenn die Option <Aufzeichnungen> ausgewählt wird, erhält man beim Einfügen in die Excel-Tabelle zwei Formeln: eine NL-Formel, die eine Verbindung zur ausgewählten Tabelle herstellt und eine NF-Funktion, die das ausgewählte Feld der Tabelle ausgibt. Wird nun der Bericht gestartet, werden alle Datensätze der Tabelle ausgegeben.

Diese Option kann z. B. verwendet werden, um aus der Debitortabelle alle Datensätze mit dem Wert des Feldes „Länder-/Regionscode“ auszugeben. Mit dieser Option werden alle Datensätze der Tabelle angezeigt.

<Werte>
Wenn die Option <Werte> gewählt wird, so wird eine NL-Funktion erstellt, die das ausgewählte Feld enthält. Bei der Berichtsausführung werden dann nur alle

unterschiedlichen Werte ausgegeben. Ist ein Wert mehrfach vorhanden, wird er trotzdem nur genau einmal in die Liste geschrieben.

Diese Option kann z. B. verwendet werden, um festzustellen, in welchen Ländern die Debitoren des Unternehmens ansässig sind. Es soll also für die Debitortabelle jedes Land nur einmal ausgegeben werden. Sind mehrere Debitoren in demselben Land ansässig, wird der dazugehörige Ländercode trotzdem nur einmal erzeugt.

Beispiel 1:

Es soll für jeden Debitor der Saldo in der Spalte C ausgegeben werden. Die Formeln sind mit dem Browser zu erstellen.

Dazu ist dieser zu Öffnen. Als Rückgabeoption ist <Aufzeichnungen> und als Linkoption <Zeilen> zu wählen. Aus der Tabelle Debitor ist anschließend das Feld „Saldo (MW)“ zu aktivieren. Dieses Feld ist mit der Maus per Drag & Drop auf die Zelle C4 zu bewegen. Nun kann die Maustaste wieder losgelassen werden.

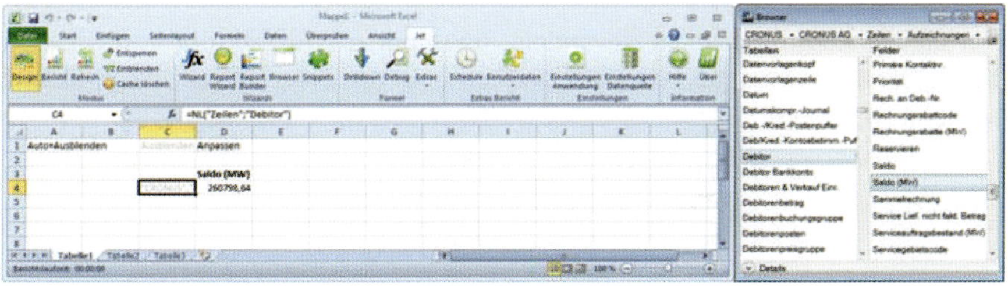

Im Ergebnis dieser Aktion erstellt Jet Reports eine NL-Funktion in der Zelle C4 und eine NF-Funktion in der Zelle D4.

Um weitere Felder, wie den Namen hinzuzufügen, ist anlog vorzugehen. Mit der Maus ist das Feld „Name“ aus der Debitortabelle im Browser in die Excel-Zelle E4 zu ziehen. Nun wird nur noch eine neue NF-Funktion eingefügt, da der Bezug zum Datensatz über die NL-Funktion schon in der Zeile besteht.

Hinweis: Weitere Felder zu einem Datensatz müssen immer rechts von der Zelle in der die NL-Funktion steht, in der gleichen Zeile eingefügt werden. Ansonsten wird eine neue NL-Funktion automatisch erstellt.

Beispiel 2:

Es soll nun festgestellt werden, in welchen Ländern die Debitoren des Unternehmens ansässig sind. Die Formeln sind mit dem Browser zu erstellen.

Dazu ist dieser zu öffnen. Als Rückgabeoption ist <Werte> und als Linkoption <Zeilen> zu wählen. Aus der Tabelle Debitor ist anschließend das Feld „Länder-/Regionscode“ zu aktivieren. Dieses Feld ist mit der Maus per Drag & Drop auf die Zelle C4 zu bewegen. Nun kann die Maustaste wieder losgelassen werden.

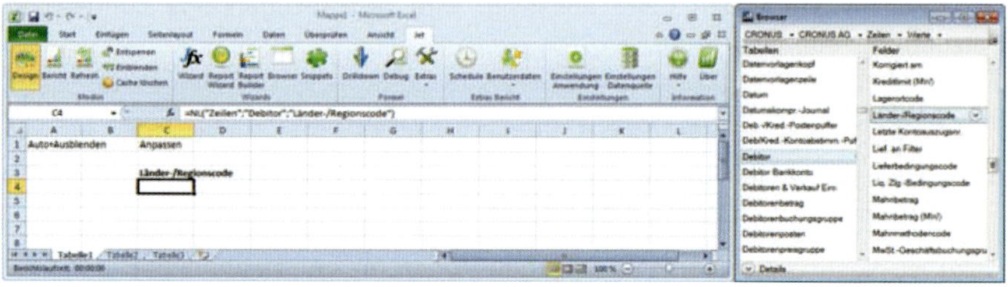

Beim Ausführen des Berichtes wird für jeden Ländercode eine Zeile angelegt. Dabei ist jeder Ländercode nur einmal aufgelistet, obwohl mehrere Debitoren den gleichen Ländercode haben. Die erste aufgelistete Zeile ist leer, da es auch Debitoren in der Datenbank gibt, die keinen Ländercode haben.

Um die Funktion nun so abzuwandeln, dass nur die Anzahl der verwendeten Ländercodes ausgegeben wird, ist die Formel in der Zelle C4 im Design-Modus wie folgt zu ändern:

```
=NL("Zeilen";"Debitor";"Länder-/Regionscode")
```

nach:

```
=NL("CountUnique";"Debitor";"Länder-/Regionscode")
```

Nach Ausführen des Berichtes wird nun in Zelle C4 der Wert 19 angezeigt.

3.3.3 Report Wizard

Mit dem in Jet Reports integrierten Report Wizard können Berichte schnell und Schritt für Schritt ohne Programmierkenntnisse erstellt werden. Gestartet wird der Report Wizard über die Schaltfläche in der Symbolleiste oder über die Tastenkombination **Alt** + **J** + **W**.

Als Beispiel wird hier nun mit dem Report Wizard ein Bericht erzeugt, der den Lagerbestand der Artikel nach Regalnummern gruppiert und summiert ausgibt. Dabei sollen nur die Regalnummern berücksichtigt werden, die in der Nummer eine „2“ enthalten.

SCHRITT 1

Im ersten Schritt ist die Quelle zu definieren, aus welcher die Daten für den Bericht gezogen werden sollen. Soll nicht die eingerichtete Standarddatenquelle verwendet werden, ist der Haken im Feld „Standard Datenquelle ...“ zu entfernen im Feld darunter die erforderliche Datenquelle auszuwählen.

Darunter ist die Basistabelle für den Bericht zu wählen. Diese kann über die Auswahl eingetragen werden.

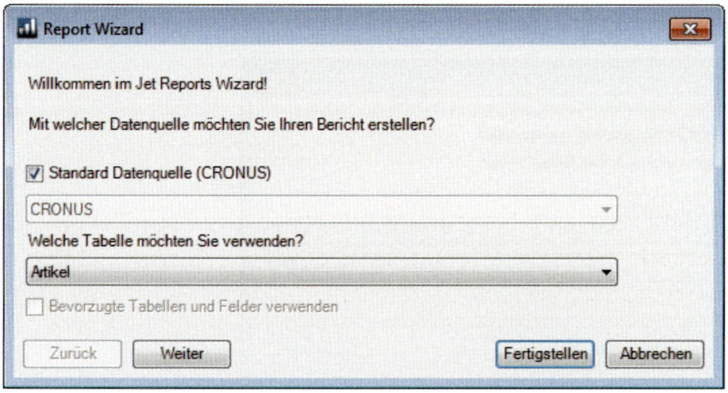

Für das zu erstellende Beispiel, sind der Haken im Feld „Standard Datenquelle (CRONUS)“ zu setzen und die Tabelle Artikel im Feld „Welche Tabelle möchten Sie verwenden?“ auszuwählen.

SCHRITT 2

Im zweiten Schritt ist auszuwählen, welche Felder der zuvor definierten Basistabelle im Bericht erscheinen sollen. Im linken Bereich werden die Felder über einen zu setzenden Haken ausgewählt und im rechten Bereich kann die Reihenfolge der Felder bestimmt werden.

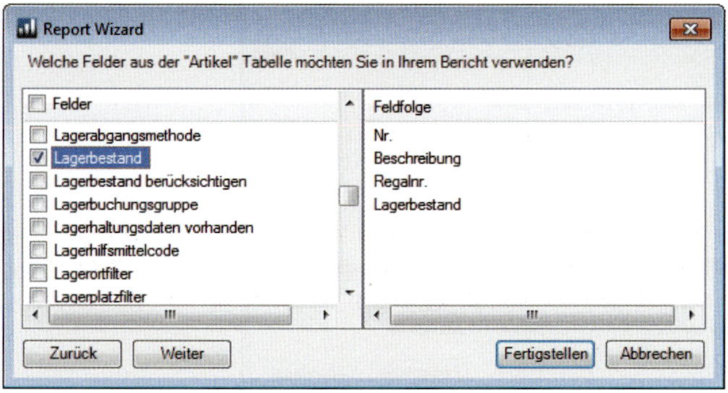

Für das Beispiel sind hier „Nr.“, „Beschreibung“, „Regalnr.“, „Lagerbestand“ der Artikeltabelle in der angegebenen Reihenfolge zu übernehmen.

SCHRITT 3

Soll im Bericht eine Gruppierung der Daten vorgenommen werden, so ist diese im Schritt drei festzulegen. Dabei sind auch mehrstufige Gruppierungen möglich. Dazu sind die entsprechenden Felder in den Feldern „Gruppieren“ und „Dann nach“ auszuwählen. Sollen die Daten nicht gruppiert werden, bleiben die Felder leer.

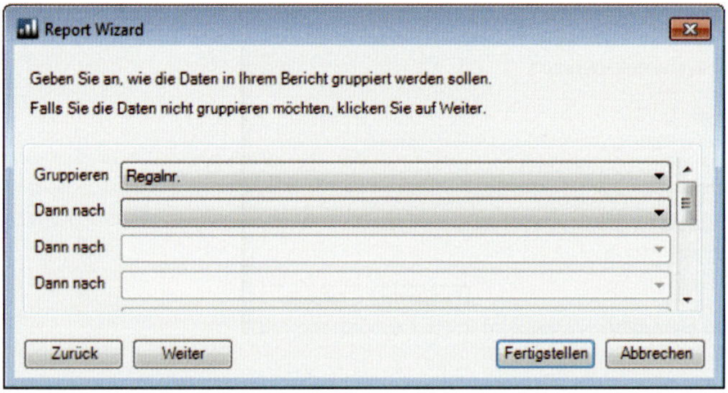

Für das Beispiel ist hier „Regalnr.“ im ersten Feld einzutragen. Eine mehrstufige Gruppierung erfolgt nicht.

SCHRITT 4

Analog zur Gruppierung kann im vierten Schritt eine Sortierung der Daten festgelegt werden. Dabei kann die Sortierreihenfolge und die Sortierrichtung festgelegt werden. Sollen die Daten nicht sortiert werden, bleiben die Felder leer.

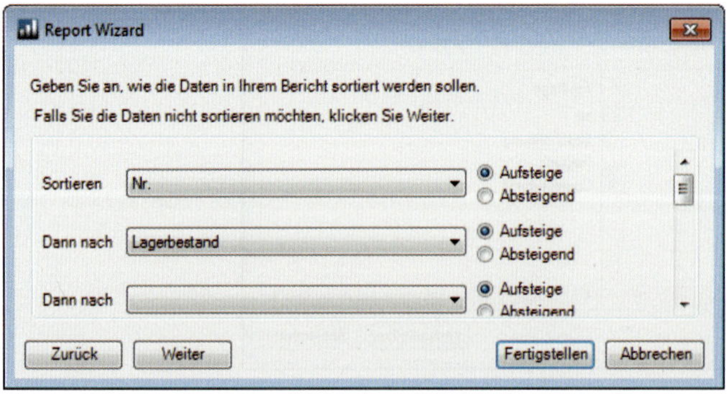

Hier sind die Felder „Nr.“ und „Lagerbestand“ auszuwählen.

SCHRITT 5

Im fünften Schritt kann festgelegt werden, welche Werte im Bericht summiert werden sollen. Dabei stehen hier nur die Zahlenfelder der im Schritt 2 ausgewählten Felder zur Verfügung. Auf der linken Seite sind die verfügbaren Felder angezeigt und auf der rechten die ausgewählten.

Sollen alle verfügbaren Felder ausgewählt werden, kann der Haken im Feld „Verfügbare Felder“ gesetzt werden.

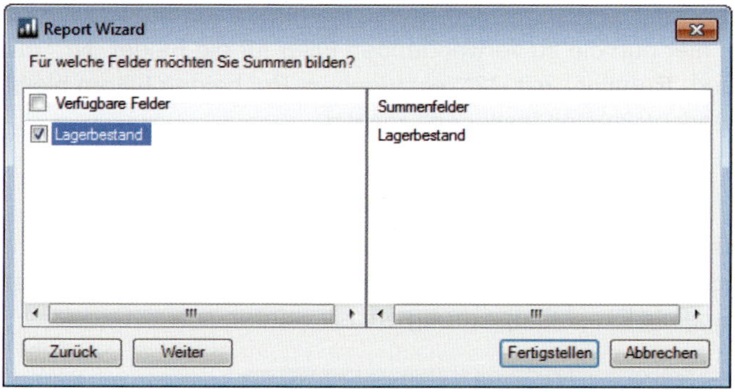

Da in dem Beispiel die Summe des Lagerbestandes ausgegeben werden soll, ist dieses Summenfeld hier festzulegen.

SCHRITT 6

Soll es im fertigen Bericht die Möglichkeit geben, dass gefiltert werden kann, oder soll der Bericht mit bestimmten Filtern gestartet werden, so sind diese im sechsten Schritt zu definieren. Im Feld „Filtern nach“ ist das Feld auszuwählen, auf das gefiltert werden soll. Im Feld „Wert“ ist der entsprechende Filter einzutragen.

Wird im Feld „Berichtslaufzeit festlegen“ ein Haken gesetzt, wird dieser Filter als Berichtsoption zu einem gesondertem Fenster hinzugefügt, welches dann durch den Wizard erstellt wird.

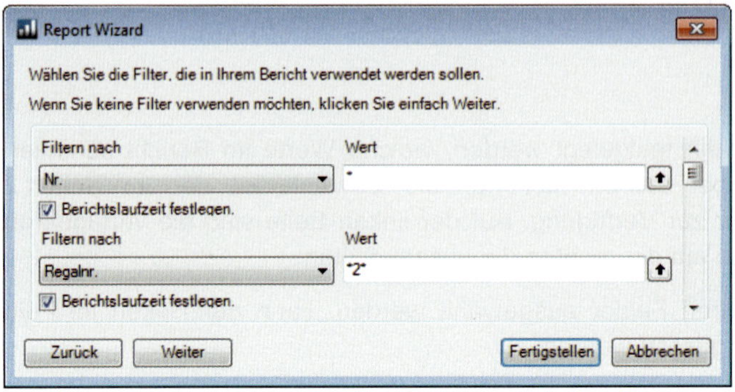

Für das Beispiel sind hier nun die zu verwendenden Filter für die Felder „Nr.“ mit dem Wert „*“ (Alle) und „Regalnr.“ mit „*2*“ einzugeben. Bei beiden Filtern bleibt der Haken im Feld „Berichtslaufzeit festlegen“ gesetzt.

SCHRITT 7

Im siebten und letzten Schritt kann nun noch definiert werden, ob der Bericht von Viewern verwendet werden kann, ob die Formatierung aus Excel verwendet und ob die Gruppierung als Excel-Gruppierung erstellt werden soll.

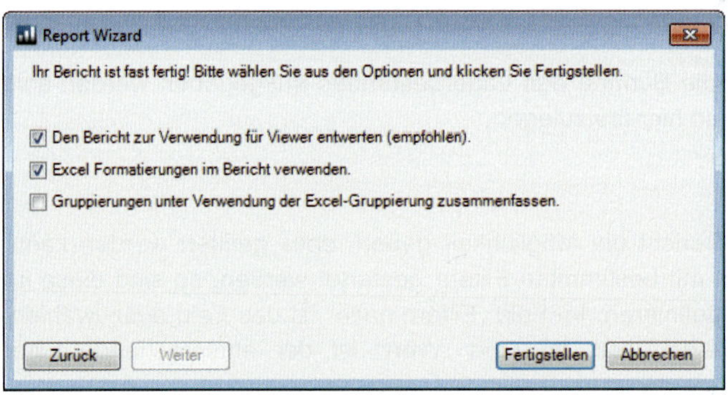

Standardmäßig sollten die ersten zwei Haken gesetzt werden.

DER FERTIGE BERICHT

Der Bericht wird nach dem Beenden des Report Wizards mit dem Button Fertigstellen in der Designansicht geöffnet. Nach dem Starten des Berichtes in Excel über *Jet / Modus / Bericht* oder über die Tastenkombination Alt + J + Y + 1 wird nun ein neues Fenster mit den Berichtsoptionen geöffnet. Dieses erscheint, da im Schritt 6 des Report Wizards Filter eingegeben wurden.

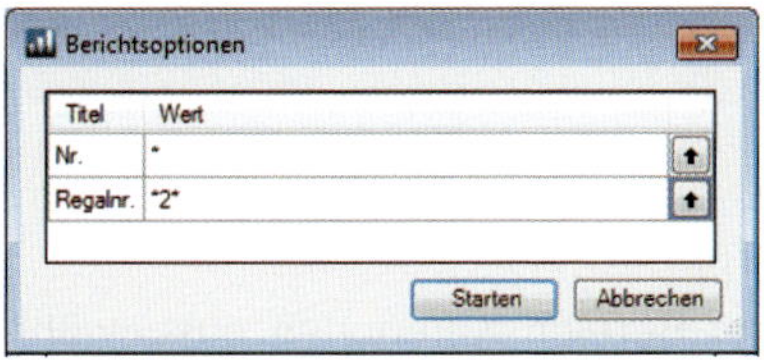

Der fertige Bericht in Excel auf der Basis der eingegebenen Filter wird dann wie folgt dargestellt:

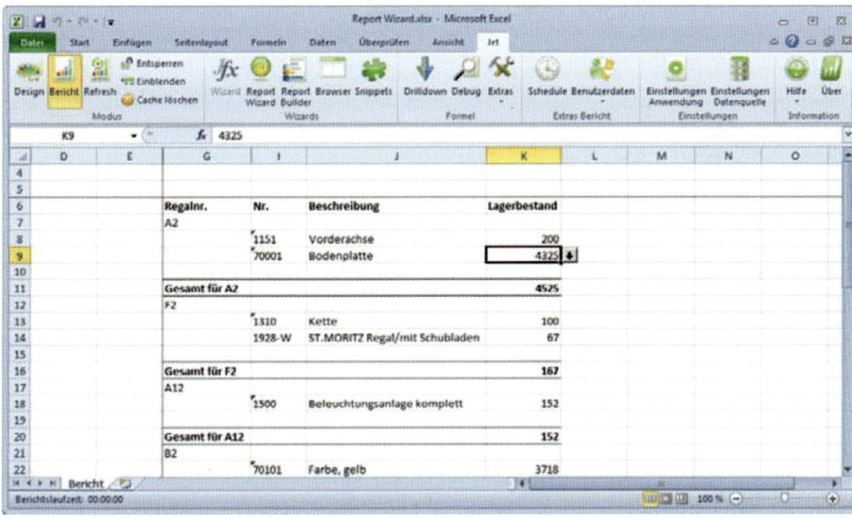

3.3.4 Report Builder

Der Report Builder bietet die Möglichkeit in wenigen Schritten eine komplexe Auswertung zu erstellen, analog zum Report Wizard. Der Unterschied zum Report Wizard besteht darin, dass der Bericht nach der Fertigstellung als Vorlage gespeichert werden kann. Diese Vorlage kann dann später als Ausgangspunkt für andere Berichte genutzt werden.

Zum Aktivieren des Report Builders ist dieser, über die Schaltfläche in der Menüleiste *Jet / Wizards / Report Builder* oder über die Tastenkombination **Alt** + **J** + **Y** + **2** zu starten.

Als Beispiel wird hier nun mit dem Report Builder ein Bericht erzeugt, der alle Debitoren mit den Feldern „Nr.“, „Name“ und „Saldo (MW)“ ausgibt. Außerdem sollen die Debitoren nach „EU-Länder-/ Regionscode“ gruppiert werden. Weiterhin sollen Filtermöglichkeiten für den „Saldo (MW)“ und den „Länder-/

Regionscode“ geschaffen werden. Zusätzlich soll pro Land für den „Saldo (MW)“ eine Zwischensumme gebildet werden.

SCHRITT 1

Im ersten Schritt des Report Builders kann im Bereich Kategorien ausgewählt werden, ob ein neuer Bericht erstellt wird oder ein Bericht auf der Basis von bereits gespeicherten Berichtsvorlagen.

Im mittleren Bereich „Alle Tabellen“ ist die Tabelle auszuwählen, die als Basis für den Bericht dienen soll. Anschließend wird der rechte Bereich entsprechend der Auswahl angepasst.

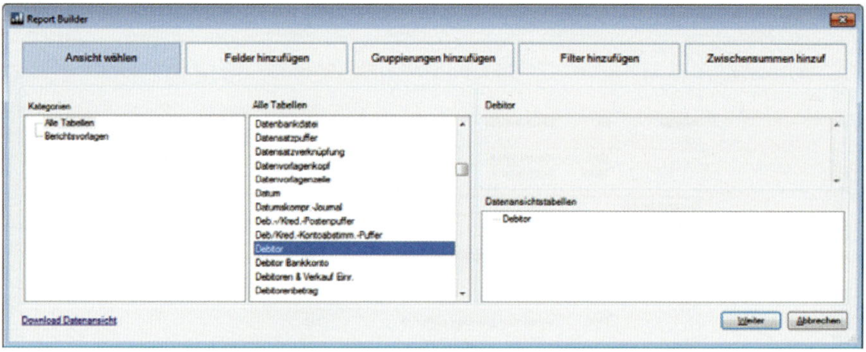

Hier soll ein neuer Bericht ohne die Nutzung einer Vorlage erstellt werden. Als Basis ist die Tabelle Debitor im Bereich Alle Tabellen auszuwählen. Im Bereich Datenansichtstabellen wird jetzt ebenfalls Debitor angezeigt.

SCHRITT 2

Im zweiten Schritt werden die Felder ausgewählt, die im Bericht ausgegeben werden sollen. Im linken oberen Bereich können aus der Liste die entsprechenden Felder ausgewählt und über die Schaltfläche Hinzufügen in den Bericht übernommen werden. Über die Schaltfläche Entfernen, können Felder wieder entfernt werden.

Im unteren Bereich wird eine Vorschau auf den Bericht angezeigt mit der Anzeige der Tabellen und Felder dieser Tabellen.

Hinweis: Beim Einfügen der Felder ist die Reihenfolge zu beachten, da diese anschließend nicht geändert werden kann. Ist das erforderlich, müssen die Felder entfernt und anschließend neu eingefügt werden. Oder die Spalten werden anschließend im fertigen Bericht nachgearbeitet.

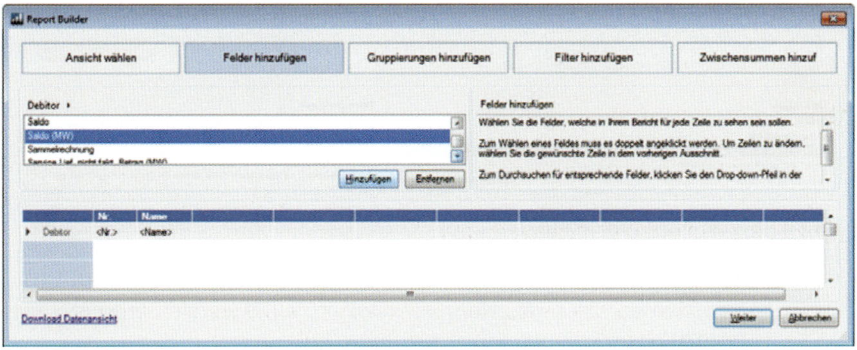

Für das Beispiel sind die Felder „Nr.“, „Name“ und „Saldo (MW)“ aus der Feldliste in dieser Reihenfolge auszuwählen.

SCHRITT 3

Im dritten Schritt kann die Gruppierung des Berichtes festgelegt werden. Dazu ist das Feld aus der Basistabelle auszuwählen, nach dem gruppiert werden soll. In der Auswahl stehen nur die Felder zur Verfügung, die eine Tabellenrelation auf eine andere Tabelle haben.

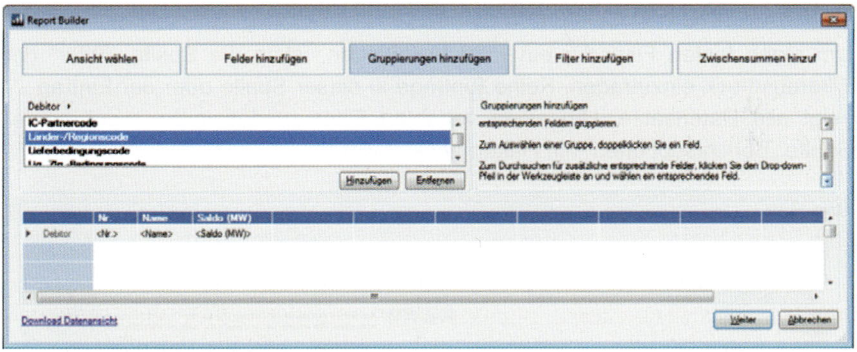

Nach der Bestätigung der Auswahl mit Hinzufügen, wird im unteren Bereich eine geänderte Struktur des Berichtes angezeigt. Außerdem wird der Menüpunkt Felder hinzufügen wieder aktiviert, um für die Gruppe auszugebende Felder definieren zu können.

Für die Auswahl der Felder ist analog dem Schritt 2 vorzugehen.

Im unteren Bereich des Report Builders wird nun das geänderte Design des Berichtes angezeigt. Nach der Bestätigung mit Weiter ist der Punkt Gruppierung hinzufügen wieder aktiv.

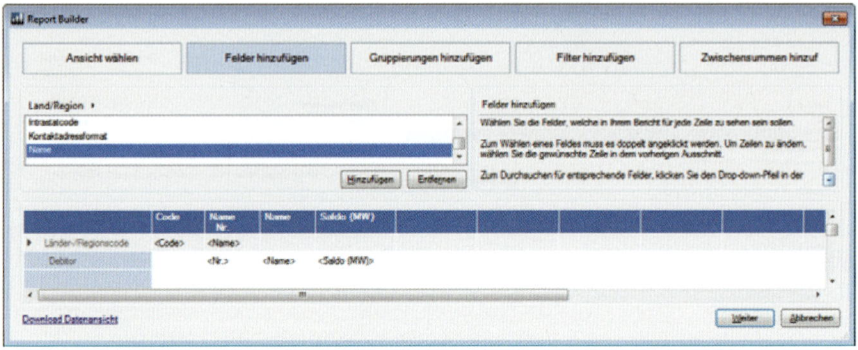

Für das Beispiel wird nun als Gruppierung das Feld „Länder-/Regionscode“ ausgewählt. Nach der Bestätigung über die Schaltfläche Hinzufügen werden aus der Tabelle „Länder-/Regionscode“ die Felder „Code“ und „Name“ als Gruppierungsfelder festgelegt. Anschließend ist über 2 x Weiter der nächste Punkt zu aktivieren.

SCHRITT 4

Im vierten Schritt sind die Filter der Tabelle auszuwählen. Im unteren Bereich kann nun die Ebene ausgewählt werden, für die die Filter gelten sollen. Je nach Auswahl ändern sich die Vorgaben im mittleren Bereich.

Um einen festen Filter für ein Feld festzulegen, ist in die Spalte „Filter“ der Filterausdruck einzutragen. Keine Einträge in dieser Spalte oder der Eintrag „*“ zeigt alle Datensätze. Um einen variablen Filter zu definieren, muss in der Spalte „Berichtsoptionen“ ein Haken gesetzt werden.

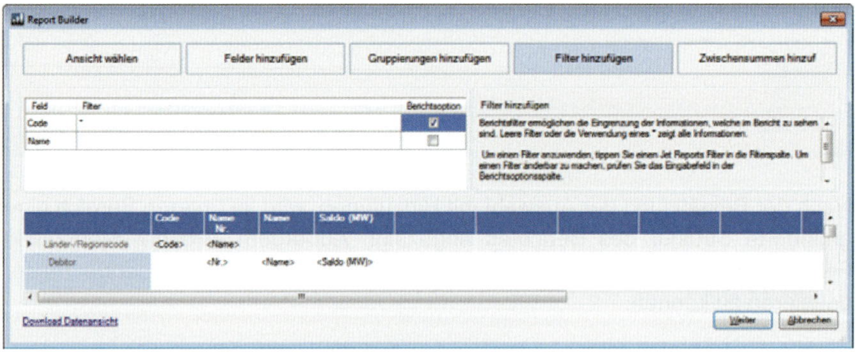

Für das Beispiel ist für die Ebene Länder-/Regionscode ein Filter für das Feld „Code“ als variabel zu definieren. Außerdem ist für die Ebene Debitor ebenfalls ein variabler Filter für das Feld „Saldo (MW)“ einzutragen.

SCHRITT 5

Im fünften Schritt können nun die Zwischensummen für den Bericht festgelegt werden. Alle möglichen Zwischensummenfelder werden im mittleren Bereich aufgelistet. Das entsprechende Feld ist durch Anklicken mit einem Haken zu versehen. Die Zwischensummen werden automatisch an der richtigen Stelle im Bericht positioniert.

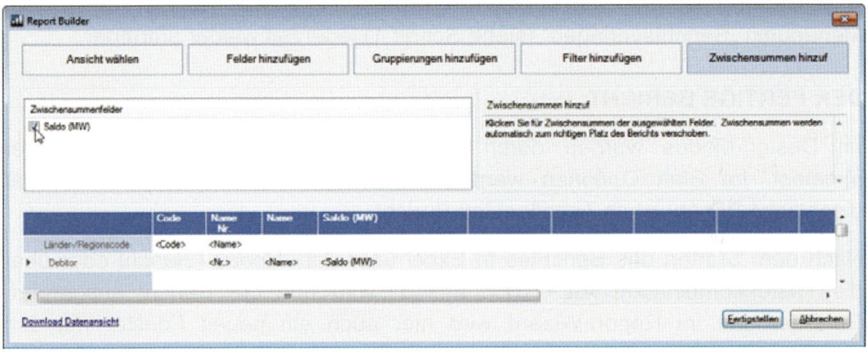

Für das Beispiel ist der Haken vor dem Feld „Saldo (MW)“ zu setzen.

SCHRITT 6

Der sechste und letzte Schritt beinhaltet die Speicherung der Eingaben als Vorlage für neue Berichte. Nach der Bestätigung aller bisher gemachten Eingaben über die Schaltfläche Fertigstellen kann in der erscheinenden Abfrage ausgewählt werden, ob der Bericht als Vorlage gespeichert werden soll oder nicht.

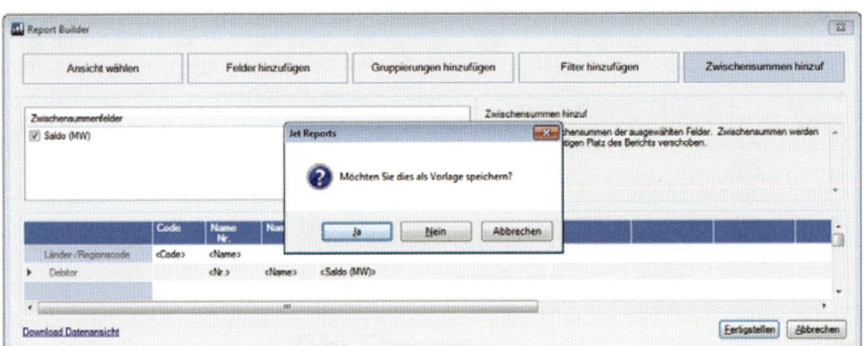

Wird diese Frage mit Ja beantwortet, kann der Bericht als Vorlage gespeichert werden. Dazu ist in dem erscheinenden Fenster ein entsprechender Berichtsname zu vergeben und mit OK zu bestätigen.

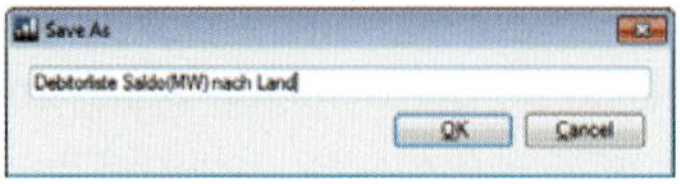

Anschließend ist der abgespeicherte Bericht im Report Builder unter dem Menüpunkt „Berichtsvorlagen“ (siehe Schritt 1) jederzeit wieder aufrufbar.

DER FERTIGE BERICHT

Im Design-Modus wurden durch den Report Builder zwei Tabellenblätter angelegt. Im Blatt Optionen werden die Filter zusammengefasst und der eigentliche Bericht ist im Tabellenblatt Bericht.

Nach dem Starten des Berichtes in Excel über *Jet / Modus / Bericht* oder über die Tastenkombination Alt + J + Y + 1 wird nun der Bericht ausgeführt. Genauso wie im Report Wizard wird hier auch ein neues Fenster mit den Berichtsoptionen geöffnet, in dem die definierten Filter aus Schritt 4 vorgeschlagen werden.

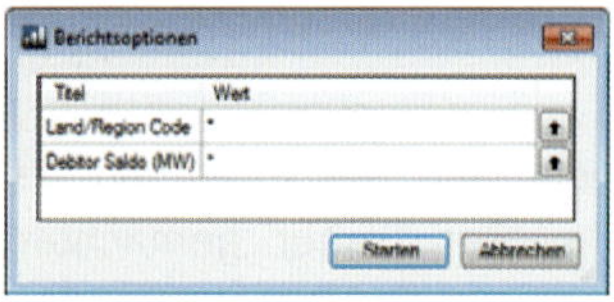

Der fertige Bericht sieht wie folgt aus:

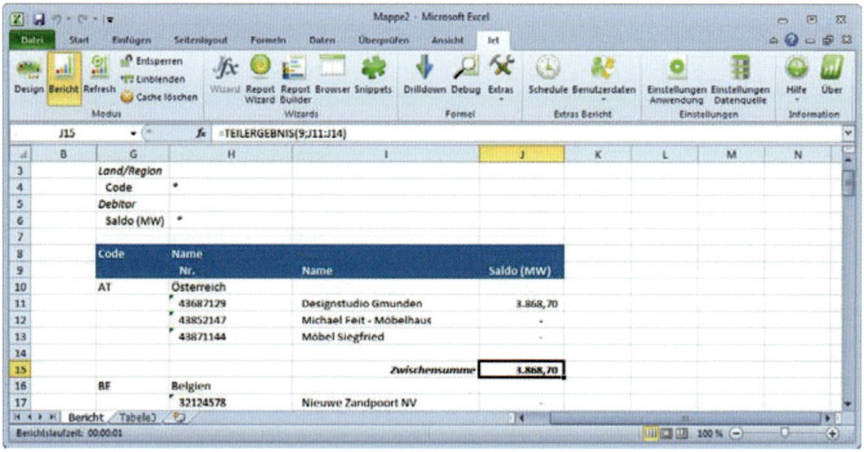

3.3.5 Snippets

Mit der Snippets Funktion können Bereiche einer Excel-Tabelle gespeichert werden. Die Bereiche können dabei Texte und Formeln enthalten. Diese gespeicherten Bereiche können anschließend in andere Berichte eingefügt werden, ohne die Eingaben noch einmal zu tätigen. Diese Funktion kann genutzt werden, um regelmäßig verwendete Eingaben zu speichern.

Als Beispiel wird hier ein Snippet für die Eingabe von Datumsfiltern erstellt. Die Eingabe eines Datumsfilters ist für viele Berichte erforderlich. Damit nicht die gleichen Eingaben in jedem Bericht erstellt werden müssen, wird ein Snippet erstellt, der bei neuen Berichten wieder genutzt werden kann.

Dazu wird in einem neuen Excel-Tabellenblatt in der Zelle C3 das Wort Startdatum und in der Zelle C4 das Wort Enddatum eingegeben. In den Zellen D3 und D4 werden die entsprechenden Datumswerte erfasst. Aus diesen beiden Datumswerten wird nun eine Formel erstellt, die den Datumsfilter ausgibt.

Dazu ist in der Zelle F4 folgende Formel zu erfassen:

```
=NP("Datumsfilter";$D$3;$D$4)
```

Die NP-Funktion enthält als Was-Kriterium „Datumsfilter" und als Parameter den Zellen-Verweis, die die Werte für das Start- und Enddatum enthalten.

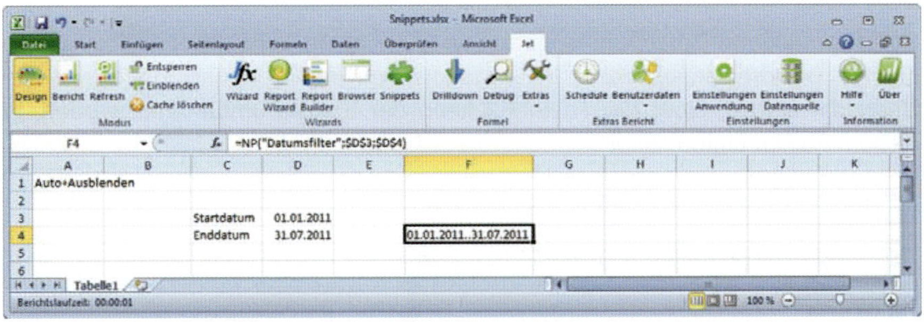

In der Zelle F4 wird nun der für Dynamics NAV erforderliche Datumsfilter in der entsprechenden Syntax angezeigt. Diese Eingaben sind für jeden neuen Bericht gleich. Deshalb soll dieses jetzt als Snippet gespeichert werden. Dazu wird der Bereich C3 bis F4 markiert.

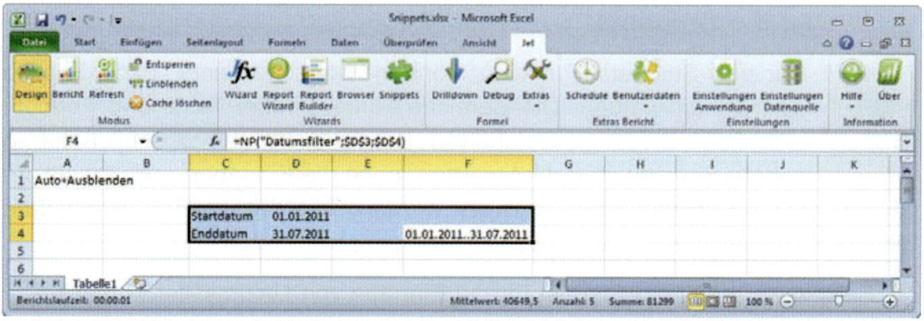

Anschließend wird die Snippet Funktion über die entsprechende Schaltfläche, in der Menüleiste *Jet / Wizards / Snippets* oder über die Tastenkombination Alt + J + Q zu öffnen. In dieser Übersicht werden alle bereits gespeicherten Snippets angezeigt. Wurden noch keine erstellt, ist die Übersicht leer.

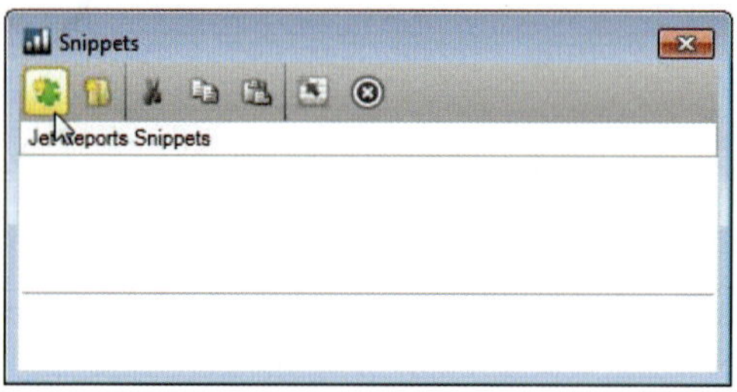

Soll der markierte Bereich hinzugefügt werden, ist die Schaltfläche im linken oberen Bereich anzuklicken. Im Ergebnis wurde ein neuer Eintrag in der Übersicht erstellt. Über die Taste F2 kann der Eintrag umbenannt werden, in diesem Fall in „Datumsfilter".

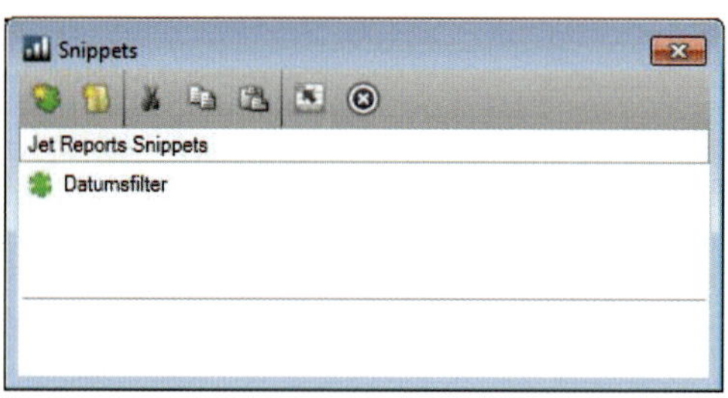

Anschließend kann das geöffnete Snippets Fenster geschlossen werden. Wird nun die Snippets Funktion wieder aufgerufen, steht im Auswahlbereich der Eintrag Datumsfilter zur Verfügung. Dieser kann jetzt durch Drag & Drop beliebig oft in neue Excel Arbeitsblätter kopiert werden.

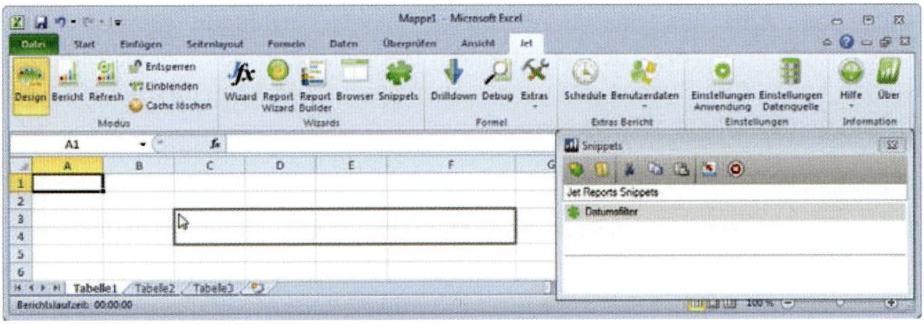

Der Bereich, den der ausgewählte Snippet benötigt, wird ersichtlich, nachdem der ausgewählte Snippet mit der Maus in das Excel Tabellenblatt verschoben wird.

3.3.6 Table Builder

Mit der Version 2011 von Jet Reports kam ein weiterer Assistent, der Table Builder, hinzu. Der Table Builder bietet die Möglichkeit in wenigen Schritten eine komplexe Auswertung zu erstellen. Jedoch werden durch diesen Assistenten nicht die Formeln in den Excel-Zellen geschrieben, sondern die aktuellen Werte.

Zum Aktivieren des Table Builders ist dieser, über die Schaltfläche in der Menüleiste *Jet / Wizards / Table Builder* oder über die Tastenkombination **Alt** + **J** + **T** + **A** zu starten.

Als Beispiel wird hier mit dem Table Builder ein Bericht erzeugt, der die Kreditoren ausgibt, bei denen offene Kreditorenposten existieren. Vom Kreditor werden die Felder „Name“, „Ort“ und „Fälliger Saldo (MW)“ ausgegeben und von den Kreditorenposten die Felder „Belegart“, „Belegnr.“, „Beschreibung“ und „Betrag (MW)“.

SCHRITT 1

Im ersten Schritt des Table Builders kann im Bereich Tabellen über den Punkt Tabelle hinzufügen die erforderliche Tabelle hinzugefügt werden. Sind mehrere Tabellen für die Auswertung erforderlich, können diese nacheinander hinzugefügt werden.

Die Struktur (Verknüpfung) zwischen den Tabellen wird später über den Bereich Links hergestellt. Wird mehr als eine Tabelle benötigt, werden die weiteren Tabellen versetzt unter der ersten Tabelle eingefügt.

Nach dem Anklicken des Menüpunktes Tabelle hinzufügen erscheint eine Auswahlliste in der die Tabelle mit einem Doppelklick in das Layout eingefügt werden kann. Zum Suchen der entsprechenden Tabelle kann das Suchfeld am Anfang der Auflistung genutzt werden.

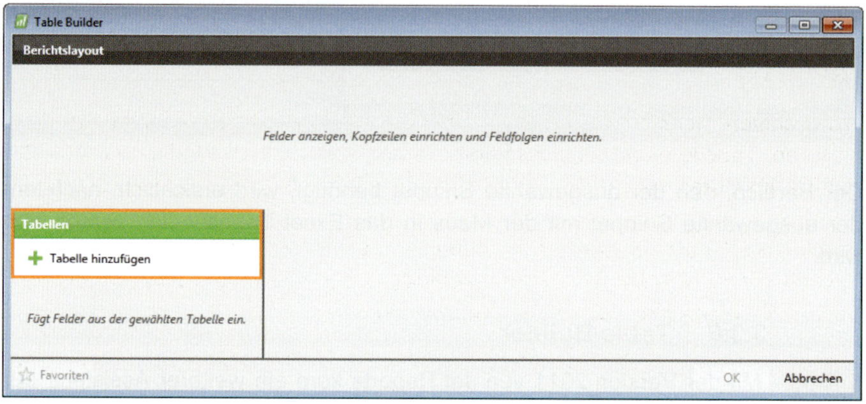

Hier im Beispiel wird zuerst die Tabelle Kreditor und anschließend die Tabelle Kreditorenposten hinzugefügt.

SCHRITT 2

Im zweiten Schritt sind die erforderlichen Felder für die Tabellen auszuwählen. Das erfolgt im linken Bereich Tabellen, durch das Aktivieren der einzelnen Tabelle im Bereich Tabellen wird die Ansicht darunter entsprechend angepasst. Durch das Aktivieren der Überschrift des Bereiches Felder - Kreditor werden dann die möglichen Felder aufgelistet. Zur Auswahl der Felder ist vor den Einträgen ein Haken zu setzen. Sind in der Tabelle FlowFields enthalten, ist ein weiterer Bereich für die Flow Felder sichtbar.

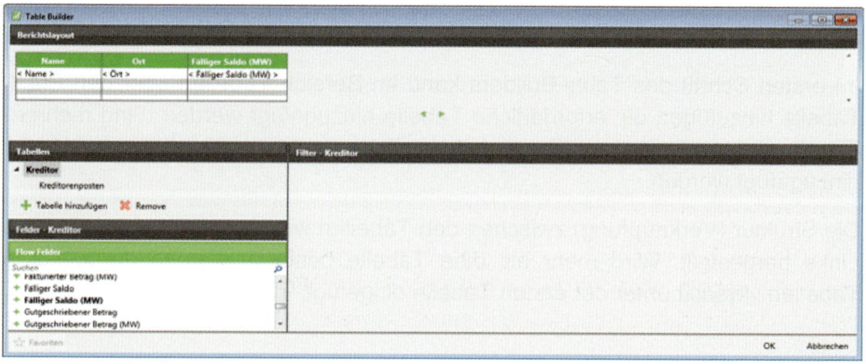

Nach der Auswahl der Felder werden diese im oberen Bereich Berichtslayout des Table Builders dargestellt. Auf der rechten Seite können Filter für die Tabelle definiert werden.

Für dieses Beispiel sind die Felder „Name“ und „Ort“ auszuwählen und als Flow Felder der „Fällige Saldo (MW)“.

SCHRITT 3

Im nächsten Schritt werden die Felder und die Verknüpfung zwischen den weiteren Tabellen und der Haupttabelle definiert. Dazu ist die erforderliche Tabelle im Bereich Tabellen auszuwählen. Anschließend können auch hier die einzelnen Felder der Tabelle ausgewählt werden. Wurden in der Tabelle in Dynamics NAV Summenfelder definiert, wird ein zusätzlicher Bereich Summenfelder sichtbar. Hier können ebenfalls die aufgelisteten Felder über das Suchen-Feld gesucht und hinzugefügt werden.

Auf der rechten Seite können Filter für die Untertabellen erstellt werden. Außerdem wird hier die Verknüpfung zwischen der Haupt- und der Untertabelle festgelegt.

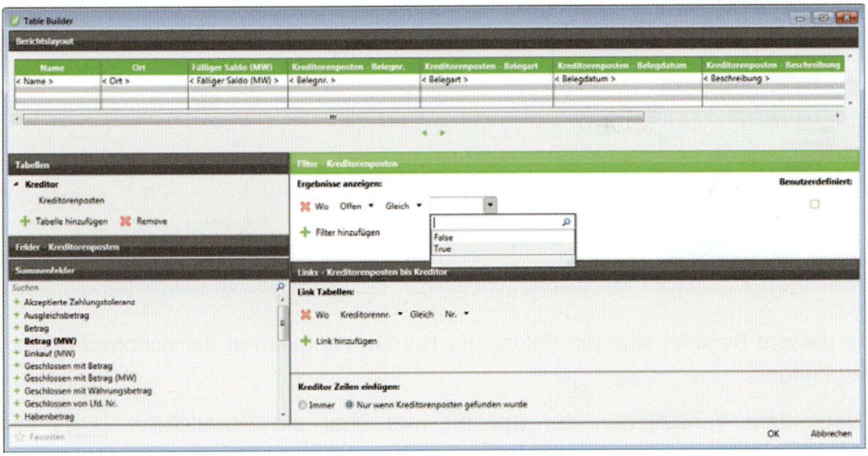

In diesem Beispiel werden für die Tabelle Kreditorenposten die Felder „Belegnr.“, „Belegart“, „Belegdatum“ und „Beschreibung“ ausgewählt. Im Bereich Summenfelder ist das Feld „Betrag (MW)“ zu aktivieren.

Im rechten Bereich sollen nur die offenen Kreditorenposten ausgegeben werden, deshalb wird ein Filter auf das Feld „Offen“ mit dem Wert <True> gesetzt. Im Bereich Links wurde bereits die Verknüpfung voreingetragen. Hier besteht die Verknüpfung zwischen dem Feld „Kreditorennr." der Tabelle Kreditorenposten und dem Feld „Nr." der Tabelle Kreditor.

Im rechten unteren Bereich kann jetzt noch festgelegt werden, ob alle Kreditoren ausgegeben werden sollen, auch wenn keine Posten existieren. Sollen diese nicht ausgegeben werden, ist die Option <Nur wenn Kreditorenposten gefunden wurde> zu aktivieren.

SCHRITT 4

Im vierten Schritt kann die auszugebende Reihenfolge der ausgewählten Felder noch geändert werden. Das ist im oberen Bereich Berichtslayout vorzunehmen. Das Verschieben erfolgt über die Auswahl der Spalte und die Verschiebepfeile unter dem Bereich.

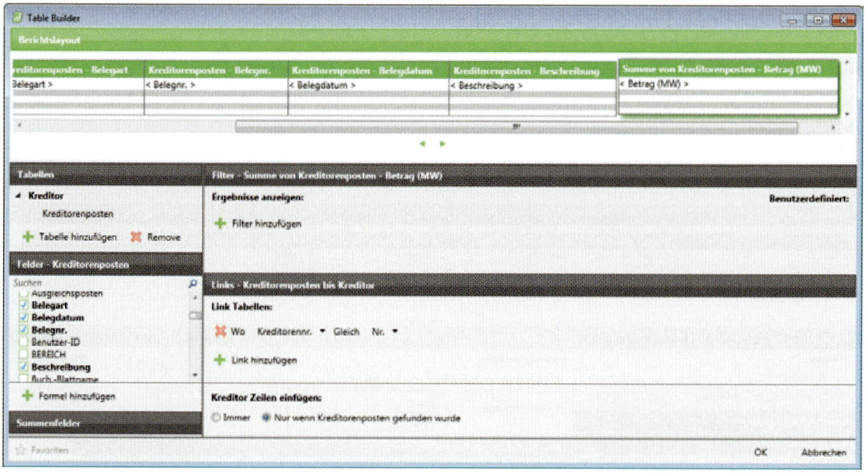

In diesem Beispiel sind die Felder der Kreditorenposten in die richtige Position zu bringen.

Nach dem Verschieben der Spalten wird über die Schaltfläche OK der Table Builder beendet.

DER FERTIGE BERICHT

Der Design Modus von Jet Reports wurde nun in Excel geöffnet. Durch den Table Builder wurden die Zellen entsprechend der Vorgabe im Assistenten gefüllt.

Hier sind noch die erforderlichen NL-Funktionen erhalten. Die eingegebenen Informationen werden übersichtlich als Links in der Zelle E7, die einzelnen

Spaltenüberschriften in den Zellen E8 bis L8 und die Feldinhalte in den Zellen E9 bis L9 aufgeführt.

Die eigentliche Funktion, die im Berichtsmodus die Werte aus der Datenbank nach Excel schreibt, wurde in die Zelle D10 eingefügt. Diese Funktion ist eine NL-Funktion mit dem Was-Parameter <Tabelle>.

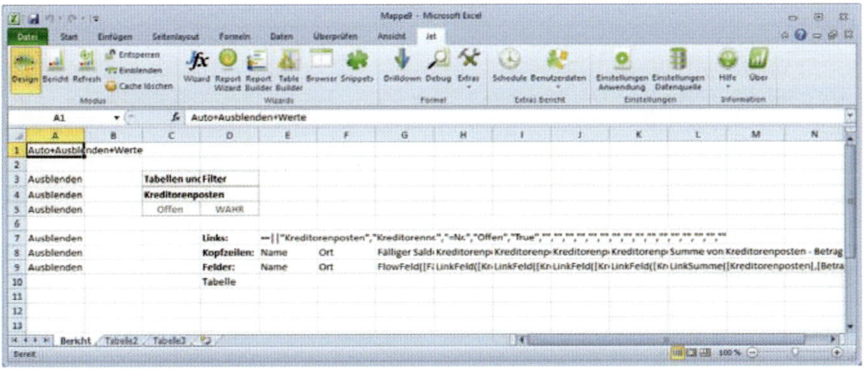

Nach dem Aktivieren des Berichts Modus wird eine Tabelle in Excel aufgebaut, die die festgelegten Informationen mit den Feldern enthält. In diese Tabelle wurden nur die Werte und nicht die Formeln eingefügt. Außerdem ist die Autofilter-Funktion in den Spalten aktiv.

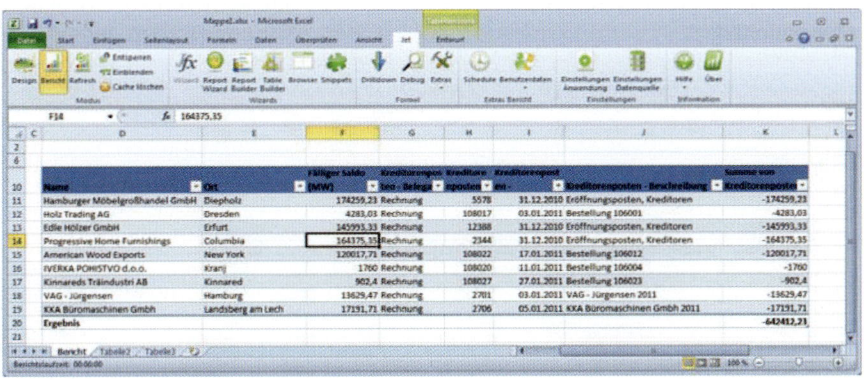

In der Zeile des Ergebnisses, hier Zelle K20, kann über die Auswahl am Feld entschieden werden, welcher Wert hier angezeigt werden soll.

Hinweis: Mit dem Table Builder ist eine mehrstufige Tabellenerstellung bzw. eine Gruppierung der Daten nicht möglich. Die Daten werden immer einzeilig dargestellt. Bei der Erstellung ist deshalb darauf zu achten, welche Tabelle als Haupttabelle und welche als Untertabelle definiert wird.

Für dieses Beispiel bedeutet das: Sollen alle Kreditorenposten aufgelistet werden und nicht nur der erste für den Kreditor, ist die Tabelle Kreditorenposten als erstes in Schritt 1 hinzuzufügen. Die Tabelle Kreditorenposten ist dann die Haupttabelle und die Tabelle Kreditor die Untertabelle.

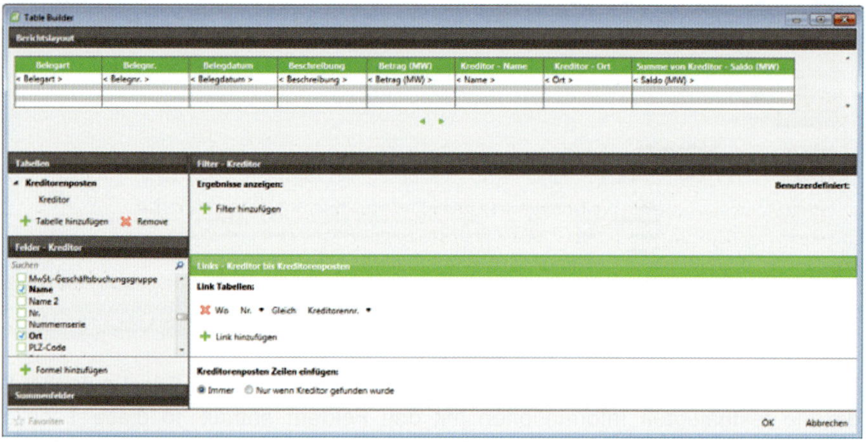

Nach dem Ausführen des Berichtes werden alle offenen Kreditorenposten aufgelistet und zu jedem Kreditorenposten die dazugehörenden Kreditorinformationen.

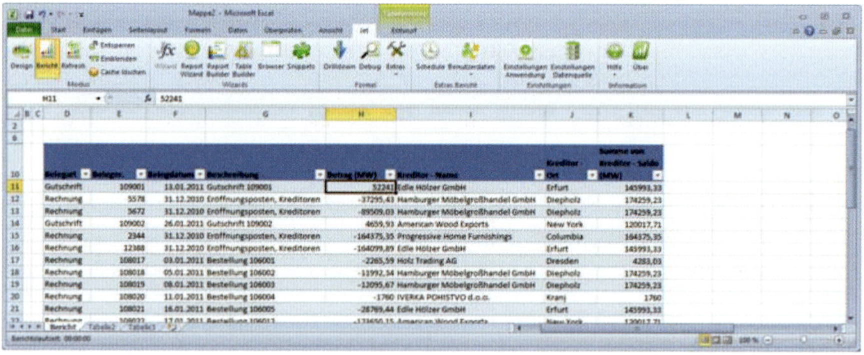

Die weitere Aufbereitung der Datensätze mit Filtern und Sortieren erfolgt in Excel.

4 Jet Reports - Aufbau und Spezial

Wenn es darum geht komplexe Berichte mit Jet Reports zu erstellen, reichen die Assistenten oftmals nicht aus. Hier ist es dann erforderlich, die mit den Assistenten erstellten Funktionen manuell zu überarbeiten.

In diesem Kapitel wird gezeigt, welche zusätzlichen Möglichkeiten Jet Reports bietet, um Berichte manuell zu erweitern.

4.1 Jet Reports Aufbauwissen

Das Ausblenden von Zeilen oder Spalten bei bestimmten Bedingungen und die datenabhängige Formatierung (Ampel-Funktionen) sind oftmals gewünschte Erweiterungen der Berichte. Außerdem werden Filter, Sortierungen und Gruppierungen in fast jedem Bericht verwendet.

In dem nachfolgenden Abschnitt werden verschiedene Funktionen und Befehle aus diesen Bereichen als Anregung zur Gestaltung für eigene Berichte erläutert.

4.1.1 Automatische Schlüsselwörter im Berichtslayout

Mit dem Einfügen von NL- bzw. NF-Funktionen über den Browser in Excel werden automatisch Jet Reports Befehle in die Zeile 1 bzw. die Spalte A geschrieben. Dies sind z. B. `Auto+Ausblenden`.

Zeilen, Spalten und Blätter automatisch erzeugen

Die automatische Erzeugung von Zeilen, Spalten und Blättern wird mit der NL-Funktion vorgegeben. Das erste Argument („WAS“) dieser Funktion legt fest, in welcher Weise die Funktion in der Zelle kopiert werden soll. Parameter dafür sind <Zeilen>, <Spalten> und <Blätter>.

Wird dann ein Bericht ausgeführt, so fügt Jet Reports für jeden Datensatz innerhalb des eingegebenen Filters einen Bereich ein. Dabei werden Funktionen, Werte, Formatierung usw. der Ausgangszelle kopiert. Diese Funktionalität ist besonders zur Erzeugung von Listen hilfreich.

Beispiel:

Zur Erzeugung einer einfachen Kundentelefonliste mit dem Browser sind die Felder „Name“ und „Telefonnr.“ aus der Tabelle Debitor in die Zellen C4 und E4 zu übernehmen. Im Ergebnis werden folgende Funktionen in die Excel-Tabelle eingefügt:

```
C4 =NL("Zeilen";"Debitor")
D4 =NF($B4;"Name")
E4 =NF($B4;"Telefonnr.")
```

Anschließend ist der Bericht zu starten. Um die automatisch ausgeblendeten Spalten im Berichts-Modus anzuzeigen, ist der Punkt *Jet / Modus / Einblenden* über das Menü oder die Tastenkombination Alt + J + I zu wählen.

Beim Ausführen des Berichts wurde mit der NL-Funktion für jeden Debitor innerhalb des Filters eine Zeile eingefügt (Spalte C). In diesem Beispiel wurden keine weiteren Filter eingegeben und daher wurden alle Debitoren aus der Datenbank aufgelistet.

Die NF-Funktionen in den Spalten D und E wurden je Zeile mit kopiert, weil sie innerhalb des festgelegten Kopierbereiches (Zeilen) der NL-Funktion liegen. Dabei verwendet die NF-Funktion den Schlüssel aus Spalte C der jeweiligen Zeile.

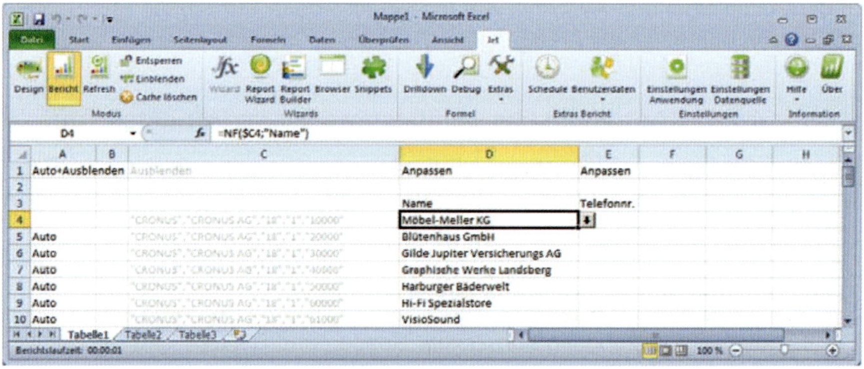

Die Telefonnummer ist nicht gefüllt, da in der Beispieldatenbank bei den Debitoren keine Telefonnummern hinterlegt sind.

Spalten, Zeilen und Blätter automatisch ausblenden

Beim Einfügen der Felder aus dem Browser im Design-Modus wurde die Zelle A1 automatisch mit `Auto+Ausblenden` gefüllt. Jet Reports reserviert die erste Zeile und die erste Spalte für Steuerbefehle. Dazu gehört z. B. auch das automatische Ausblenden von Zeilen und Spalten.

Jet Reports kennzeichnet in der ersten Zeile und Spalte automatisch erzeugte Zellbereiche mit dem Schlüsselwort `Auto`. Dieses Schlüsselwort bewirkt, dass Excel dieses Tabellenblatt automatisch als Jet Reports Bericht erkennt und die darin enthaltenen Befehle ausführt.

Steht `Ausblenden` in einer Zelle in Zeile 1, so wird die betreffende Spalte bei der Berichtsausführung ausgeblendet. Wird das Schlüsselwort `Ausblenden` in eine Zelle der Spalte A geschrieben, so wird die betreffende Zeile ausgeblendet.

Beim Wechsel aus dem Design- in den Berichtsmodus über *Jet / Modus / Bericht* oder über die Tastenkombination [Alt] + [J] + [Y] + [1] werden die mit `Ausblenden` gekennzeichneten Zeilen und Spalten automatisch ausgeblendet. Das Ausblenden von Spalte A und Zeile 1 ist immer vorgegeben.

Im oben aufgeführten Beispiel hat Jet Reports im Kopf der Spalte C ebenfalls automatisch das Schlüsselwort `Ausblenden` eingefügt. Zwar benutzen die NF-Funktionen den Datensatzschlüssel, doch ist er für die meisten Berichte nicht zur Ausgabe sinnvoll. Der Browser setzt daher automatisch den Befehl `Ausblenden` in diese Spalte und formatiert die Spalte mit einer hellgrauen Schriftfarbe.

Um ein gesamtes Arbeitsblatt auszublenden, ist in der Zelle A1 der Befehl `Auto+Ausblenden` um das Schlüsselwort `+BlattAusblenden` zu ergänzen.

Oft verwenden Berichte Felder zur Kalkulation, die später ausgeblendet werden sollen. Mit der Funktionalität `Ausblenden` kann dies einfach umgesetzt werden. Im Design-Modus sind alle ausgeblendeten Spalten sichtbar, damit Änderungen an der Berichtsstruktur einfacher vorgenommen werden können.

Soll eine Spalte im Berichtsmodus nicht fix angezeigt oder ausgeblendet werden, sondern ist dies von bestimmten Bedingungen zur Laufzeit abhängig, ist mit dem Schlüsselwort `Ausblenden+?` zu arbeiten. Dieser Befehl ist zwingend in die Zelle A2 einzutragen. Für die entsprechenden Spalten ist dann in der Zeile 2 mit der WENN-Funktion als Ergebnis entweder das Schlüsselwort `Anzeigen` oder `Ausblenden` zu ermitteln.

```
G2 =WENN(G8=0;"Ausblenden";"Anzeigen")
```

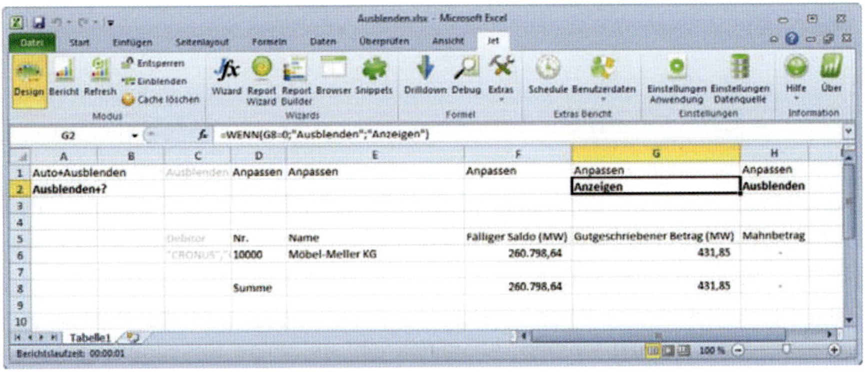

Um Zeilen eines Tabellenblattes zur Laufzeit auszublenden, ist in der Zelle B1 der Befehl `Ausblenden+?` einzutragen. In den entsprechenden Zeilen ist dann in der Spalte B mit der WENN-Funktion, wie bei den Spalten, zu arbeiten.

Zeilenhöhe und Spaltenbreite automatisch anpassen

In Excel gibt es eine Funktion, die für die nachträgliche Formatierung des Blattes die Spaltenbreite automatisch dem Zellinhalt anpasst (*Start / Zellen / Format / Spaltenbreite automatisch anpassen*).

In Jet Reports kann eine optimale Spaltenbreite vor der Berichtserzeugung nicht festgelegt werden, da zu diesem Zeitpunkt nicht bekannt ist, wie lang der längste Eintrag sein wird. Dafür wurde das Schlüsselwort `Fit` (dt.: anpassen) bzw. `Anpassen` definiert.

Wird eines dieser Schlüsselwörter in der Zeile 1 verwendet, so wird im Berichts-Modus die Spaltenbreite der Spalte in der das Schlüsselwort steht, automatisch dem längsten Zellinhalt angepasst. Für die Zeilenhöhe kann analog mit der Spalte A verfahren werden, wobei sich die Zeilenhöhe meist automatisch der Schriftgröße anpasst.

Hinweis: Ist in der Zelle in der das Schlüsselwort eingetragen werden soll bereits ein anderes Schlüsselwort enthalten, so können die Schlüsselwörter mit „+" verbunden werden.

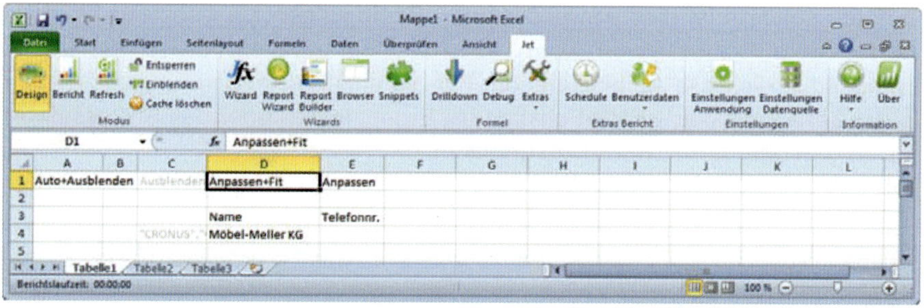

4.1.2 Filtern bei Berichten

Es besteht die Möglichkeit in allen vier Jet Reports Funktionen Filter anzugeben. Diese Filter werden entweder in den FilterFeldern (NL-Funktion), den FlowFilterFeldern (NF-Funktion) oder direkt in den benannten Argumenten (GL- und NP-Funktion) eingegeben.

Beim Festlegen dieser Filter können die Filterkriterien und die Syntax aus Dynamics NAV genutzt werden. Allerdings gibt es einige Besonderheiten, die dabei beachtet werden sollten.

Leere Felder

Es ist möglich, dass eine NL-Funktion auf das Ergebnis einer anderen NL-Funktion abfiltert, die ggf. leere Werte zurückgibt. Die NL-Funktion lässt einen Filter mit leeren Filterausdrücken nicht zu. Die Fehlermeldung „#Wert“ wird dann in der Excel-Zelle angezeigt.

Beispiel:

In Dynamics NAV wird für einen leeren Währungscode Mandantenwährung angenommen. Nun soll aus der Debitorentabelle ausgegeben werden, welche Währungscodes genutzt werden. Dafür wird folgende NL-Funktion in die Zelle C3 eingefügt:

```
=NL("Zeilen";"Debitor";"Währungscode")
```

In der Zelle D3 soll die Beschreibung der Währung (Tabelle „Währung“, Feld „Beschreibung“) mit folgender Formel ausgeben werden:

```
=NL(;"Währung";"Beschreibung";"Code";$C3)
```

Nach der Bestätigung der Einträge wird in der Zelle C3 kein Wert und in der Zelle D3 „#WERT!“ angezeigt. Das ist der Fall, da in der Dynamics NAV-Tabelle Währung kein Eintrag mit einem leeren Währungscode existiert.

Um nun für den leeren Wert die Mandantenwährung anzuzeigen, kann der Lösungsansatz über die Excel-Funktion „Wenn“ genutzt werden. Im ersten Schritt ist dabei zu prüfen, ob die Zelle leer ist. Die Formel gibt „Wahr“ zurück, wenn die Zelle C3 nicht gefüllt ist und „Falsch“, wenn sie gefüllt ist.

Dieses muss nun mit der bereits existierenden Formel in der Zelle D3 kombiniert werden. Die Funktion in der Zelle D3 wird wie folgt geändert:

```
=Wenn($C3="";"Euro";
      NL(;"Währung";"Beschreibung";"Code";$C3))
```

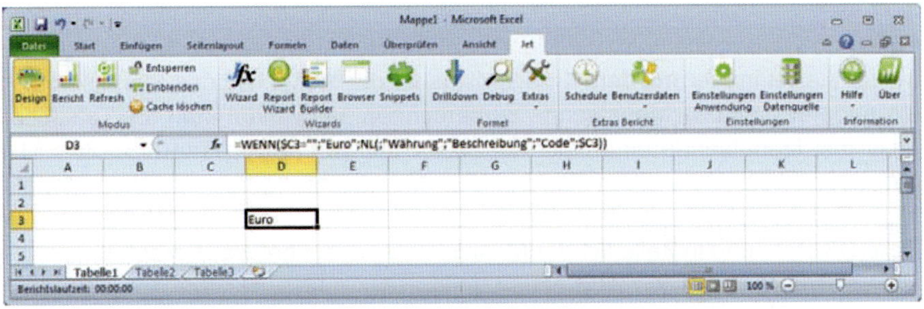

Im Beispiel kann der leere Wert vernachlässigt werden, da die Währungstabelle für die Mandantenwährung keinen Eintrag enthält.

Soll allerdings auf einen leeren Wert gefiltert werden, so lautet der Dynamics NAV-Filter: '' (zwei einzelne Hochkommata). Da im Filterausdruck die Hochkommata nicht stören, kann ein Filter auch wie folgt aufgebaut werden:

```
=Wenn($C3="";"Euro";
      NL(;"Währung";"Beschreibung";"Code";
         "'"&C3&"'"))
```

Wenn C3 leer ist, so wird daraus der Filterausdruck '' (leer), ist C3 gefüllt, wird ein Filterausdruck in Anführungszeichen erstellt. Der gleiche Effekt kann mit einer anderen Syntax, die auch standardmäßig genutzt wird, erreicht werden:

```
D3 =Wenn($C3="";"Euro";
    NL(;"Währung";"Beschreibung";"Code";"@@"&C3)
```

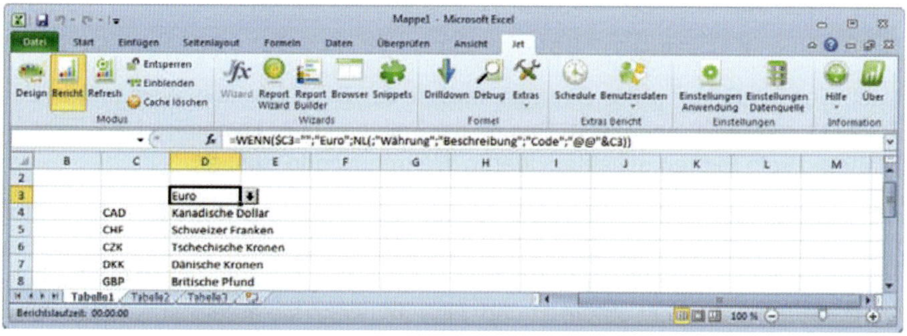

Datumsfilter und Ultimodatum

Berichte sollen für den Endanwender einfach zu bedienen sein. Soll z. B. der Benutzer verschiedene Zeiträume (Start- und Enddatum) nicht einzeln eingeben müssen, so kann dies mit einer Datumskalkulation erfolgen.

Für einen Datumsfilter wird ein Monatsanfang und ein Monatsende benötigt. Ein Monat startet immer mit dem 1., allerdings ist der letzte Tag des Monats immer ein anderer. Um das Monatsende zu berechnen, verwendet man die Tatsache, dass das Monatsende eines Monats zwar nicht den selben Tag (28., 30., 31.) hat, aber dieser stets einen Tag vor dem Monatsanfang des nächsten Monats liegt. Daraus folgt folgende Formel, wenn der Monatsanfang (01.02.2011) in Zelle D3 steht und in Zelle D4 der Monatsletzte berechnet werden soll:

```
D4 =NL("Datumsfilter";D3;DATUM(JAHR(D3);
        MONAT(D3)+1;TAG(D3)-1))
```

Wenn in der Zelle D3 der 01.02.2011 steht, so wird mit der obigen NL-Funktion und der „Was“-Option <Datumsfilter> als Ergebnis der Datumsfilter „01.02.2011..28.02.2011“ erzeugt.

Einen Filter für den Anfang des Jahres bis zum Ende des letzten Monats erhält man wie folgt:

```
D5 =NL("Datumsfilter";DATUM(JAHR(D3);1;1);
        DATUM(JAHR(D3);MONAT(D3);1-1))
```

Wenn in der Zelle D3 der 17.03.2011 steht, so wird Jet Reports trotzdem einen Datumsfilter mit „01.01.2011..28.02.2011“ erzeugen. Die Schaltjahre werden dabei automatisch beachtet.

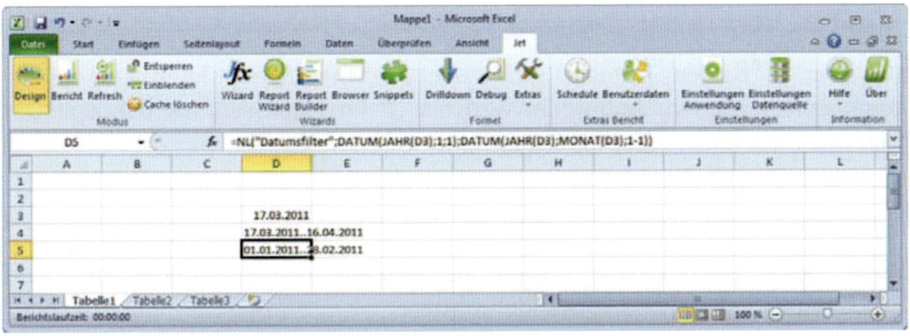

Um beispielsweise Ultimobuchungen auszuschließen, setzt man ein „<>U&“ in den Filterausdruck. Analog zu dem oberen Beispiel werden hier die Sachposten inklusive der Ultimobuchungen abgefiltert:

```
=NL("Summe";"Sachposten";"Betrag";
    "Buchungsdatum";"<>U&31.12.09..01.01.11")
```

Hinweis: In Excel wird das „&“-Zeichen zum Zusammenfügen von zwei Textstrings verwendet.

Platzhalter und Sonderzeichen in Filtern

Die Zeichen „*“ und „?“ sind so genannte Platzhalter. Diese Platzhalter können in Jet Reports nicht zum Ausschluss von Elementen in Von-Bis-Bereichen verwendet werden. Filterausdrücke wie „<>A*..C*“ oder „<>A?..H?nsen“, wie sie in Dynamics NAV verwendet werden können, sind hier unzulässig.

Um die gewünschte Menge zu erhalten, muss ein Filterausdruck erzeugt werden, der die gewünschten Elemente einschließt. In dem oberen Beispiel muss anstelle von „<>A*..C*“ der Filter „D..“ verwendet werden.

Wenn keine Von-Bis-Bereiche verwendet werden, sind auch Platzhalter problemlos verwendbar. So gibt es bei dem Filter „<>A*&<>B*&<>C*“ keinen Fehler.

Falls mehrere Filter kombiniert werden sollen die Sonderzeichen beinhalten, sind die einzelnen Filterteile in einfache Anführungszeichen (’) einzuschließen.

Beispiel:

Wenn ein Filter auf z. B. die Debitorennamen „John A.M.“ oder „Ben & Partner“ gesetzt werden soll, so wird in Dynamics NAV der Filter mit dem senkrechten Strich (|) als logisches ODER verwendet. Wenn es nur um „John“ oder „Ben“ ginge, sähe der Filterausdruck wie folgt aus:

```
=NL("Zeilen";"Debitor";"Name";"Name";"John*|Ben*")
```

Da aber in beiden Namen Sonderzeichen vorkommen, kann kein „@@“ vorangestellt werden. Außerdem wird ein „|“ im Filterausdruck benötigt. Der Filterausdruck lautet dann wie folgt:

```
=NL("Zeilen";"Verkaufsrechnung";"Nr.";"Debitor";
    "'John A.M.'|'Ben & Partner'")
```

Wenn beide Ausdrücke in Zellen ausgegeben werden, können auch die Zellbezüge entsprechend verwendet werden:

```
=NL("Zeilen";"Verkaufsrechnung";"Nr.";"Debitor";
    "'"&C3&"'|'"&C4&"'")
```

Funktionsbefehle beim Nutzen der Filterfelder

Jet Reports bietet die Möglichkeit die Anzahl der Rückgabedatensätze zu beschränken, indem in ein beliebiges Filterfeld einer NL-Funktion der Befehl „Limit=“ und als Filterausdruck die maximale Anzahl der Datensätze eingegeben wird. In Kombination mit einer Sortierung können so einfach Top-Listen erstellt werden.

Beispiel:

Das folgende Beispiel zeigt die zehn Debitoren mit dem höchsten Verkauf.

```
=NL("Zeilen";"Debitor";"Name";"-Verkauf (MW)";"*";
    "Limit=";"10")
```

Eine NL-Funktion, die Daten aus einem anderen Mandanten verwenden soll, der nicht als Standardmandant in der Datenquelle hinterlegt ist, lautet wie folgt:

```
=NL("Zeilen";"Debitor";;"0";"CRONUS Tochter 1")
```

„0“ (Null) als Feldname überschreibt den Vorgabemandanten. Alternativ zur „0“ kann auch der Befehl „Mandant=“ genutzt werden.

Falls der gewünschte Mandant in einer anderen Datenbank hinterlegt ist, muss zusätzlich die damit verknüpfte Datenquelle angegeben werden.

```
=NL("Zeilen";"Debitor";;"0";"CRONUS Tochter 1";
    "Verbindung=";"Datenquelle2")
```

In einer Arbeitsmappe können die Jet Reports Funktionen gleichzeitig auf beliebig viele Serververbindungen und / oder eine lokale Verbindung zugreifen.

4.1.3 Sortieren von Datensätzen

Normalerweise sortiert Jet Reports die eingefügten Zellen alphabetisch anhand des im Argument „Feld“ definierten Wertes in einer NL-Funktion. Abweichend davon kann aber über jedes Tabellenfeld auf- bzw. absteigend sortiert werden.

Soll nach einem Feld sortiert werden, so ist dieses Feld in ein Argument für das „FilterFeld...“ einzutragen und vor die Bezeichnung ein „+“ für aufsteigend bzw. ein „-“ für absteigend einzufügen. Die Filtermechanismen bleiben dabei intakt, so dass unabhängig von der Sortierung gefiltert werden kann. Wird kein Filter für dieses Feld benötigt, ist der Filterausdruck im Feld „Filter...“ mit „*“ zu belegen, da leere Filterausdrücke zu Fehlern führen.

✎ **Beispiel:**

Eine NL-Funktion soll die Namen aller Debitoren ausgeben, die mit C beginnen:

```
=NL("Zeilen";"Debitor";"Name";"Name";"C*")
```

Eine NL-Funktion soll die Namen der Debitoren ausgeben und diese anhand des Ländercodes aufsteigend sortieren:

```
=NL("Zeilen";"Debitor";"Name";"+Ländercode";"*")
```

Jet Reports Sortierung ./. Dynamics NAV Sortierung

Falls innerhalb von Dynamics NAV kein genau passender Schlüssel gefunden wird, sortiert Jet Reports die Rückgabedatensätze selbst.

Diese NL-Funktion sortiert die Debitorennummern anhand des Ländercodes (nach der Dynamics NAV-Logik für Code-Felder):

```
=NL("Zeilen";"Debitor";"Nr.";"+Ländercode";"*")
```

Soll zur Sortierung ein schneller Sortierschlüssel von Dynamics NAV verwendet werden, muss dieser mit „Ländercode“; „Nr.“ beginnen. Danach könnten beliebige andere Felder folgen. Da das Feld „Nr." Primärschlüssel der Tabelle Debitor ist und dieser bei allen Sortierschlüsseln automatisch angehängt wird, reicht in diesem Fall ein Schlüssel, der nur das Feld „Ländercode" enthält, aus.

4.1.4 Gruppieren von Datensätzen

Mit Jet Reports ist es möglich Listen zu gruppieren. Dies kann mit einer Verschachtelung von NL-Funktionen erfolgen. Eine NL-Funktion, die sich im Kopierbereich einer anderen befindet, wird als verschachtelte Funktion bezeichnet. Eine äußere NL-Funktion (Zeilen=5) erzeugt einen Raum von vier Zeilen zur Platzierung von Datensätzen aus einer zweiten NL-Funktion.

Bei der Berichtserzeugung wird dabei die äußere NL-Funktion mit den entsprechenden Gruppierungsmerkmalen zuerst erzeugt. Dabei wird die innere NL-Funktion, die im Kopierbereich liegt, mitgeführt. Anschließend wertet Jet Reports die innere Funktion aus, die dann die gewünschten weiteren Zeilen erzeugt. Jet Reports wertet Funktionen von oben nach unten der Reihe nach aus.

Gruppieren über eine Ebene

Ein einfaches Beispiel ergibt sich, wenn eine Debitorenübersicht anhand des Landes gruppiert werden soll.

Nach dem Erstellen einer einfachen Debitorenliste mit dem Browser sollen diese nun nach Ländercode gruppiert werden. Der Ländercode wird dabei zum Filtern für die NL-Funktion verwendet, die die Debitoren einfügt.

Nun ist darüber die Gruppierung nach Land einzufügen. Dazu ist im Browser das Feld „Ländercode" der Debitortabelle mit dem Rückgabewert <Werte> zu wählen und anschließend in eine Zelle über die Zelle mit der ersten NL-Funktion zu ziehen.

Beim Starten des Berichtes wird nun eine Liste von Ländercodes und darunter eine Liste der Debitoren ausgegeben. Die Spaltenüberschriften „Name" und „Ländercode" wurden je Ländercode kopiert. Der erste ausgegebene Ländercode ist leer, was auch korrekt ist, da Debitoren mit leerem Ländercode in der Datenbank existieren.

Im nächsten Schritt muss die Zuordnung zur Gruppe erfolgen. Dazu wird in der NL-Funktion, die die Ländercodes ausgibt, im Argument „Was" der Parameter „Zeilen" auf „Zeilen=3" geändert. Dadurch wird die NL-Funktion der Debitoren in die Funktion der Ländercodes mit eingebunden. Jet Reports erstellt jetzt für jeden Ländercode eine komplette Debitorenliste.

Im letzten Schritt ist eine Verbindung über Filter zwischen den beiden NL-Funktionen herzustellen. Bei der NL-Funktion für die Debitorenliste ist im Argument „FilterFeld1“ das Feld „Ländercode“ und im dazugehörigen Argument „Filter1“ die Zelle in der sich die NL-Funktion mit den Ländercodes befindet, einzutragen. Der Filterausdruck ist um die Zeichenkette „@@“& zu erweitern.

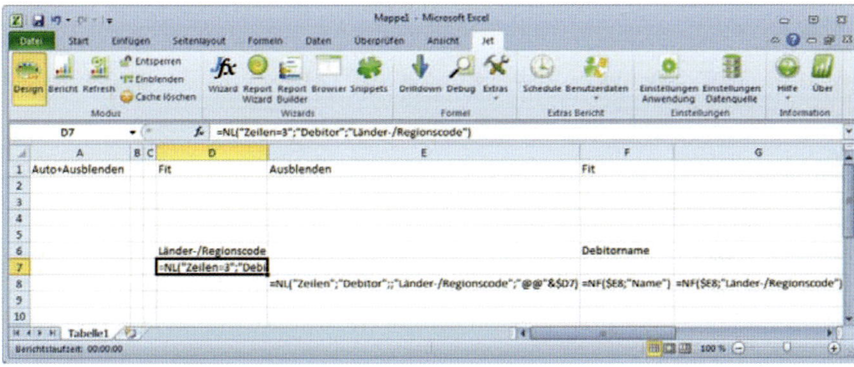

Nach der Ausführung des Reports wird nun unter jeden Ländercode eine Liste aller Debitoren mit passendem Ländercode erstellt.

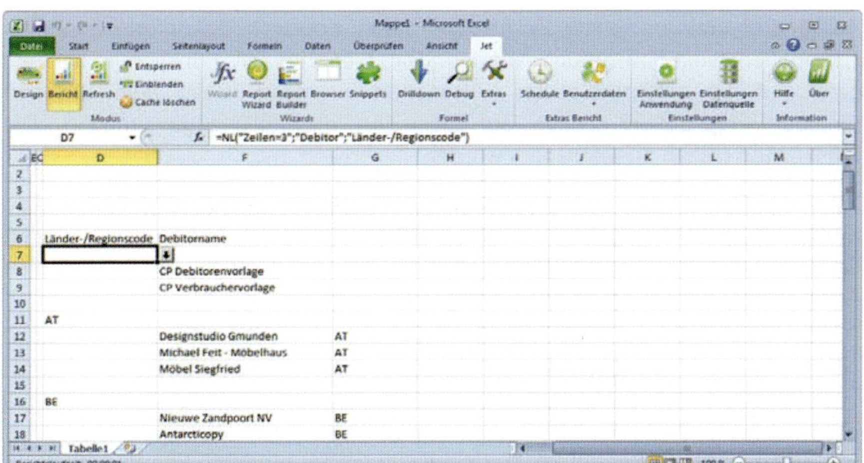

Gruppieren über mehrere Ebenen

Häufig sollen Berichte mehr als eine Gruppierungsebene enthalten. Dafür können mehrere NL-Funktionen stufenförmig mit dem Browser angelegt werden.

Wie schon bei der Gruppierung in einer Ebene, muss die verschachtelte NL-Funktion mit der jeweils übergeordneten NL-Funktion über ein Filterkriterium verknüpft werden.

Dabei muss die Größe des Kopierbereiches der NL-Funktionen überprüft und ggf. angepasst werden. Die oberste muss dabei alle unteren mit einschließen.

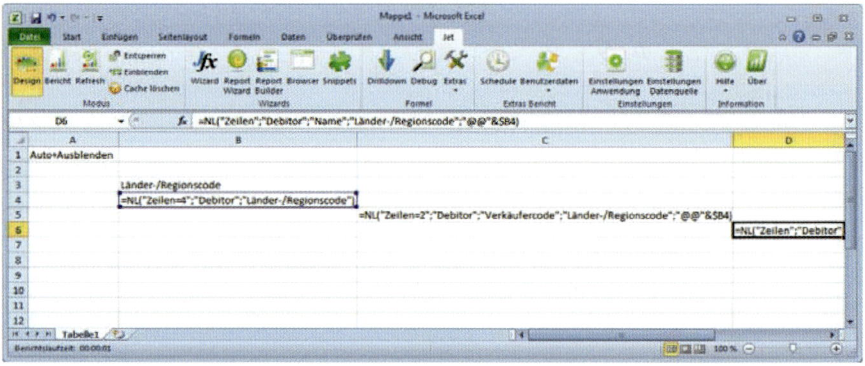

Hinweis: Damit die Zellbezüge bei mehrfacher Verschachtelung nicht verloren gehen, müssen diese etwas anders behandelt werden.

Bei Bedarf können solche Zellbezüge durch Kopieren der Informationen in Hilfsspalten weiter mitgeführt werden. Die Filter der NL-Funktionen müssen dann auf die entsprechenden Hilfsspalten zugreifen. Beim automatischen Einfügen von Zellen bleiben auf diese Art die Zellbezüge erhalten. Die Hilfsspalten sollten ausgeblendet werden.

Mit dieser Systematik können beliebig viele Gruppierungsebenen erstellt und so weitere Detaillierungsgrade erreicht werden. Unter der Nutzung der Excel-Gruppierungsformatierung *(Daten / Gliederung)* kann dann eine wahlweise Anzeige der Untergruppierungen erfolgen.

4.1.5 Einbinden von Bildern und Diagrammen

Um eine Bilddatei in eine Excel-Tabelle einzufügen, muss bei der Erstellung der NL-Funktion das Argument „Was“ die Option <Bild> erhalten, das Argument für „Tabelle“ muss leer bleiben. Im Argument „Feld“ wird der Dateiname inklusive dem Dateipfad übergeben. Als Filter-Argumente werden „Höhe=“ und „Breite=“ des Bildes eingetragen.

Die folgende Funktion fügt das Bild.jpg aus dem Verzeichnis „C:\Bilder“ in ein Arbeitsblatt ein und formatiert es in eine entsprechende Größe:

```
D5 =NL("Bild";;"C:\Bilder\Bild.jpg";
        "Höhe=";"25";
        "Breite=";"30")
```

Um Bilder, die in Dynamics NAV direkt abgespeichert sind (BLOB-Dateien), auszugeben, ist in der NL-Funktion im Argument „Was“ die Option <Bild> zu verwenden. Mit den Argumenten „Tabelle“ und „Feld“ sind die Dynamics NAV-Tabelle und das entsprechende Feld, in dem das Bild enthalten ist, festzulegen.

Über die FilterFelder sind entsprechende Filter anzugeben, die das jeweilige Bild identifizieren. Mit den Befehlen „Höhe=“ und „Breite=“ kann hierbei ebenfalls die Bildgröße festgelegt werden. Fehlen diese Parameter, verwendet Excel die Standardvorgaben der Bilder.

Um das BLOB-Bild zum Artikel Nr. 10000 aus Dynamics NAV anzuzeigen ist folgende NL-Funktion zu verwenden:

```
=NL("Bild";"Artikel";"Bild";
    "Nr.";"10000";
    "Höhe=";"50";
    "Breite=";"40")
```

Ist kein Bild vorhanden, wird ein Fehler ausgegeben.

Diagramme

Sollen grafische Auswertungen über einen Datenbereich, d.h. über mehrere Zellen einer Zeile bzw. Spalte einer NL-Funktion erstellt werden, so ist wie bei der Summenbildung der Datenbereich um eine Leerzeile bzw. Leerspalte zu erweitern.

Dies bewirkt, dass der Bereich auf den das Diagramm zurückgreift, beim automatischen Einfügen der Datensätze die darin enthaltenen Werte mit auswertet und grafisch zur Ausgabe bringt.

4.1.6 Arbeitsblätter für Viewer aufbereiten

Ein Jet Report-Viewer ist ein Excel-Benutzer, auf dessen Arbeitsplatz Jet Reports installiert ist, der aber nicht für das Report-Design lizenziert wurde. Ein Viewer ist berechtigt vorgegebene Berichtsparameter, z. B. Filterkriterien zu setzen und die Berichte auszuführen. Er kann nicht in den Design-Modus wechseln oder Jet Reports Funktionen ändern.

Damit Berichte von Viewern genutzt werden können, müssen entweder alle Blätter, die Jet Reports Formeln enthalten, gesperrt oder die Formeln in Werte konvertiert werden.

Sperren

Das Sperren von Arbeitsblättern verhindert, dass Benutzer versehentlich Formeln ändern. Wird ein Bericht ausgeführt, dessen Arbeitsblatt als gesperrt gekennzeichnet ist, so speichert Jet Reports alle Formeln in ein verstecktes Arbeitsblatt. Ändert der Anwender eine Formel, so wird diese beim Wechsel in den Design-Modus oder einer erneuten Berichtsausführung zurückgesetzt.

Um ein Arbeitsblatt zu sperren, ist der Eintrag in der Zelle A1 um den Befehl „+Sperren" zu erweitern. Damit kann folgender Wert in dieser Zelle eingetragen sein `Auto+Ausblenden+Sperren`. Das Arbeitsblatt wird nach der Berichtserzeugung gesperrt und kann über *Jet / Design* wieder entsperrt werden.

Wenn ein Bericht mit Viewer-Berechtigungen ausgeführt werden soll, empfiehlt sich die Verwendung eines nicht gesperrten Optionsregisters. Dieses Register sollte alle Parameter enthalten, die bei der Berichtsausführung veränderbar sein müssen, beispielsweise Datumsfilter oder Filter auf die Debitorennummer. Der eigentliche Report hingegen befindet sich auf einem weiteren Arbeitsblatt, das über `Auto+Ausblenden+Sperren` in Zelle A1 gesperrt ist.

Um den Bericht nun für die Viewer zu sperren, muss dieser vom Designer nach der Erstellung ausgeführt und anschließend abgespeichert werden.

Eine weitere Möglichkeit für die Designer in gesperrten Berichten trotzdem Eingaben für die Viewer ohne zusätzliches Tabellenblatt zu ermöglichen, ist die Arbeit mit dem Schlüsselwort `Option+Hide`.

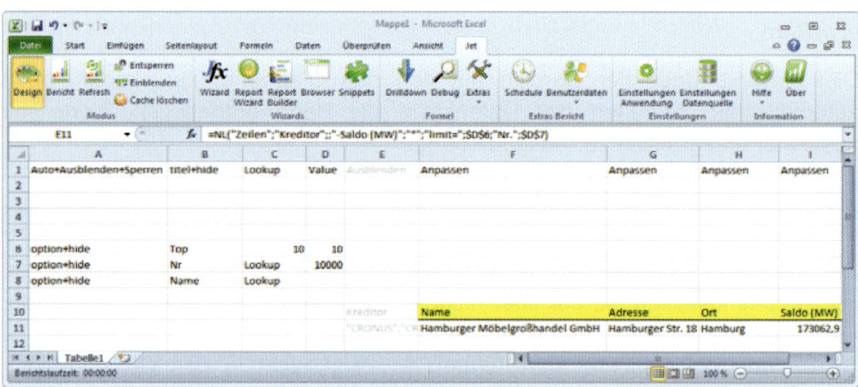

Dieses bewirkt, dass vor der Berichtsausführung ein Fenster für die Berichtsoptionen angezeigt wird, in dem die erforderlichen Parameter eingegeben werden können.

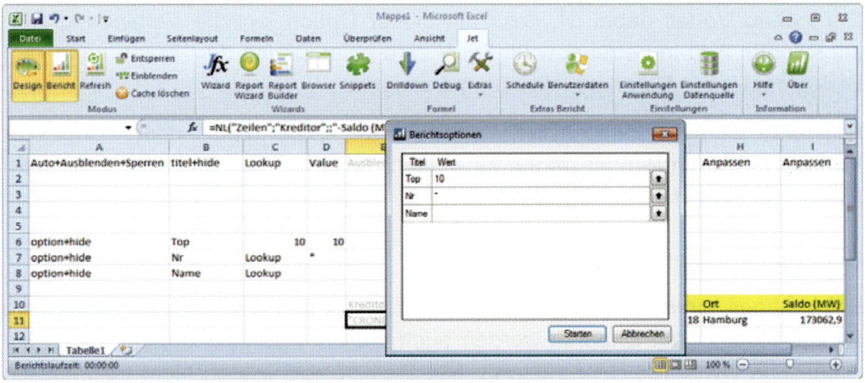

Durch Klicken auf die Schaltfläche Starten schließt sich das Optionsfenster und der Bericht wird ausgeführt.

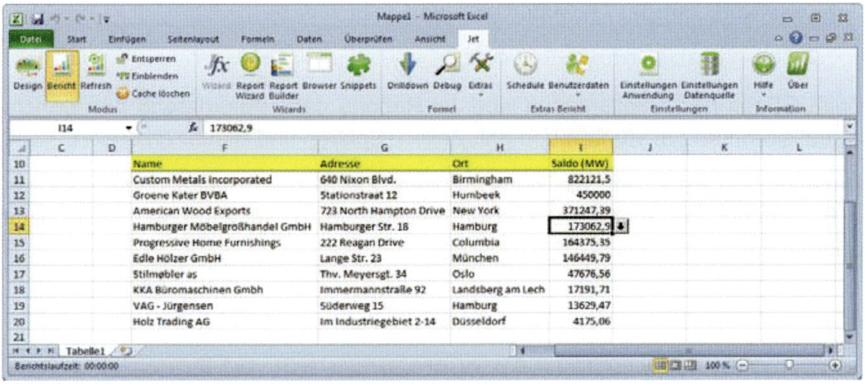

Values (Werte)

Falls die Arbeitsblätter editierbar sein müssen, können die Funktionen und Formeln zu Werten umgewandelt werden. Dafür ist das Schlüsselwort „Values“ zu verwenden, das in die Zelle A1 eingetragen wird.

```
Auto+Ausblenden+Values
```

Nach der Berichterstellung im Berichts-Modus werden alle Jet Reports Funktionen zu Werten konvertiert, die reinen Excel-Formeln bleiben dabei jedoch erhalten. Zur Wiederherstellung der Jet Reports Formeln ist in den Design-Modus zurück zu wechseln.

Bei der Verwendung des Schlüsselwortes „Values“ wird also das Arbeitsblatt nicht gesperrt und der Anwender kann „normal“ mit den Werten weiterarbeiten.

Der zweite Vorteil dabei ist, dass mit dieser Option jegliche Verbindung zum Jet Reports Add-In getrennt wird. Excel wird beim Öffnen der Mappe dann kein Dialogfenster zur Datenaktualisierung anzeigen.

Hinweis: Diese Funktionalität steht nur für Excel 2003 oder höher zur Verfügung. Außerdem ist darauf zu achten, dass der Bericht direkt nach dem Ausführen abgespeichert wird.

Berichte automatisch ausführen

Beim Öffnen einer Arbeitsmappe kalkuliert Excel automatisch alle Formeln im Design-Modus neu. Dadurch werden auch alle Jet Reports Formeln mit neuen Daten aus Dynamics NAV versorgt. Der Bericht wird jedoch nicht automatisch gestartet.

Um den Bericht beim Öffnen der Arbeitsmappe automatisch im Berichts-Modus auszuführen, muss im ersten Arbeitsblatt der Wert in der Zelle A1 um das Schlüsselwort „`Report`“ erweitert werden.

```
Auto+Ausblenden+Report
```

Beim Öffnen der Arbeitsmappe wird Jet Reports dann automatisch den Bericht aktualisieren und ausführen und ggf. Zeilen, Spalten und Blätter erzeugen.

Hinweis: Bei Berichten, die keine Spalten, Zeilen oder Blätter generieren wie z. B. Berichte, die auf GL-Funktionen basieren, ist diese Vorgehensweise nicht erforderlich.

4.2 Komplexe Anwendungen mit Jet Reports

Mit Jet Reports können verschiedene Funktionen miteinander kombiniert werden. Durch die Verschachtelung von NL-Funktionen sind Filtermöglichkeiten zwischen mehreren Tabellen realisierbar. Dazu gehört auch, eine Tabelle anhand eines Kriteriums einer anderen relationalen Tabelle zu filtern. Jet Reports bietet hier unterschiedliche Möglichkeiten.

Durch die Verwendung der EVAL-Funktion kann die Performance der Berichtsausführung erhöht werden.

Durch die Nutzung der Argumente „Verbindung“ und „Company“ können Werte aus unterschiedlichen Datenbanken in einem Bericht miteinander verknüpft und ausgewertet werden.

Diese unterschiedlichen Möglichkeiten für die Arbeit mit Jet Reports werden im Folgenden erläutert.

4.2.1 Filtern über den Funktionsparameter Filter

Eine der Möglichkeiten von Jet Reports ist es, eine Tabelle anhand eines Kriteriums einer anderen relationalen Tabelle zu filtern. Jet Reports bietet hier zwei Möglichkeiten: Zum einen über den Funktionsparameter „Filter“ und zum anderen über das Schlüsselwort „Link=“.

Zur Verdeutlichung der Anwendung des Parameters Filter sollen alle Verkaufsrechnungszeilen innerhalb eines Buchungszeitraums ausgegeben werden.

Zu einer Verkaufsrechnung existieren in Dynamics NAV ein Verkaufsrechnungskopf und eine oder mehrere Verkaufsrechnungszeilen. Das Buchungsdatum ist jedoch nur im Kopf vorhanden. Kopf und Zeilen sind über die Belegnummer verknüpft. Folgende Formel gibt alle Rechnungszeilen innerhalb eines bestimmten Buchungszeitraums zurück:

```
=NL("Zeilen";"Verkaufsrechnungszeile";;"Belegnr.";
    <Filter aus dem Verkaufsrechnungskopf>)
```

Nun muss der im Text formulierte Filterausdruck mit einer Formel beschrieben werden: Das Feld im Verkaufsrechnungskopf heißt „Nr.“, daher muss die NL-Funktion eine Liste mit den entsprechenden Belegnummern erzeugen.

```
NL("Filter";"Verkaufsrechnungskopf";"Nr.";
   "Buchungsdatum";"010111..310111")
```

Jetzt wird der Text durch die Formel ersetzt:

```
=NL("Zeilen";"Verkaufsrechnungszeile";;"Belegnr.";
    NL("Filter";"Verkaufsrechnungskopf";"Nr.";
       "Buchungsdatum";"010111..310111"))
```

Die äußere NL-Funktion erzeugt Zeilen für die Verkaufsrechnungszeilen, die innere NL-Funktion stellt den Filter auf die Belegnummer der äußeren Funktion bereit.

4.2.2 Filtern über den Befehl „Link=“

Wie oben beschrieben, kann auch über die Link-Funktion in einer Tabelle über eine relationale Tabelle gefiltert werden.

Es soll eine Auflistung von Verkaufsrechnungen erstellt werden, die Artikel enthalten. Die Belegnummer der Rechnung soll dabei aus dem Verkaufsrechnungskopf ausgelesen werden. Um festzustellen, ob die Rechnung Artikelpositionen enthält, müssen die Verkaufsrechnungszeilen herangezogen werden.

Es soll lediglich eine Aufstellung über die Verkaufsrechnungsköpfe erstellt werden, die Zeilen sind für die Ausgabe irrelevant. Die entsprechende Formel sieht wie folgt aus:

```
=NL("Zeilen";"Verkaufsrechnungskopf";"Nr.";
    "Link=";"Verkaufsrechnungszeile";"Belegnr.";
    "=Nr.";"Art";"Artikel")
```

Das erste Argument hinter „Link=" muss dabei die Vergleichstabelle sein.

Mit dem Befehl „Link=" werden die Tabellen „Verkaufsrechnungskopf" und „Verkaufsrechnungszeile" verbunden. Eine Zuordnung erfolgt über das Feld "Nr." des Verkaufrechnungskopfes und das Feld „Belegnr." aus der Verkaufsrechnungszeile. Das Gleichheitszeichen („=") vor der „Nr." kennzeichnet den Bezug zur ersten Tabelle.

Die nachfolgenden Parameter sind Filterpaare mit Filterfeld und Filterausdruck. Es handelt sich dabei um Filter der zweiten Tabelle, in diesem Fall der Verkaufsrechnungszeile und nicht des Verkaufsrechnungskopfes.

Im oberen Beispiel wird also in der Verkaufsrechnungszeile zum einen die „Art" auf „Artikel" abgefiltert, zum zweiten für den entsprechenden Kopf auf die Belegnummer abgegrenzt.

Um eine Verknüpfung eindeutig zu definieren sind vier Eingaben notwendig:

„FilterFeld1"	`"LINK="`
„Filter1"	`"Verkaufsrechnungszeile"`
„FilterFeld2"	`"Belegnr."`
„Filter2"	`"=Nr."`

Es ist möglich, die Verknüpfung über mehr als ein Feld zu definieren.

Hinweis: Der Befehl „Filter" sollte dann verwendet werden, wenn die Ergebnistabelle größer oder mindestens gleich groß der Vergleichstabelle ist. „Link=" wird verwendet, wenn die erste Tabelle kleiner als die Vergleichstabelle ist.

4.2.3 Filtern über den Befehl „Filter="

Die zuvor beschriebenen Filtermöglichkeiten müssen jeweils bereits im Design Modus festgelegt werden. Das Feld auf das gefiltert werden soll wird in der NL-Funktion im „FilterFeld" direkt festgelegt. Der Filterwert kann dabei aus einem Zellinhalt geholt werden.

Wenn auf mehrere Felder einer Tabelle ein Filter gesetzt werden soll, kann schnell die maximale Zeichenlänge für eine Formel erreicht werden. Diese Begrenzung sind 255 Zeichen.

Mit dem Befehl „`Filter=`“ im „FilterFeld“ kann diese Zeichenbegrenzung umgangen werden. Dadurch kann ein Bereich im Tabellenblatt definiert werden, der die Filterkriterien enthält.

Für die Umsetzung wird bei einer NL-Funktion der Parameter „FilterFeld1“ mit dem Wert „Filter=“ gefüllt. Im Feld „Filter1“ wird der Bereich der Exceltabelle angegeben der sowohl die Feldnamen als auch die Filterwerte enthält.

```
=NL("Zeilen";"Debitor";;
    "Filter=";$D$3:$E$3)
```

Bei der Eingabe der Werte im Zellbereich ist darauf zu achten, dass die Bezeichnung der Felder im ersten Feld identisch zu den Feldnamen aus der gewünschten Tabelle sind, da sonst der Filter nicht angewendet werden kann. Ebenfalls müssen die Filtereingaben der Syntax aus Dynamics NAV entsprechen.

✐ **Beispiel:**

Um das an einem Beispiel zu verdeutlichen, wird ein Bericht erstellt, der alle Debitoren auflistet und bei dem die Filter in den Zellen D3 bis E5 eingegeben werden.

Über den Browser werden in eine leere Excel-Tabelle aus der Tabelle Debitor die Felder „Nr.“, „Name“ und „Saldo (MW)“ per Drag & Drop in die Zellen C8 bis F8 eingefügt.

Im nächsten Schritt erfolgt die Eingabe der Filterkriterien direkt auf dem Excel-Tabellenblatt. Hierbei ist zu beachten, dass die Bezeichnung der Filterkriterien, die identische Bezeichnungen der Feldnamen aus der gewünschten Tabelle aufweisen müssen, da sonst der Filter nicht anzuwenden ist.

In die Zelle D3 ist der Wert „Nr.“, in die Zelle D4 „Name“ und in Zelle D5 der Name „Saldo (MW)“ einzutragen. Zu Beginn sollen auf diese Felder Filter gesetzt werden können. In die Zellen E3 bis E5 wird vorläufig ein „*“ eingetragen. Das „*“ bedeutet, dass kein Filter gesetzt ist und alle Werte ausgegeben werden sollen.

Nun muss die NL-Funktion in der Zelle C8 so erweitert werden, dass die Filterfelder in die Funktion integriert werden. Die NL-Funktion ist über den Jet Funktionsassistenten zu öffnen.

In das Feld „FilterFeld1“ wird der Befehl „Filter=“ eingegeben. Der Filter 1 ist in diesem Beispiel der Bereich von Zelle D3 bis Zelle E5. Dabei ist darauf zu achten, dass dieser Zellbereich als absoluter Zeilen- und Spaltenbezug definiert wird. Die Formel der NL-Funktion in Zelle D8 lautet im Einzelnen wie folgt:

```
=NL("Zeilen";"Debitor";;"Filter=";$D$3:$E$5)
```

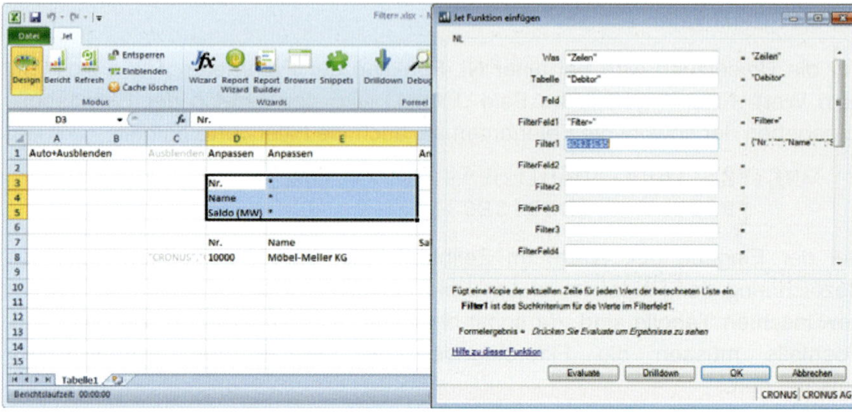

Anschließend kann der Jet Funktionsassistent mit OK verlassen und der Bericht gestartet werden.

Wird nun im Design Modus in den Zellen E3 bis E5 ein Filterkriterium geändert und die veränderte Zelle wird verlassen, sind die Filter für den auszuführenden Bericht wirksam.

Sollen nur noch die Debitoren angezeigt werden, deren Saldo größer null ist, so muss jetzt nur der Wert in der Zelle E5 auf „>0“ geändert werden. Wird der Bericht anschließend gestartet, werden nur noch die gewünschten Debitoren angezeigt.

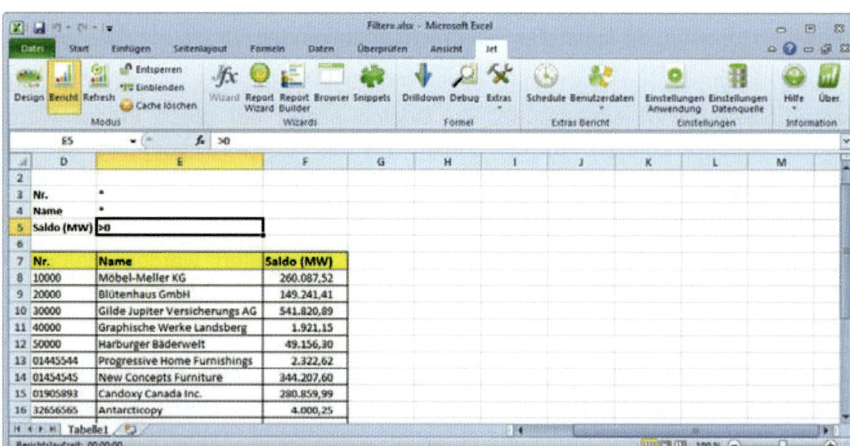

4.2.4 Verwenden von Arrays

Arrays sind Listen mit Werten. Übliche Beispiele hierfür sind Debitornummern oder Rechnungsnummern. Grundsätzlich ist jede Liste von Werten möglich, die durch Abfilterung benannt werden kann. Dabei können auch zwei Listen (Arrays) miteinander durch folgende Operatoren verglichen werden.

```
Array1: {100, 200, 300, 400, 500}
Array2: {400, 500, 900, 1000, 2000}
```

Operator	**Ergebnis**	**Beschreibung**
<Differenz>	{100, 200, 300}	Unterschied: Alle Elemente aus Array 1, die jedoch nicht in Array 2 vorhanden sind.
<Union>	{100, 200, 300, 400, 500, 900, 1000, 2000}	Vereinigung: Alle Elemente, die in den beiden Arrays vorhanden sind. Keine Duplikate.
<Intersect>	{400, 500}	Schnittmenge: Alle Elemente, die sowohl in Array 1 als auch in Array 2 vorhanden sind.

Beispiel 1:

Es soll für alle Debitoren, deren Name mit „A“ oder „B“ beginnt eine Zeile mit dem Namen erzeugt werden:

```
=NL("Zeilen","Debitor";"Name";"Name";"A*|B*")
```

Nun dasselbe Resultat mit Arrays:

```
=NL("Zeilen";NL("Union";NL("Filter";"Debitor";
    "Name";"Name";"A*");NL("Filter";"Debitor";
    "Name";"Name";"B*")))
```

Beispiel 2:

Es soll eine Liste aller Rechnungen mit deren Belegnummern ausgegeben werden, in denen Artikel verkauft wurden oder in denen auf ein bestimmtes Sachkonto, hier mit der „Nr.“ 2000, gebucht wurde. Die Schwierigkeit besteht hier darin, dass sowohl die Sachkonto- als auch die Artikelnummer im selben Feld „Nr.“ der Rechnungszeilen gespeichert werden.

```
=NL("Zeilen";NL("Union";
    NL("Filter";"Verkaufsrechungszeile";
       "Belegnr.";"Art";"Artikel");
```

```
NL("Filter";"Verkaufsrechnungszeile";
   "Belegnr.";"Art";"Sachkonto";
   "Nr.";"2000")))
```

Ergänzend zu den bisher beschriebenen Array-Operationen bietet Jet Reports zwei weitere Funktionen an: „Split“ und „Join“.

<Split> wandelt eine Zeichenkette in ein Array um. Dabei legt der dritte Parameter die Trennung fest.

```
=NL("Split";"1000+2000+3000";"+")
```

Das Plus-Zeichen trennt die Zeichenkette „1000+2000+3000“ und liefert als Ergebnis ein Array {1000; 2000; 3000} zurück.

<Join> führt die Gegenrichtung aus und konvertiert ein Array in eine Zeichenkette.

```
=NL("Join";{1000;2000;3000};"|")
```

Das liefert als Ergebnis die Zeichenkette „1000|2000|3000“ zurück, die beispielsweise als Filterausdruck weiterverwendet werden kann.

Gemeinsam haben beide Funktionen, dass der zweite Parameter manipuliert wird und im dritten das zu verwendete Trennzeichen steht.

Hinweis: Array-Kalkulationen können sehr viel Zeit in Anspruch nehmen. Es sollte gegebenenfalls nach einer anderen Möglichkeit gesucht werden, um Filteranforderungen zu lösen.

4.2.5 Die EVAL-Funktion

Durch die Verwendung der EVAL-Funktion kann die Performance der Berichtsausführung erhöht werden.

Das wichtigste Anwendungsfeld für die EVAL-Funktion sind Datumsfilter. Excel kalkuliert Formeln bei jedem Zugriff neu. Wird auf hundert Verkaufsköpfe über einen Datumsfilter abgegrenzt, so wird dieser einhundert Mal kalkuliert. Bei der Benutzung von EVAL() wird die Berechnung jedoch nur einmal ausgeführt:

```
=NL("EVAL";"=NL(""Datefilter"";""01.01.11"";
    ""31.01.11"")")
```

Soll in einem Bericht ein Wert konstant bleiben, beispielsweise die Excel-Funktion „Jetzt()“, die das Tagesdatum samt Uhrzeit zurückgibt, kann mit folgender Formel gearbeitet werden:

```
=NL("EVAL";"=Jetzt()")
```

Wird im zweiten Parameter eine Funktion verwendet, so ist diese in doppelten Hochkommata anzugeben.

Hinweis: Bei Verwendung des EVAL-Parameters muss die Funktion direkt in der NL-Funktion stehen und darf von keiner weiteren Zelle abhängen. Eine Zellreferenz reicht nicht aus und wird, wie bei Excel üblich, wiederholt kalkuliert.

```
=NL("EVAL";"C4")
```

Der EVAL-Parameter bringt mit dem Zellverweis auf die Zelle C4 in der Formel keinen Geschwindigkeitsvorteil.

Schnellere Berichte mit EVAL

Wenn mit einem Optionsregister gearbeitet und auf dortige Filter zugegriffen werden soll, kann der Bericht mit dem EVAL-Parameter weiter optimiert werden. Excel kalkuliert bei der Berichtsausführung alle Formeln, für die sich Referenzen ändern, neu. Excel kann bei Referenzen auf andere Blätter nicht feststellen, ob sich diese geändert haben und kalkuliert die betroffenen Zellen immer neu. Dadurch wird bei der Berichtserstellung sehr oft zwischen den Blättern hin- und her gesprungen. Dieser zeitaufwändige Vorgang kann umgangen werden, indem der Wert aus dem Optionsregister auf das aktuelle Arbeitsblatt übernommen und mit einer NL(„EVAL“)-Formel eingeschlossen wird.

Eine bewährte Vorgehensweise ist dabei, alle Startparameter des Options-Registers (Datumsabgrenzung, Kundenfilter, ...) auf das Blatt, welches die NL-Funktionen hat, zu übernehmen und dort mit dem EVAL-Parameter festzusetzen.

Excel-Formeln und EVAL

Mit dem EVAL-Parameter können beliebige Formeln in Zellen über Zellreferenzen kalkuliert werden.

Hierfür wird das Argument „Was“ mit „EVAL“, das Argument „Tabelle“ mit einem Gleichheitszeichen, gefolgt mit der Zellreferenz gefüllt. Es ist darauf zu achten, dass der Tabellen-Parameter in Anführungszeichen einzuschließen ist. Der Inhalt von Zelle C5 sieht dann so aus:

```
=NL("EVAL";"=C5")
```

Wenn mit einem Optionsregister gearbeitet wird, können Zellreferenzen auch auf andere Blätter oder gar Mappen verweisen. Bei dem Bezug auf ein anderes Tabellenblatt wird zunächst der Blattname, gefolgt von einem Ausrufezeichen und erst dann die Zelle eingeben:

```
=NL("EVAL";"=Optionen!C4")
```

Falls im Namen des Blattes ein Leerzeichen vorkommt, muss der Name des Tabellenblattes (z. B. Optionen Zwei) in Hochkommata gesetzt werden.

```
=NL("EVAL";"='Optionen Zwei'!C4")
```

Hinweis: Falls automatisch Blätter erzeugt werden, ist es nicht möglich, mit dem EVAL-Parameter auf ein anderes Blatt zu verweisen. Der Wert muss in einer Zelle auf dem gewünschten Blatt zwischengespeichert werden, erst dann kann die EVAL-Funktion genutzt werden.

4.2.6 Daten aus mehreren Datenbanken verarbeiten

Wenn ein Bericht erstellt werden soll, der mehrere Datenbanken nutzt, muss für jede Datenbank eine Datenquelle erstellt werden.

Sobald alle Verbindungen (Datenquellen) erstellt wurden, können die unterschiedlichen Datenbanken mit den NL- und GL-Funktionen angesprochen werden. Hierzu wird bei der Definition der Funktion die Datenquelle mit dem Befehl „Verbindung=“ in einem FilterFeld und dem Namen der Verbindung als Filter angegeben. Wenn die Funktion mit Drag & Drop erstellt wurde, trägt der Jet Designer diese Verbindung automatisch in die Funktion ein. Bei der GL-Funktion steht ein spezieller Parameter „Datenquelle“ hierfür bereit.

Ein Beispiel für die Auswertung von Daten aus mehreren Datenbanken ist ein Bericht, der die Summe der Beträge der VK-Rechnungsnummer 1000 aus zwei Datenbanken ausgibt. Zum einen wurde zu einer Dynamics NAV-Datenbank eine Datenquelle DynamicsNAV erstellt und zu einer Access-Datenbank eine Datenquelle NorthWind. Daraus ergibt sich folgende Formel:

```
=NL("Summe";"Verkaufsrechnungskopf";"Betrag";
    "Nr.";"1000";
    "Verbindung=";"DynamicsNAV") +
 NL("Summe";"Aufträge";"Betrag";
    "OrderID";"1000";
    "Verbindung=";"NorthWind")
```

Hinweis: Bei der Verwendung von Datenquellennamen in den Formeln ist darauf zu achten, dass die Datenquelle bei allen Anwendern, die diesen Bericht nutzen möchten, den gleichen Namen hat.

5 Jet Reports in der Praxis Auswertungen Schritt für Schritt erklärt

In den bisherigen Kapiteln wurden die notwendigen Grundlagen von Excel, von Dynamics NAV und von Jet Reports vermittelt. Jetzt geht es in die praktische Anwendung. Ganz bewusst wird mit einfachen Beispielen begonnen, um das zuvor gelernte anzuwenden. Denn Ziel dieses Buches und somit auch der Beispielberichte ist es, Ihnen das Wissen zu vermitteln und Sie damit in die Lage zu versetzen, Berichte zukünftig selbst erstellen zu können. Das ist die Philosophie und dafür ist Jet Reports ein ideales Werkzeug.

5.1 Berichte erstellen mit der NL- und NF-Funktion

Die wichtigste Funktion ist die NL-Funktion. Sie stellt die Verbindung (den Link) zu Dynamics NAV her. Dabei ist diese Funktion sehr mächtig, denn sie kann einzelne Werte oder tausende von Zeilen holen, sie kann eine Zelle oder dutzende Arbeitsblätter füllen.

Die NF-Funktion ist dagegen eher das „fleißige Bienchen", welches unermüdlich einzelne Feldinhalte zur Anzeige bringt. Um die NF-Funktion nutzen zu können, muss ein Bezug zu einer Dynamics NAV Link - Funktion existieren.

5.1.1 Ein Daten-Link nach Dynamics NAV

Das erste Beispiel startet mit dem manuellen Holen und Einfügen von Saldo-Werten aus dem Dynamics NAV Kontenrahmen, ganz ohne Nutzung von Jet Reports. Danach werden die gleichen Zahlen durch die NL-Funktion von Jet Reports geholt und daneben gestellt. Anschließend wird für beide die Standard-Summenfunktion eingesetzt.

So einfach das Beispiel ist, es soll eine wichtige Eigenschaft von Jet Reports verdeutlichen: Die von Jet Reports in die Excel Blätter geholten Werte können von Excel genutzt werden. Um z. B. eine Summe oder einen Mittelwert zu bilden, muss man nicht suchen, wo Jet Reports diese Funktionen zur Verfügung stellt, man kann die Standard-Excel-Funktionen dafür nutzen.

Das soll anhand dieses Beispiels erläutert werden:

In Excel ist dafür eine neue Datei zu öffnen. Ebenfalls ist Dynamics NAV zu öffnen und in der Demo-Datenbank der Kontenplan über *Finanzbuchhaltung / Kontenplan* aufzurufen.

Um Daten ohne Jet Reports aus Dynamics NAV in Excel einzufügen, kann der Weg über die manuelle Eingabe der Daten bzw. über das Kopieren der Daten über die Zwischenablage (Strg+C und Strg+V) verwendet werden.

Dazu sind aus Dynamics NAV über die Zwischenablage die Werte für die Konten 0090, 0280 und 0320 wie folgt in Excel einzutragen: Die Werte für die „Nr." der Konten in die Spalte B, beginnend mit Zeile 4. Die Werte für die Namen der Konten in die Spalte C, ebenfalls beginnend in Zeile 4 und die Werte aus der Spalte „Saldo" in die Spalte F, ebenfalls in Zeile 4 beginnend.

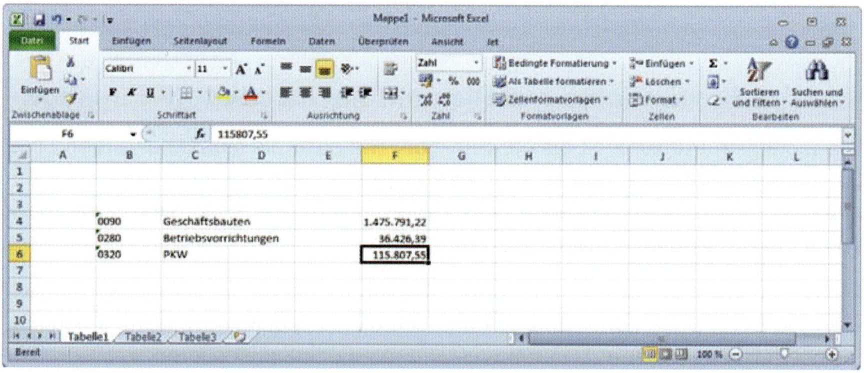

Jetzt werden die gleichen Daten direkt aus Dynamics NAV über eine Jet Reports Funktion geholt.

Hinweis: Bei einer lokalen Datenbankinstallation kann nur ein Client auf die Datenbank zugreifen. Deshalb muss Dynamics NAV geschlossen werden, weil jetzt Jet Reports auf die Datenbank zugreifen wird. Bei einer Server-Datenbankinstallation kann Dynamics NAV geöffnet bleiben.

In Excel werden nun in der Spalte H über die Jet Funktion NL() die gleichen Daten aus Dynamics NAV geholt. Dazu ist in der Zelle H4 folgende Formel einzugeben:

```
=NL(;"Sachkonto";"Saldo";"Nr.";"0090")
```

Zur Vereinfachung der Eingabe kann auch der Funktionsassistent genutzt werden. Dieser kann in Excel über die Schaltfläche fx aufgerufen werden, wenn die Eingabe mit `=NL(` begonnen wurde.

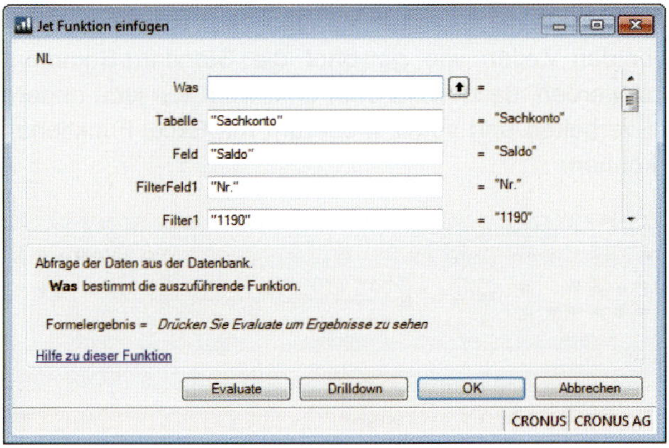

Die Zuordnung im Feld „Was“ bleibt leer. Im Feld „Tabelle“ ist „Sachkonto“ einzutragen. „Saldo“ wird im Feld „Feld“ eingetragen. Bei „FilterFeld1“ wird „Nr.“ und bei „Filter1“ „0090“ eingefügt. Der Funktionsassistent ist anschließend mit OK zu schließen.

Diese Schritte sind für die Konten 0280 und 0320 in den Zellen H5 und H6 zu wiederholen. Für die Optik kann danach die Spalte H formatiert werden, z. B. das 1000er-Trennzeichen für Zahlen.

Im Ergebnis werden in der Ansicht des Tabellenblattes die gleichen Werte in beiden Spalten für alle Konten ausgegeben.

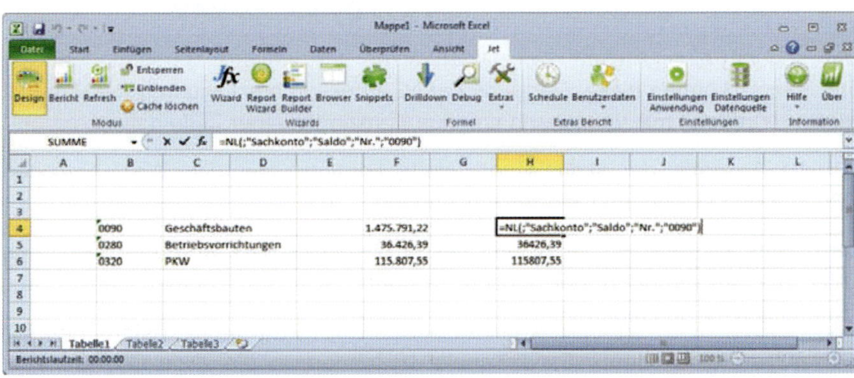

Der Vorteil, die Daten über die Jet Reports Funktion nach Excel zu holen, liegt darin, dass die manuell eingetragenen Zahlen statisch sind und nach jeder Änderung in Dynamics NAV neu manuell geholt werden müssen. Die Daten über Jet Reports werden hingegen jederzeit automatisch über den Button Bericht neu geholt, ohne die Formeln anzupassen.

In den Zellen F8 und H8 sollen nun die Summen aus den Einzelkonten gebildet werden. Dazu kann in beiden Zellen wie gewohnt die Standard-Summen-Funktion aus Excel genutzt werden, da sich die Jet Funktionen wie jede andere Standardfunktion in Excel verhalten und somit wiederum mit Excel-Funktionen weiterverarbeitet werden können.

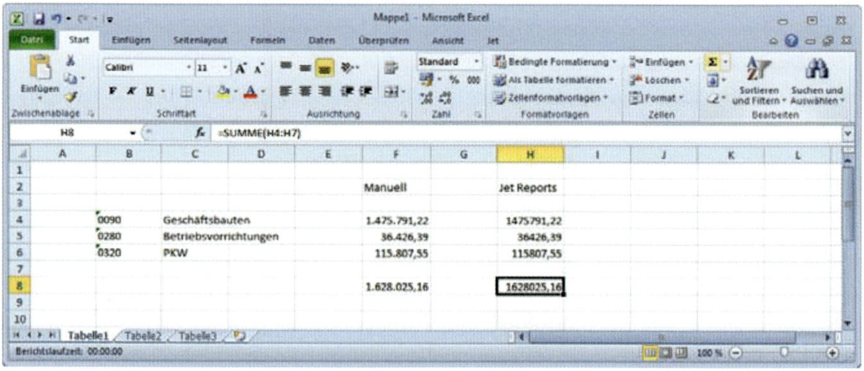

Damit wurde gezeigt, dass man durch die Nutzung der Jet Reports Funktionen die Zahlen aktueller aus Dynamics NAV in Excel einfügen kann, als mit der manuellen Methode über die Zwischenablage (**Strg**+**C** und **Strg**+**V**).

5.1.2 Statistische Zahlen aus Dynamics NAV

Um schnell eine Anzahl von Datensätzen für weitere Berechnungen zu bekommen, können diese Werte mit der NL-Funktion aus Dynamics NAV geholt werden. Dafür ist mit Jet Reports nur eine Funktion in einer Zelle notwendig.

Für die Ausgabe der statistischen Werte kommen hier die „Was“ Optionen <Count> und <Countunique> zur Anwendung.

Dazu wird als Beispiel die Anzahl der in Dynamics NAV erfassten Debitoren unter der Verwendung der Option <Count> aus der Tabelle Debitor aus Dynamics NAV ausgegeben.

Es wird mit einer leeren Excel-Tabelle begonnen. In die Zelle C5 wird eine Dynamics NAV Link - Funktion mit „=NL(„ begonnen und anschließend der Funktionsassistent über die Schaltfläche *fx* oder über **Groß** + **F3** geöffnet. Dem Argument „Was“ wird die Option <Count> (oder <Zählen>) zugeordnet.

Da in Dynamics NAV alle Debitoren in der der Tabelle Debitor erfasst werden, muss diese jetzt dem Argument „Tabelle“ zugewiesen werden. Alle weiteren

Argumente werden für diese Auswertung nicht benötigt und bleiben daher leer. Der Funktionsassistent ist mit OK zu schließen.

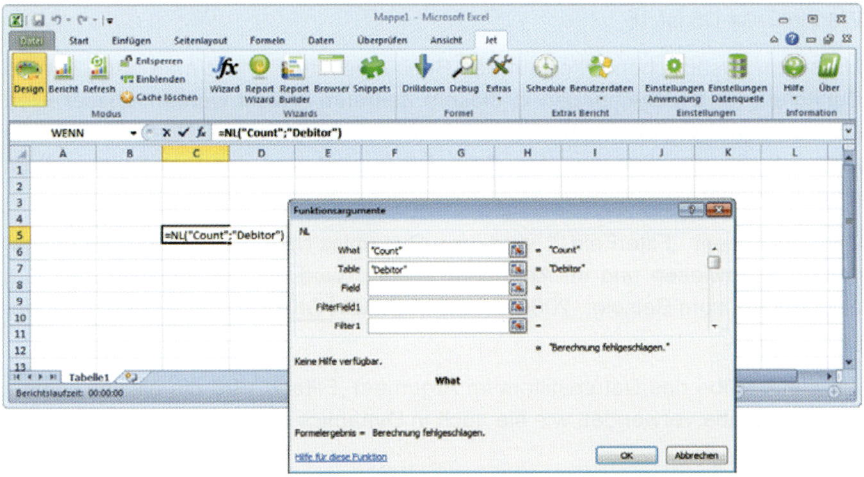

Im Ergebnis wird für unsere Beispieldatenbank in der Zelle C5 die Zahl 68 ausgegeben, d.h. es sind 68 Debitoren im System angelegt.

Um nun die Anzahl der Debitoren auszugeben, die in Dynamics NAV aktiv bebucht worden sind, wird bei der Jet Reports Funktion NL die Option <Countunique> verwendet.

Außerdem wird als Basis die Tabelle Debitorenposten benötigt. In dieser wird für jeden Debitor-bezogenen Vorgang, wie die Erstellung von Rechnungen, Gutschriften oder Zahlungen eine Zeile mit der entsprechenden Debitorennr., dem Betrag, dem Buchungsdatum usw. angelegt.

Bei der Anwendung der Zählfunktion <Count> (oder <Zählen>) würden nun die Datensätze in der Debitorenpostentabelle gezählt. Da hier aber für jeden Debitor mehrere Datensätze angelegt werden, würden die Debitoren dementsprechend mehrfach gezählt.

Die Funktion <Countunique> berücksichtigt das und zählt jede „Debitorennr." nur einmal, obwohl für ihn mehrere Buchungen erfasst worden sind. Die Eindeutigkeit wird durch die „Debitorennr." definiert.

Im praktischen Beispiel sieht das wie folgt aus: In der Excel-Tabelle im Feld D5 wird wieder die Funktion „=NL(" eingegeben und der Funktionsassistent geöffnet. Im Argument „Was" wird <Countunique> eingetragen. Dem Argument „Tabelle" wird die Dynamics NAV Tabelle Debitorenposten zugewiesen.

Um dieser Funktion mitzuteilen, worauf sich die Eindeutigkeit bezieht, muss bei dem Argument „Feld“ die Eindeutigkeit definiert werden. Dies erfolgt durch die Eingabe „Debitorennr.“. Der Assistent ist mit OK zu schließen. Der berechnete Wert in Zelle D5 ist 16.

Mit einem zusätzlichen Filter auf das Buchungsdatum erhält man dann nur die Debitoren, für die Buchungen in diesem Zeitraum erfasst wurden. Dieser Wert soll nun zum Vergleich in der Zelle E5 ausgegeben werden. Hierzu wird in die Zelle E5 die Funktion aus der Zelle D5 kopiert und der Funktionsassistent erneut geöffnet.

Dem Argument „FilterFeld1“ wird der Dynamics NAV Feldname „Buchungsdatum“ zugewiesen und im Argument „Filter1“ wird der ausgewählte Zeitraum eingegeben, zum Beispiel „200111..250111“. Mit OK wird der Assistent wieder geschlossen.

Für die Angabe des Datumsfilters im Argument „Filter1“ wird die gleiche Syntax für die Eingabe verwendet, wie sie auch in Dynamics NAV erfolgt.

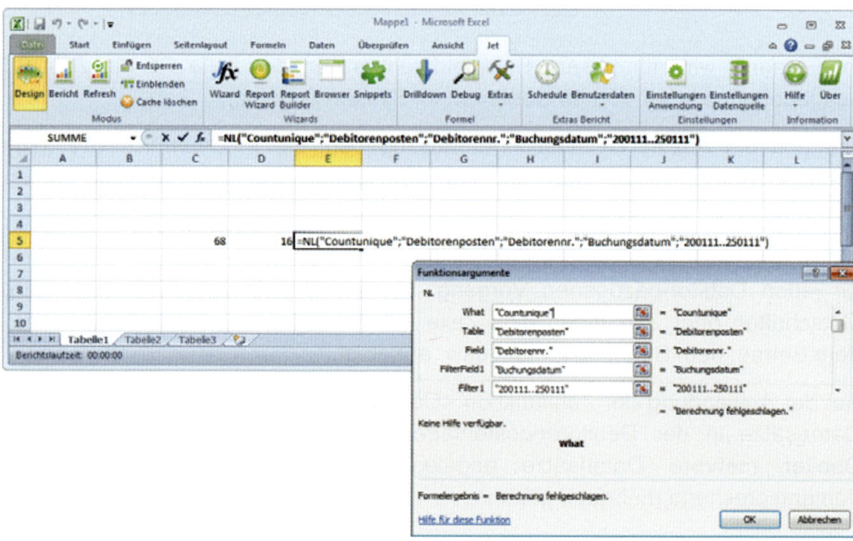

Als Ergebnis für den eingegeben Buchungszeitraum ergibt die NL-Funktion mit dem „Was“-Argument <Countunique> und dem zusätzlichen Datumsfilter den Wert 8.

5.1.3 Kreditorenliste nach Namen sortiert

Um eine Sortierung der Datensätze in Dynamics NAV-Übersichten zu erreichen, muss diese zuvor durch die Programmierung definiert worden sein. Mit Jet Reports können Listen und Übersichten erzeugt werden, in denen die Sortierung nach den individuellen Bedürfnissen gleich bei der Erstellung der Liste vorgenommen wird.

Zur Veranschaulichung wird nun eine Kreditorenliste in Excel erzeugt, die automatisch mit der Eingabe der entsprechenden Argumente in die NL-Funktion, nach Namen sortiert wird.

Dazu wird in einer leeren Excel-Tabelle in der Zelle „D6" eine NL-Funktion mit den folgenden Werten in den Argumenten über den Formelassistenten eingefügt:

Im Argument „Was" wird der Parameter <Zeilen> eingetragen. Dieser bewirkt, dass bei der späteren Ausführung des Berichtes für jeden Kreditor eine Zeile in Excel angelegt wird. Da eine Kreditorenliste ausgegeben werden soll, ist die Basis für diesen Bericht die Tabelle „Kreditor" aus Dynamics NAV und im Argument „Tabelle" ist „Kreditor" einzugeben.

Damit der Kreditorname in der Liste ausgegeben wird, muss im Argument „Feld" zu dem Dynamics NAV Feld „Name" ein Bezug hergestellt werden, d.h. es ist „Name" einzugeben.

Nun ist die Sortierung zu definieren. Dieses wird über das FilterFeld-Paar „FilterFeld1" und „Filter1" festgelegt. Um eine aufsteigende Sortierung nach dem Namen zu erreichen, ist im Argument „FilterFeld1" der Wert „+Name" einzugeben. Durch das Voranstellen eines Minus-Zeichens vor dem Sortierfeld ergibt sich eine absteigende Sortierung.

Wenn mit Jet Reports auf ein Feld gefiltert wird, muss zwingend ein Filter definiert werden, sonst wird eine Fehlermeldung „Ein leerer Filter ist nicht erlaubt." ausgegeben. Deshalb ist in dem dazugehörigen Argument zu „FilterFeld1" ein „Filter1" einzugeben. Für die Ausgabe aller Datensätze ist das Zeichen „*" zu verwenden.

Nach der Eingabe der Werte in die zuvor beschriebenen Argumente ist der Funktionsassistent mit [OK] zu schließen.

```
=NL("Zeilen";"Kreditor";"Name";"+Name";"*")
```

Auf dem Excelblatt erscheint jetzt nur in der Zelle C3 der Wert des ersten Datensatzes aus der Kreditortabelle. Um als Ergebnis die komplette Kreditorenliste in Excel zu erzeugen, ist der Bericht auszuführen. Durch einen Klick auf den Button Bericht in der Jet Reports Symbolleiste, wird der Bericht gestartet.

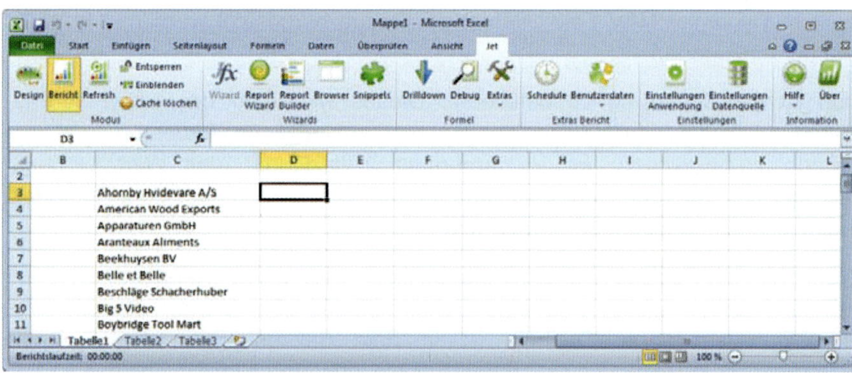

5.1.4 Ausgabe der Lagerorte als Zeilen, Spalten, Blätter

Jet Reports bietet die Möglichkeit, die aus Dynamics NAV ausgelesenen Werte wahlweise in Spalten, Zeilen oder Blättern darzustellen. Diese Funktionalität ermöglicht die individuelle Darstellung der Auswertungen je nach Anwendungsfall. So kann z. B. die Gesamtbudgetübersicht in einem Arbeitsblatt mit Spalten je Kostenstelle ausgegeben werden. Die an die Kostenstellen weiterzugebenden Budgetübersichten können dann als Arbeitsblätter je Kostenstelle erstellt werden. Weitere Einsatzfälle sind verkäuferbezogene Auswertungen oder mandantenabhängige Vergleiche.

Die Unterstützung hierzu bietet die Jet Reports Funktion NL mit der Funktionalität im ersten Parameter die Informationen automatisch als Zeilen, Spalten oder Blätter zu generieren.

Anhand der Ausgabe der vorhandenen Lagerorte aus Dynamics NAV wird der Unterschied in der Darstellung und im Funktionsaufbau als Zeilen, Spalten oder Blätter erläutert. Hierzu ist in einer leeren Excel-Tabelle im Feld D3 die NL-Funktion einzufügen und anschließend mit dem Jet-Funktionsassistenten zu bearbeiten.

Die Ausgabe als Zeilen, Spalten oder Blätter wird durch den jeweiligen Eintrag im Argument „Was" der NL-Funktion gesteuert. Soll die Ausgabe spaltenorientiert erfolgen, ist hier „Spalten" einzutragen. Für die Ausgabe in mehrere Tabellenblätter ist „Blätter" einzugeben. Die zeilenweise Darstellung wurde bereits erläutert.

In Dynamics NAV werden die Lagerorte in der Tabelle Lagerort verwaltet. Die Zuweisung dieser Dynamics NAV Tabelle erfolgt über das Argument „Tabelle". Um den Lagerortcode als Zeilen, Spalten oder Blätternamen auszugeben, muss im Argument „Feld" der NL-Funktion „Code" hinterlegt werden.

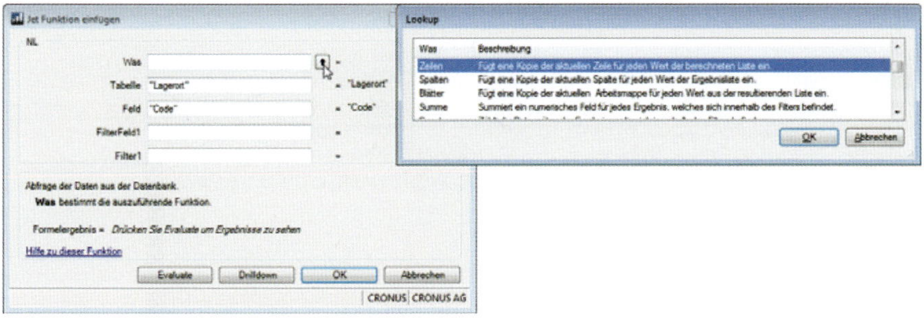

Der Funktionsassistent ist anschließend mit OK zu verlassen. Um die anderen Varianten im Vergleich darzustellen, muss nur der erste Parameter der Funktion geändert werden. Zunächst wird bei allen drei Varianten nur der erste Lagerort in der Zelle „D6“ angezeigt. Die Unterschiede werden erst nach dem Ausführen des Berichtes über einen Klick auf den Button Bericht deutlich.

```
D3 =NL("Zeilen";"Lagerort";"Code")
```

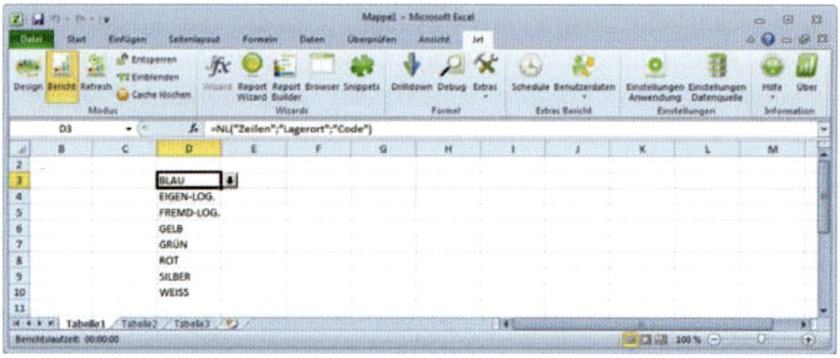

=> Zeilen

```
D3 =NL("Spalten";"Lagerort";"Code")
```

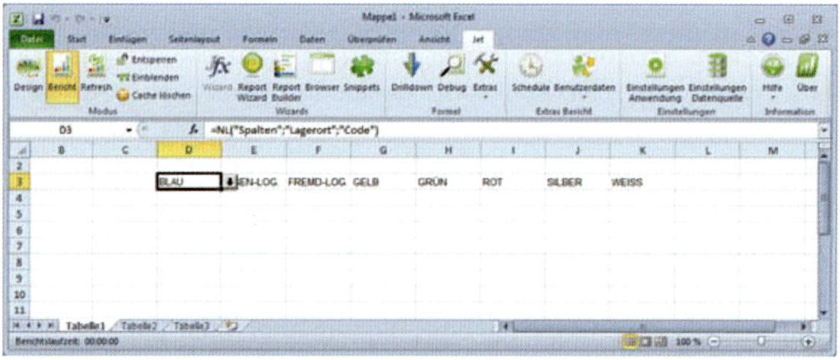

=> Spalten

```
D3 =NL("Blätter";"Lagerort";"Code")
```

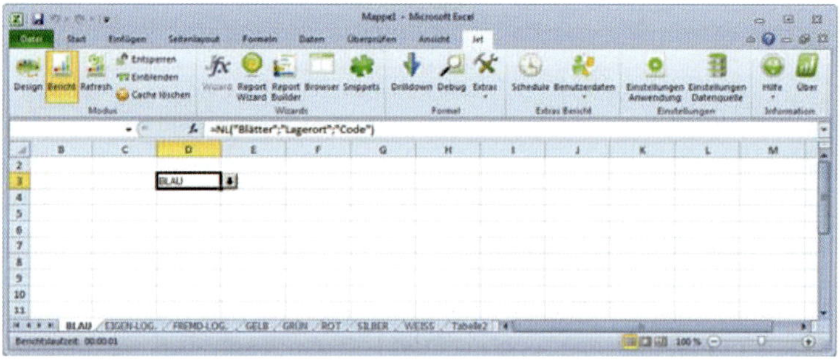

=> Blätter

5.1.5 Ausgabe der Debitoren als Serienbriefdatei

Es soll eine Exceldatei erzeugt werden, in der je Debitor eine Zeile mit den Werten für Name, Adresse, PLZ und Ort ausgegeben wird. Die erzeugte Excel-Datei bildet im Beispiel die Grundlage für die Erstellung einer Serienbriefdatei.

Dafür soll ein weiteres Hilfsmittel von Jet Reports, der Browser genutzt werden. Der Browser stellt die Dynamics NAV Datenstruktur in Excel dar und ermöglicht so den direkten Zugriff auf Tabellen, Felder und sogar auf die Feldinhalte der ersten Datensätze einer Tabelle.

Mit Hilfe des Browsers wird die Erstellung der Jet Funktionen vereinfacht. Die manuelle Eingabe der NL-Funktion kann jetzt durch die Nutzung der Drag & Drop - Funktionalität des Browsers entfallen.

Der Browser kann gleich zwei Jet Reports Funktionen erzeugen, die über einen Zellbezug miteinander verknüpft sind. Dies sind zum einen die bekannte NL-Funktion und zum anderen die NF-Funktion (Microsoft Dynamics NAV Field). Zur Erinnerung: Die NL-Funktion heißt Dynamics NAV Link und stellt eine Verknüpfung zur ausgewählten Dynamics NAV Tabelle her. Beim Einfügen eines Dynamics NAV Feldes aus dem Browser per Drag & Drop erzeugt Jet Reports eine NL-Funktion und gleichzeitig eine NF-Funktion, die das Dynamics NAV Feld definiert.

Die NF-Funktion greift schnell auf Einzelfelder zu und ermöglicht das Filtern mit FlowFiltern. Um die NF-Funktion nutzen zu können, muss ein Bezug zu einer Dynamics NAV Link - Funktion existieren, in der der Eintrag im Argument „Feld“ leer ist, sodass die Dynamics NAV Link-Funktion alle Datensätze aus der Tabelle holt.

Der Bezug wird über das erste Argument der NF-Funktion im so genannten „Schlüssel“ hergestellt. Als Wert wird hier ein Zellbezug zu der Excelzelle, in der die NL-Funktion steht, eingetragen. Die Verknüpfung zwischen der NF-Funktion und der NL-Funktion erfolgt bei der Nutzung des Browsers automatisch.

Um den Browser in Excel zu starten, ist die entsprechende Schaltfläche in der Symbolleiste anzuklicken bzw. über *Jet / Wizards / Browser oder* über die Tastenkombination **Alt** + J + Y + 3.

Zur Ansicht kommen nun alle in der Datenbank enthaltenen Tabellen, alphabetisch sortiert. Im Beispiel ist dies CRONUS. Nun ist die Tabelle Debitor zu selektieren.

Hinweis: Im Browser ist darauf zu achten, dass im oberen Bereich die Rückgabeoption <Aufzeichnungen> für alle Datensätze ausgewählt ist.

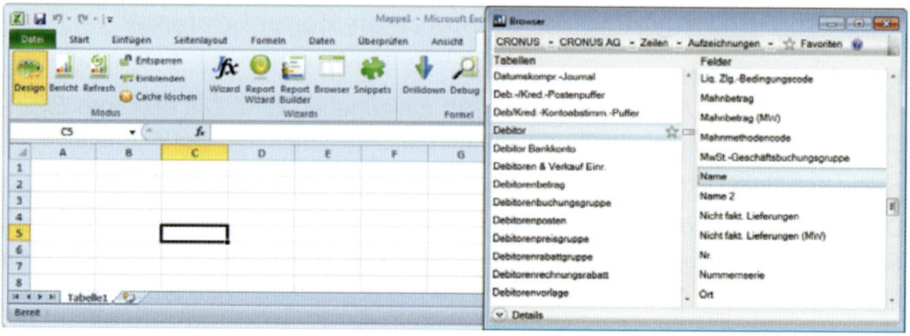

Der Cursor ist auf das Feld „Name“ zu positionieren und mit gedrückter linker Maustaste in die Zelle B5 zu ziehen. Erst dort wird die linke Maustaste gelöst (Drag & Drop). Dabei werden in Excel die Zellen B4, B5, C4 und C5 gefüllt. Gleichzeitig erfolgen Einträge in der Zeile1 zur Formatierung der späteren Berichtsausgabe. Zelle A1: „Auto+Ausblenden“, Zelle B1: „Ausblenden“. Das heißt, diese Spalte wird bei der Berichtserzeugung ausgeblendet. In der Zelle C1 wurde „Anpassen“ eingetragen. Das bedeutet, dass die Spaltenbreite automatisch dem längsten Wert angepasst wird.

In die Zelle B4 wurde der Tabellenname „Debitor“ geschrieben. Die Zelle B5 zeigt den Dynamics NAV Link zur CRONUS-Datenbank an.

```
B5 =NL("Zeilen";"Debitor")
C5 =NF($B5;"Name")
```

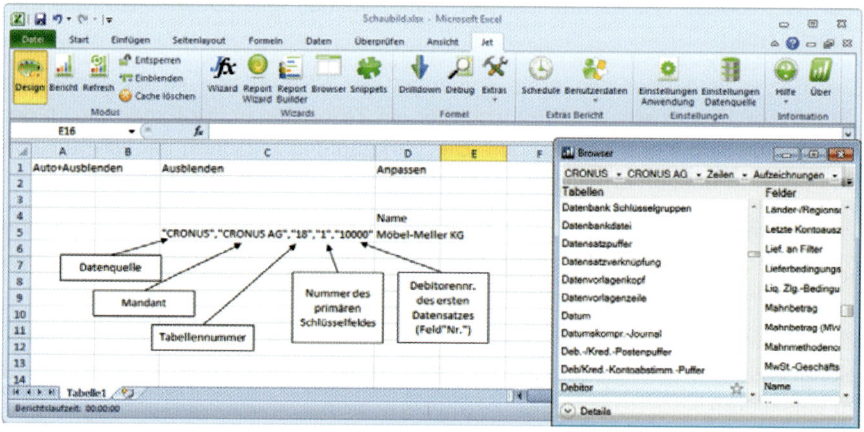

In Zelle C4 wird der Name des Dynamics NAV Feldes “Name“ als Überschrift geschrieben. In Zelle C5 wird eine NF-Funktion mit dem Bezug auf die Zelle B5 als Schlüssel erzeugt.

Zur Veranschaulichung ist hierzu die Zelle C5 zu markieren und der Funktionsassistent aufzurufen. Im Argument „Schlüssel“ ist der Zellbezug zu der Excelzelle B5 hergestellt („$B5“). Dem Argument „Feld“ wurde „Name“ aus der Debitorentabelle zugewiesen.

Aus der Tabelle Debitor wird weiterhin per Drag & Drop das Feld „Adresse“ in die Zelle D5, das Feld „PLZ-Code“ nach E5 und das Feld „Ort“ nach F5 geholt.

Dabei wird wiederum automatisch für jedes dieser Felder eine NF-Funktion mit dem Bezug auf die Zelle B5 erzeugt.

Damit sichergestellt werden kann, dass nur Datensätze erzeugt werden, bei denen alle Felder gefüllt sind, müssen in der NL-Funktion in der Zelle B5 entsprechende Filter gesetzt werden. Die Eingabe hierzu erfolgt über den Funktionsassistenten in der Zelle B5. Bei dem Argument „FilterFeld1“ bis „FilterFeld4“ sind die Feldnamen einzutragen, in den Argumenten „Filter1“ bis „Filter4“ ist auf ungleich <leer> zu filtern (<>”).

```
B5 =NL(;"Debitor";"Nr.";"Name";"<>''";"Adresse";
       "<>''";"PLZ Code";"<>''";"Ort";"<>''")
```

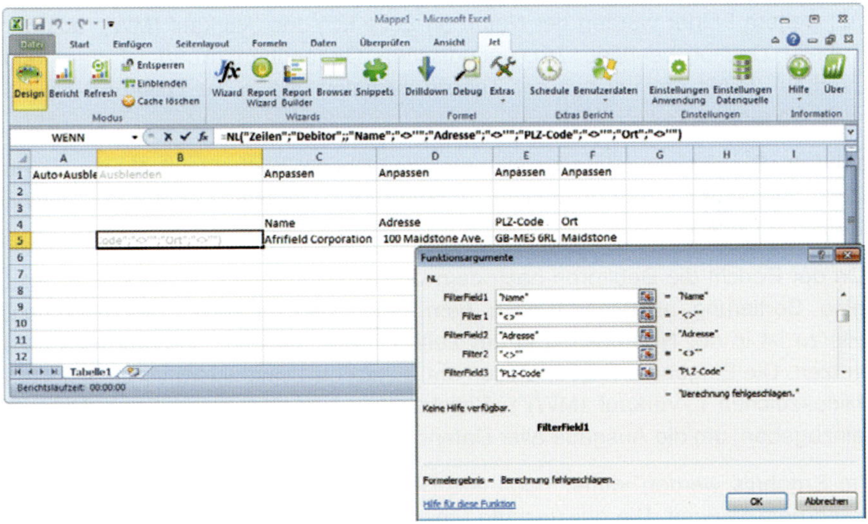

Der Bericht kann nun gestartet werden.

5.1.6 Debitor Top10-Liste auf Zeitraum bezogen

Bei großen Datenbeständen würde eine reine Ausgabe der Datensätze ohne weitere Eingrenzung oft zu einer Flut von unüberschaubaren Informationen führen. Eine Definition der Struktur und Selektion nach bestimmten Kriterien ist bei Auswertungen deshalb unbedingt notwendig.

Ein Hilfsmittel hierfür bietet Jet Reports u.a. mit der Funktion „Limit=“ und der Anwendung von variablen Filtern. Durch die Möglichkeit einen Filter in der NF-Funktion zu setzen, ist Jet Reports bei der Darstellung von periodischen Auswertungen sehr flexibel. Die Abgrenzung der Werte für berechnete Felder ist in der NF-Funktion durch die Nutzung von FlowFiltern realisierbar. Ohne die Anwendung dieser Funktionalität wäre eine Erstellung der nachfolgenden Debitor Top10-Liste nicht umzusetzen.

Unter der Nutzung des Browsers wird als erstes aus der Tabelle Debitor das Feld „Nr.“ per Drag & Drop in die Zelle C5 einer leeren Excel-Tabelle geholt. Dabei ist sicherzustellen, dass die Option <Aufzeichnungen> im oberen Teil des Browsers ausgewählt wird, eine Voraussetzung zum automatischen Generieren von Zeilen je Debitor.

Als weitere Felder werden der Name (in Zelle E5) und „Verkauf (MW)“ aus der Tabelle Debitor benötigt. Zur periodischen Gegenüberstellung ist das Feld „Verkauf (MW)“ dreimal aus der Tabelle zu holen und in die Zellen F5 bis H5 einzutragen.

Wird der Bericht jetzt gestartet, wird für jeden Debitor sortiert nach Nummer eine Zeile ausgegeben. In den Spalten „Verkauf (MW)“ erscheint immer der gleiche Betrag je Debitor.

Da der Bericht die Debitoren nach dem Umsatzvolumen ausgeben soll, ist jetzt eine Sortierung absteigend nach dem Feld „Verkauf (MW)“ vorzunehmen. Hierzu ist in der NL-Funktion in der Zelle C5 ein Filter auf „Verkauf (MW)“ zu setzen. Die Eingabe erfolgt im Argument „FilterFeld1“ mit einem vorangestellten Minuszeichen („-Verkauf (MW)“). Gleichzeitig ist im Argument „Filter1“ ein „*“ einzugeben, um die Ausgabe aller Datensätze sicherzustellen.

Im Ergebnis werden immer noch alle Debitoren aufgelistet, allerdings sortiert nach dem Verkauf. Die gewünschte Einschränkung auf die ersten 10 Debitoren erfolgt nun durch den Befehl „Limit=“ in der NL-Funktion in der Zelle C5. Über den Jet Funktionsassistenten ist dazu im Argument „FilterFeld2“ der Wert „Limit=“ einzutragen. Im dazugehörigen „Filter“-Parameter ist die Anzahl der auszugebenden Datensätze, hier 10, vorzugeben.

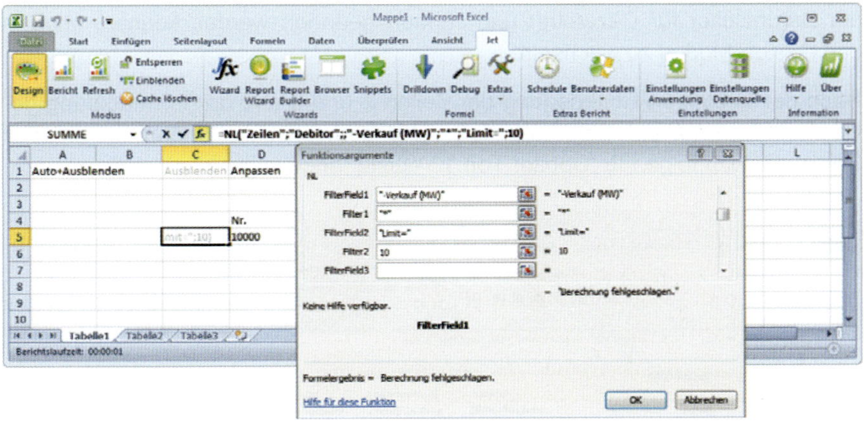

Die Eingabe wird mit OK übernommen. Die Formel für die Zelle C5 ist komplett.

In den Zellen F5, G5 und H5 wurden die gleichen Formeln mit dem Jet Browser eingefügt. Zur Darstellung der monatlichen Umsätze im Vergleich zum Gesamtumsatz muss jetzt bei zwei der drei Spalten für das Feld „Verkauf (MW)“ ein Datumsfilter gesetzt werden.

Zur optischen Darstellung wird zunächst im Excel-Blatt in der Zelle F3 als Überschrift „Gesamt“, in der Zelle G3 „im Dezember“ und in der Zelle H3 „im Januar“ geschrieben. Weiterhin ist in die Zelle E2 die Überschrift Datumsfilter einzutragen.

Die Datumsabgrenzung für den Dezember 2010 wird in die Zelle G2 mit der Schreibweise aus Dynamics NAV eingetragen (01.12.10..31.12.10). Analog ist dies in der Zelle H2 für den Januar 2011 vorzunehmen. Auf diese eingegebenen Zeiträume (Datumsfilter) wird jetzt in der jeweiligen NF-Funktion der Zellen G5 und H5 über einen Zellbezug zugegriffen.

Um den Wert für „Verkauf (MW)“ in der Zelle G5 auf den Dezember einzugrenzen, ist die NF-Funktion in dieser Zelle im Jet Funktionsassistenten zu ändern. Im Argument „FlowFilterFeld1“ wird das Feld „Datumsfilter“ aus der Tabelle Debitor eingetragen. Dem Argument „Filter1“ wird die Zelle G2 als absoluter Bezug $G$2 zugewiesen. Somit wird für die Berechnung der Werte immer auf den Inhalt der Zelle G2 zugegriffen.

Die gleiche Herangehensweise ist für den Monat Januar in der Zelle H5 umzusetzen. Der absolute Zellbezug muss hier analog $H$2 lauten.

Hinweis: Durch die Art der Eingabe von Filterkriterien über Zellbezüge in der NF-Funktion ist sichergestellt, dass im laufenden Bericht die Filterkriterien, hier der Datumsfilter für Dezember und Januar, geändert werden können, ohne in den Design-Modus zu wechseln.

Nach der farblichen Hinterlegung der Zeilen 2 und 3 und der Formatierung der Überschriften mit der Schriftart <fett> und dem anschließenden Starten des Berichtes, wird folgende „Debitor Top 10 - Liste“ angezeigt.

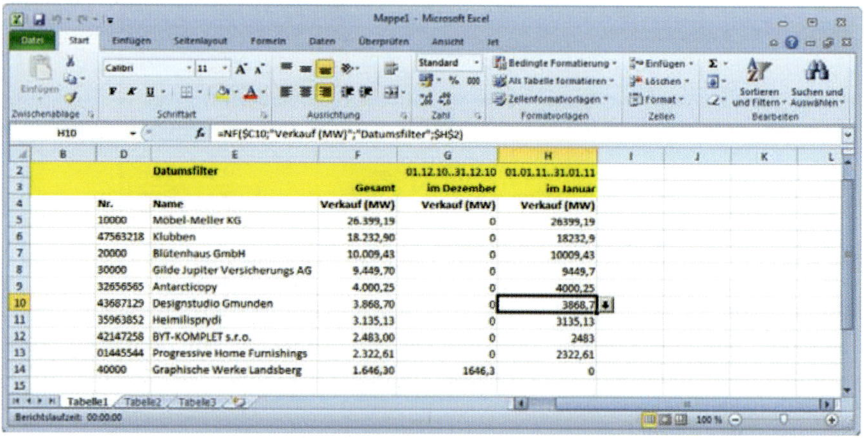

Hinweis: Die Filter in der NL-Funktion bestimmen welche Datensätzen geholt werden. Die FlowFilter in der NF-Funktion bestimmen die Abgrenzung für die Werte im Feld.

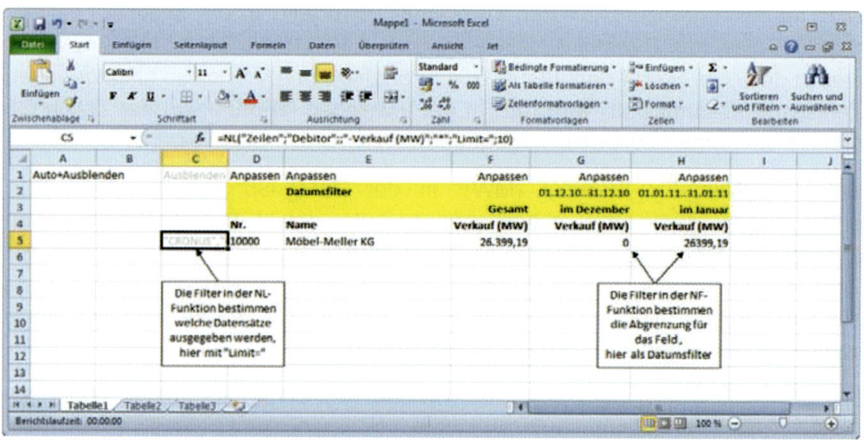

5.1.7 Aufzeichnungen ./. Werte

Um die Übersichtlichkeit von Auswertungen zu erhalten bzw. zu erhöhen, bietet Jet Reports die Möglichkeit eine Vielzahl beliebiger Datensätze über ein eindeutiges Kriterium zusammenzufassen und nur einmal auszugeben, egal wie oft es in der Tabelle erfasst wurde.

Eine typische Anwendung hierfür ist die Ermittlung, in welchen Städten oder Ländern die Kunden eines Unternehmens ansässig sind. Der Aufwand bei einer großen Kundenstammdatei alle Adressen aufzulisten, diese nach Orten zu sortieren und dann die Anzahl der unterschiedlichen Orte zu selektieren, ist sehr hoch.

Jet Reports nutzt hierfür die Rückgabeoption <Werte> der NL-Funktion. Die Auswahl des Feldes, deren eindeutigen Werte berücksichtigt werden sollen, erfolgt durch das Definieren des Argumentes „Feld“.

Zur Veranschaulichung soll eine Liste aller Debitoren mit der Debitorennummer, dem Debitorennamen und dem Umsatz ausgegeben werden, allerdings nur die Debitoren mit denen ein Umsatz getätigt wurde. Zur Erstellung der Liste werden die Debitorenposten- und die Debitor-Tabelle aus Dynamics NAV genutzt.

In der Tabelle Debitor stehen alle Informationen zum Debitor, wie Nr., Name, Adresse, usw. In den Debitorenposten stehen alle Informationen über die Geschäftsvorfälle mit den Debitoren. Wurde ein Debitor noch nicht verwendet, existieren für ihn auch keine Debitorenposten. Die Debitorenposten haben über das Feld „Debitorennr.“ eine Verbindung zur Tabelle Debitor zum Feld „Nr.“.

Basis des Berichtes sind die Debitorenposten, da hier die einzelnen Geschäftsvorfälle mit den Beträgen erfasst sind.

Für die Spalte „Debitorennr.“ ist mit dem Browser aus der Tabelle Debitorenposten das Feld „Debitorennr.“ per Drag & Drop in die Zelle B5 einzufügen. Dabei ist darauf zu achten, dass als Rückgabeoption <Aufzeichnungen> ausgewählt worden ist. In die Zelle B5 wurde eine NL-Funktion und in die Zelle C5 eine NF-Funktion eingefügt.

Als zweite Spalte soll der Name angezeigt werden. In der Tabelle Debitorenposten ist das Feld „Name“ nicht vorhanden, deshalb ist dieses Feld aus der Tabelle Debitor zu holen und über den Browser in der Zelle D5 zu platzieren. Als Rückgabeoption ist hier <Werte> auszuwählen.

In die Zelle D5 wird ebenfalls eine NL-Funktion eingefügt. Dadurch wird der „Name“ genau einmal geholt. Die NL-Funktion muss nun über den Jet-Funktionsassistenten bearbeitet werden. Das Argument „Was“ zu leeren.

Zum Herstellen einer Verknüpfung vom „Namen“ zur „Debitorennr.“ werden die Argumente „FilterFeld1“ und „Filter1“ genutzt. Der Wert im „FilterFeld1“ ist das Feld „Nr.“ aus der Tabelle Debitor. Im dazugehörigen Argument „Filter1“ ist der Zellbezug auf die Zelle C5 herzustellen. Dabei ist darauf zu achten, dass die Spalte als absolut und die Zeile als relativ definiert wird $C5. Die Änderungen sind mit OK zu bestätigen.

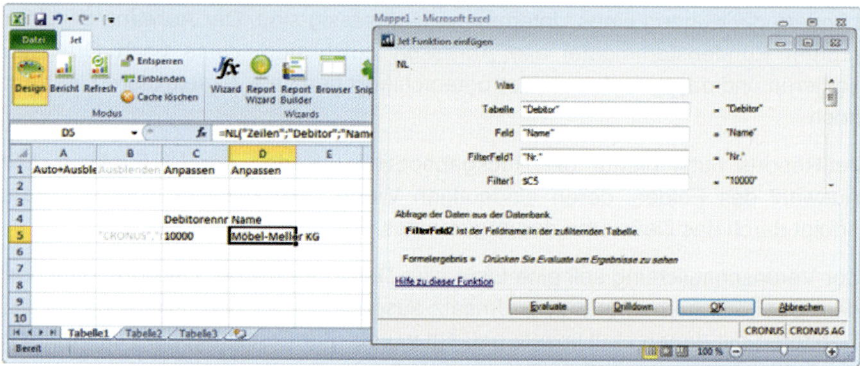

Um den Betrag je Debitorenposten anzeigen zu können, ist zusätzlich aus der Tabelle Debitorenposten das Feld „Betrag (MW)“ mit Rückgabeoption <Aufzeichnungen> in die Zelle E5 über den Browser einzufügen. Jet Reports erkennt den Bezug zur NL-Funktion in Zelle B5 automatisch und stellt die Verknüpfung über das Argument „Schlüssel“ in der NF-Funktion her.

Wird der Bericht jetzt gestartet, wird der Debitor mit z. B. der Nummer 10000 mehrfach aufgelistet. Der Betrag in jeder aufgelisteten Zeile ist unterschiedlich.

Die Debitorennummer soll jedoch nur einmal in den Zeilen erscheinen. Dazu ist im Design-Modus in der Zelle B5 der Funktionsassistent für die NL-Funktion zu öffnen.

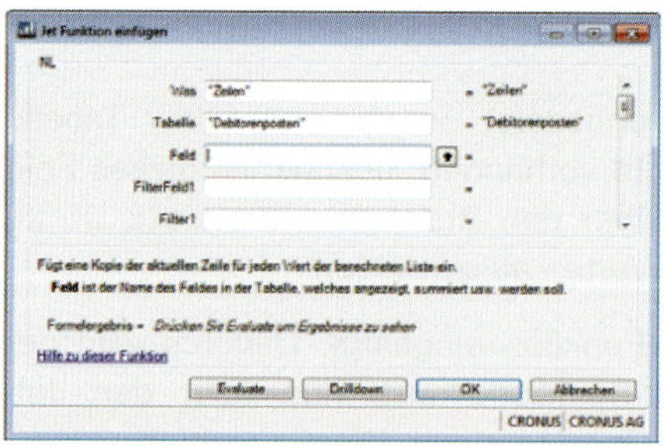

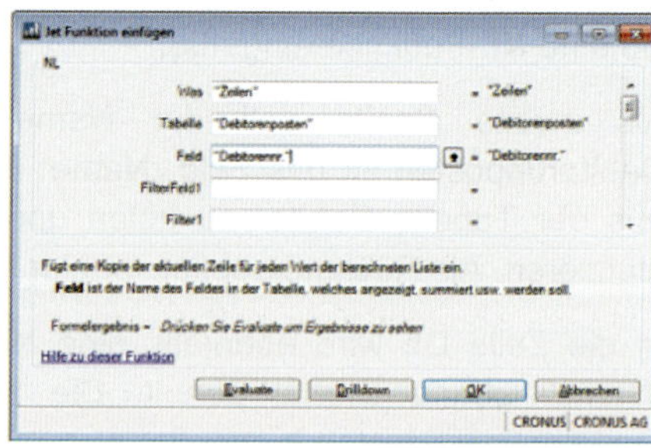

Zur Definition der Eindeutigkeit ist das Argument „Feld“ zu füllen. Die Eindeutigkeit der Debitorenposten soll sich in diesem Beispiel auf die Debitorennummer beziehen. In das Argument „Feld“ ist die „Debitorennr.“ der Tabelle Debitorenposten einzutragen. Die Debitorennummer wird jetzt eindeutig in der Spalte B ausgegeben.

Allerdings haben jetzt die Funktionen in den Zellen C5, D5 und E5 ihren Bezug verloren. In allen genannten Zellen wird der Ausdruck „#WERT!“ angezeigt.

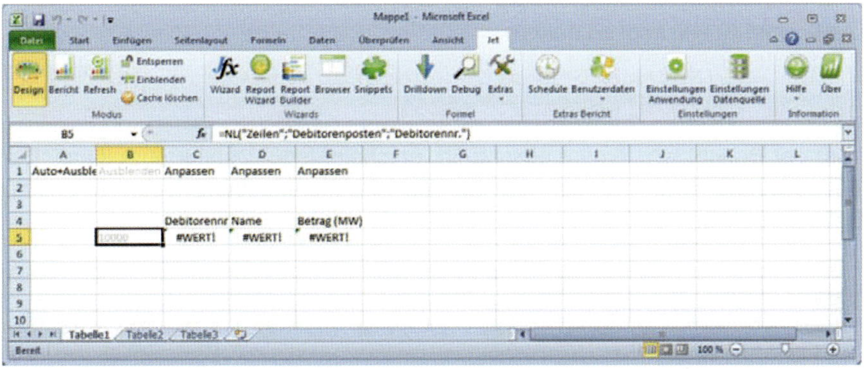

Da die Spalte B ausgeblendet wird und die Debitorennummer somit im Berichtsmodus nicht angezeigt wird, ist die Formel in Zelle C5 wie folgt zu ändern.

```
=$B5
```

Die Debitorennummer, die auch von Zelle B5 ausgegeben wird, ist nun auch in Zelle C5 ersichtlich.

Um in der Zelle D5 wieder den Ausgabewert des Feldes „Name“ zu erhalten, wird die NL-Funktion angepasst, sodass der Parameter <Was> nicht gefüllt ist und als zweiter Parameter die Tabelle Debitor zu verwenden ist. Der dritte Parameter „Feld“, des Funktionsassistenten, ist mit dem Feld „Name“ zu füllen, welcher der Ausgabewert dieser NL-Funktion sein soll.

Zur Selektierung des richtigen Debitors ist noch die Filterbedingung „Nr.“ in „FilterFeld1“ einzutragen. Als Filterbedingung ist der Bezug zur Zelle C5 herzustellen, da dort die Nummer des Debitors ausgegeben wird, dessen Namen in D5 angezeigt werden soll. Der Assistent ist mit OK zu verlassen.

In den einzelnen Zellen stehen dann folgende Formeln:

```
B5 =NL("Zeilen";"Debitorenposten";"Debitorennr.")
C5 =$B5
D5 =NL(;"Debitor";"Name";"Nr.";$C5)
```

Jetzt fehlt die Überarbeitung der Funktion in der Zelle E5, welche den „Betrag (MW)“ zu jedem einzelnen Debitorenposten ausgewiesen hatte. Hierbei ist zu berücksichtigen, dass jetzt die Summe des Feldes „Betrag (MW)“ der Einzelposten je Debitor gebildet werden muss, um eine korrekte Ausgabe zu erhalten.

Die Formel ist wie folgt zu ändern.

```
E5 =NL("Summe";"Debitorenposten";"Betrag (MW)";
       "Debitorennr.";$C5)
```

Wird der Bericht jetzt erneut ausgeführt, erscheint jeder Debitor nur einmal. Die Betragsspalte wird mit der Summe der Debitorenposten jedes einzelnen Debitors gefüllt.

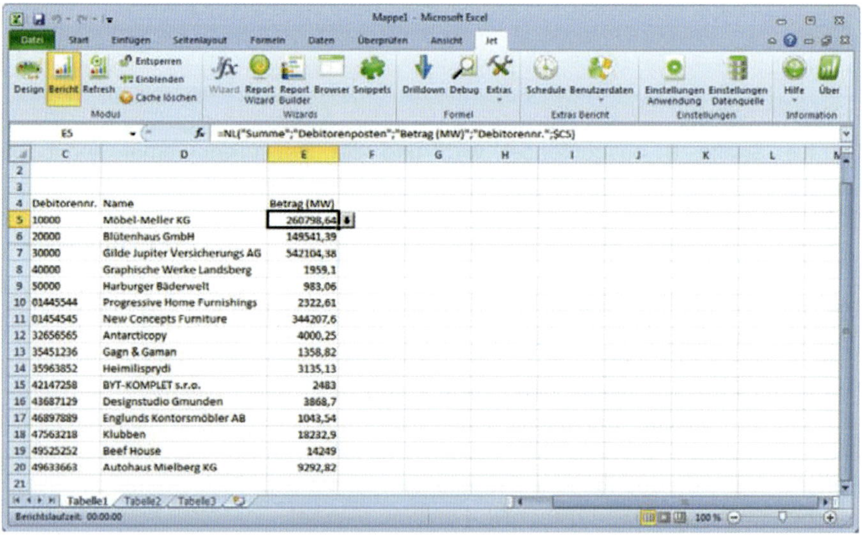

Hinweis: Die Verbindung zwischen der NF-Funktion und der NL-Funktion funktioniert nur, wenn das Argument „Feld“ in der NL-Funktion <leer> ist.

5.1.8 Einkaufsvolumen von Kreditoren in einem Zeitraum

Um sich die Einkaufsbeträge zu jedem Kreditor in einem ausgewählten Berichtszeitraum, aufsummiert anzeigen zu lassen, sind die zu wählenden Datensätze mit untereinander verbundenen NL-Funktionen auszugeben.

Begonnen wird mit einem leeren Excel-Tabellenblatt. Um einen Berichtszeitraum eingrenzen zu können, werden in den Zellen D4 und D5, das Start- bzw. Enddatum des Berichtszeitraumes eingegeben. Damit Dynamics NAV mit den einzugebenden Daten arbeiten kann, ist hierfür eine NP-Funktion in der Zelle F5 einzutragen. Diese Funktion erstellt aus den Parametern einen Datumsfilter in der in Dynamics NAV korrekten Syntax.

Die NP-Funktion lautet wie folgt:

```
=NP("Datumfilter";$D$4;$D$5)
```

Weiterhin soll es möglich sein, später einen Kreditorfilter einzugeben. Dazu ist in die Zelle C7 die Bezeichnung Kreditor einzutragen und in die Zelle D7 entweder der Filter in der Syntax von Dynamics NAV oder das „*" für alle.

Damit nicht alle Kreditoren angezeigt werden, die im Dynamics NAV angelegt sind, sondern nur die Kreditoren, bei denen im Berichtszeitraum eine Bewegung stattgefunden hat, ist es notwendig die Nummer des Kreditors nicht aus der Stammdatentabelle zu entnehmen, sondern aus einer entsprechenden Postentabelle.

In der Tabelle Artikelposten werden alle Informationen über die mengen- und wertmäßigen Artikelbewegungen gespeichert. Da sich dieser Bericht nur auf die Artikel beziehen soll, ist diese Tabelle die Grundlage. Allerdings existiert in der Tabelle Artikelposten kein Feld mit der Kreditorennummer. Diese kann über die Felder „Herkunftsart" und „Herkunftsnr." ermittelt werden.

Ab Zelle C11 sollen untereinander alle betroffenen Kreditorennummern stehen. Dazu ist hier eine NL-Funktion (nicht über den Browser) einzufügen. Die Bearbeitung der Formel kann über den Funktionsassistenten erfolgen. Als Argument „Was" ist Zeilen zu wählen. Die „Tabelle" ist „Artikelposten" und das „Feld" ist die „Herkunftsnr.". Als erstes Filterpaar ist für FilterFeld1 „Herkunftsart" und als Filter1 „Kreditor" zu hinterlegen.

Ein weiteres Kriterium für die richtige Ausgabe, ist das Buchungsdatum. Somit muss ein weiteres Filterpaar in die NL-Funktion eingegeben werden, indem in das FilterFeld2 das Feld "Buchungsdatum" eingetragen wird. Der dazugehörige Filter2, befindet sich in Zelle F5.

Um die Ausgabe auf einzelne Kreditoren abgrenzen zu können, wird ein weiteres Filterpaar benötigt. Dieser bezieht sich auf die „Herkunftsnr.". Die

„Herkunftsnr.“ ist in FilterFeld3 anzugeben. Das Filterkriterium für Filter3 ist ein absoluter Zellbezug zur Zelle D7.

Die NL-Funktion in der Zelle C11 sieht nun wie folgt aus:

```
=NL("Zeilen";"Artikelposten";"Herkunftsnr.";
    "Herkunftsart";"Kreditor";
    "Buchungsdatum";$F$5;
    "Herkunftsnr.";$D$7)
```

Der bis hierhin erstellte Bericht ist auf der nachstehenden Abbildung zu sehen.

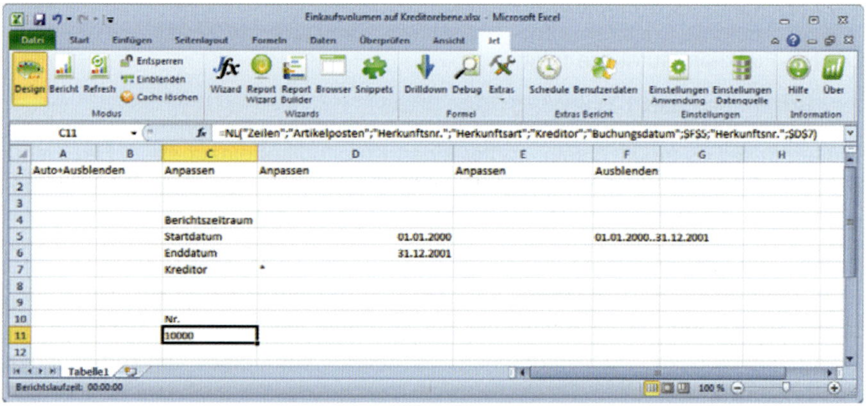

Bisher wird nur die Kreditorennummer, die im Berichtzeitraum eine Bewegung erfahren hat, angezeigt.

In Zelle D11 soll der Kreditorenname ausgegeben werden. Dazu wird eine NL-Funktion benötigt, die den Namen des Kreditors aus der Tabelle Kreditor ausgibt. Da bereits eine NL-Funktion in Zelle C11 existiert, die Zeilen ausgibt, bleibt der Parameter „Was“ dieser neuen NL-Funktion leer. Eine eindeutige Zuordnung erfolgt durch die Kreditorennummer in Zelle C11.

Die NL-Funktion der Zelle D11 ist somit wie nachstehend zu erstellen.

```
=NL(;"Kreditor";"Name";"Nr.";$C11)
```

Für die Ausgabe des Einkaufsvolumens der anzuzeigenden Kreditoren, ist in der Zelle E11 eine weitere NL-Funktion anzulegen. Diese bildet die Summe des Feldes „Einkaufsbetrag (tatsächl.)“ der Artikelposten. Als FilterFeld1 ist wieder „Herkunftsart“ auszuwählen, der dazugehörige Filter1 muss „Kreditor“ lauten. Der Bezug zur Kreditorennummer in Zelle C11, wird über das FilterFeld2 „Herkunftsnr.“ hergestellt. Als Filter2 ist der Zellbezug zur Zelle C11 zu verwenden. Des Weiteren ist eine Abgrenzung über das Feld „Buchungsdatum" zu tätigen. Die NL-Funktion in Zelle E11 lautet dann wie folgt:

```
=NL("Summe";"Artikelposten";
    "Einkaufsbetrag(tatsächl.)";
    "Herkunftsart";"Kreditor";
    "Herkunftsnr.";$C11;
    "Buchungsdatum";$F$5)
```

Um die Gesamtsumme aller Bewegungen zu erhalten, ist dieses mit der Summenfunktion von Excel zu erstellen. Die Summenfunktion wird zur besseren Veranschaulichung in die Zelle E8 eingefügt und lautet:

```
=SUMME(E11:E12)
```

Zur optischen Aufbesserung des Berichtes können nun die einzelnen Zellen formatiert werden.

Für die Zellen E11 und E12 kann zusätzlich eine bedingte Formatierung hinterlegt werden, die die Werte als Balken darstellt. Durch Betätigen der Schaltfläche Bedingte Formatierungen im Menü *Start / Formatvorlagen*, öffnet sich ein Fenster, in dem „Neue Regel..." zu wählen ist. Als Formstil wird Datenbalken ausgewählt. Beim Auswahlkriterium „Maximum" wird der Typ „Zahl" gewählt. Der Maximalwert ist in diesem Fall die Summe aus der Zelle E8.

Der fertige Bericht sieht nun wie folgt aus:

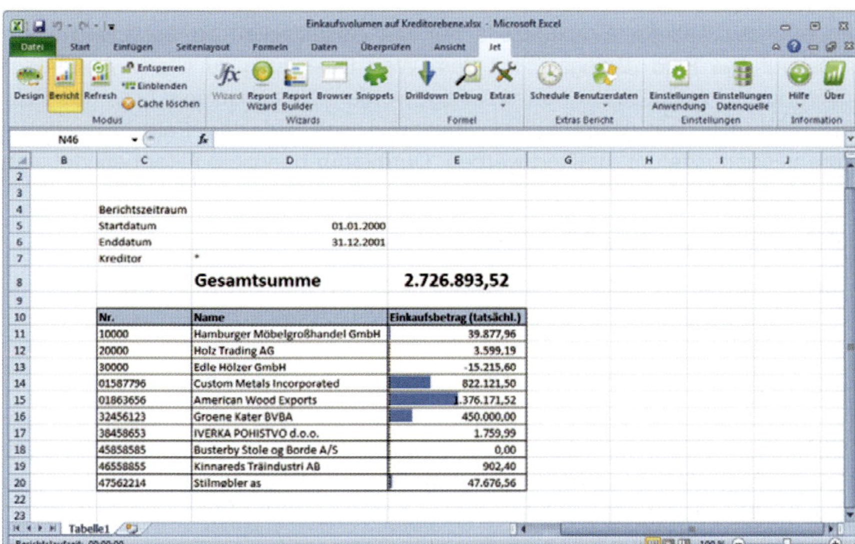

5.1.9 Erwartete Wareneingänge pro Kreditor zum Stichtag

Damit eine Kontrolle der bis zum Stichtag anstehenden Lieferungen erfolgen kann, soll ein Bericht erstellt werden, der alle bestellten Artikel nach Kreditor und Beleg mit erwartetem Wareneingangsdatum ausgibt. Gefiltert werden soll nach Wareneingangsdatum.

Gestartet wird mit einer leeren Excel-Tabelle. In diese wird in die Zelle D4 die Überschrift „Erwarteter WE bis" eingetragen. In der Zelle F4 kann dann für den späteren Bericht das gewünschte Enddatum eingegeben werden. Damit Dynamics NAV mit der Datumseingabe rechnen kann, wird in die Zelle B4 eine NP-Funktion eingefügt, bei der das Startdatum offen bleibt und das Enddatum aus Zelle D5 genommen wird.

```
=NP("Datumfilter";;$F$4)
```

Die Werte für den Bericht stehen in der Tabelle Einkaufszeile. In dieser Tabelle sind u.a. alle offenen Bestellzeilen mit der Kreditorennummer, der Artikelnummer, der Menge und dem Wareneingangsdatum erfasst. Diese Tabelle ist die Basistabelle für den Bericht.

In der Zelle D7 soll die Kreditorennr. ausgegeben werden. In der Tabelle Einkaufszeile ist in jeder Zeile im Feld „Eink. von Kred.-Nr." die Kreditornummer erfasst. Hier ist eine NL-Funktion zu erstellen. Um die Kreditornnr. nur je einmal angezeigt zu bekommen, ist bei der Nutzung des Browsers die Rückgabeoption <Werte> zu verwenden.

Um aus der Tabelle Einkaufszeile nur die Bestellzeilen zu berücksichtigen, muss auf das Feld „Belegart" mit dem Wert Bestellung zu filtern. Außerdem sollen nur die Artikelzeilen berücksichtigt werden. Das geschieht über das Feld "Art" und mit dem Wert Artikel. Weiterhin soll auf das Feld „Erwartetes Wareneingangsdatum" gefiltert werden. Der hierfür benötigte Filter befindet sich in der Zelle B4.

Die Funktion in der Zelle D7 sieht dann wie folgt aus:

```
=NL("Zeilen";"Einkaufszeile";"Eink. von Kred.-Nr.";
    "Belegart";"Bestellung";
    "Art";"Artikel";
    "Erwartetes Wareneingangsdatum";$B$4)
```

Der entsprechende Name des Kreditors muss aus der Tabelle Kreditor entnommen werden, da dieser in den Einkaufszeilen nicht existiert. In der Zelle E7 wird eine weitere NL-Funktion erstellt, bei der das „Was" Argument leer bleibt, da die Funktion aus der Zelle D7 bereits Zeilen erzeugt.

Aus der Tabelle Kreditor ist das Feld „Name“ auszuwählen. Als FilterFeld1 wird „Nr.“ angegeben. Der Filter1 erhält den Bezug auf die Zelle D7. Die Funktion in Zelle E7 ergibt sich damit wie folgt:

```
=NL(;"Kreditor";"Name";"Nr.";$D7)
```

In der Zelle D9 soll die Belegnummer ausgegeben werden. Diese ist aus der Tabelle Einkaufszeilen über das Feld „Belegnr.“ mit der Rückgabeoption <Werte> einzufügen. Durch das Filtern auf das erwartete Wareneingangsdatum, die Kreditorennummer und Art, lautet die NL-Funktion dementsprechend:

```
=NL("Zeilen";"Einkaufszeile";"Belegnr.";
    "Eink. von Kred.-Nr.";$D7;
    "Erwartetes Wareneingangsdatum";$B$4;
    "Art";"Artikel")
```

Mit dieser NL-Funktion werden die Belegnummern im eingegrenzten Zeitraum zum Kreditor ausgegeben.

Es fehlen jetzt noch die einzelnen Zeileninformationen je Beleg. Diese werden mit einer weiteren NL-Funktion und vier NF-Funktionen erzeugt. Die NL-Funktion ist manuell in die Zelle D11 einzutragen:

```
=NL("Zeilen";"Einkaufszeile")
```

Die Inhalte der einzelnen Felder können über den Browser mit der Rückgabeoption <Aufzeichnungen> eingefügt werden. So sind die Felder „Nr.“, „Beschreibung“, „Menge“ und „Erwartetes Wareneingangsdatum“ der Tabelle Einkaufszeile per Drag&Drop in die Zellen E11 bis H11 einzufügen.

Die NL-Funktion der Zelle D11 muss jetzt mit dem Filter der Belegnummer, die sich in der Zelle D9 befindet, abgegrenzt werden. Damit wird sichergestellt, dass die Funktion nur Zeilen der Bestellung ausgibt, die aus dem Beleg mit der Belegnummer aus Zelle D9 gehören.

Ferner sind die Filter auf das Feld „Erwartetes Wareneingangsdatum“ sowie auf das Feld „Art“ zu setzen. Damit ergibt sich folgende neue Formel für Zelle D11.

```
=NL("Zeilen";"Einkaufszeile";;
    "Belegnr.";$D9;
    "Art";"Artikel";
    "Erwartetes Wareneingangsdatum";$B$4)
```

Zusätzlich können nun noch Überschriften für die einzelnen Zellen eingefügt werden, bzw. die existierenden können ansprechend formatiert werden.

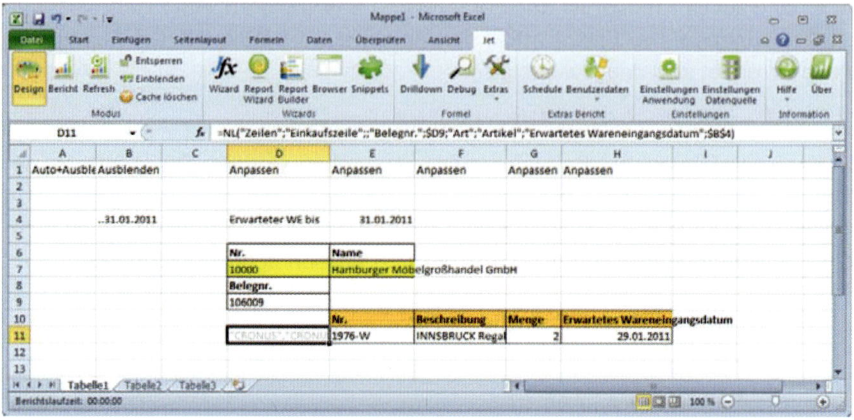

Nach dem Start des Berichtes fällt auf, dass nur für den letzten Beleg die erforderlichen Zeilen ausgegeben werden. Das erfolgt deshalb, weil bis jetzt noch keine Gruppierung festgelegt wurde.

Die Gruppierung wird vorgenommen, indem die NL-Funktion in Zelle D7 im Argument „Was“ auf „Zeilen=7“ erweitert wird. Analog der Zelle D7 wird die Zelle D9 auf „Zeilen=5“ erweitert.

Damit die NL-Funktion in Zelle D11 im Berichtsmodus nicht angezeigt wird, ist diese in die Zelle B11 zu verschieben, da diese automatisch ausgeblendet wird. Die Zellenbezüge passen sich hierbei automatisch an. Der fertige Bericht sieht nun wie folgt aus

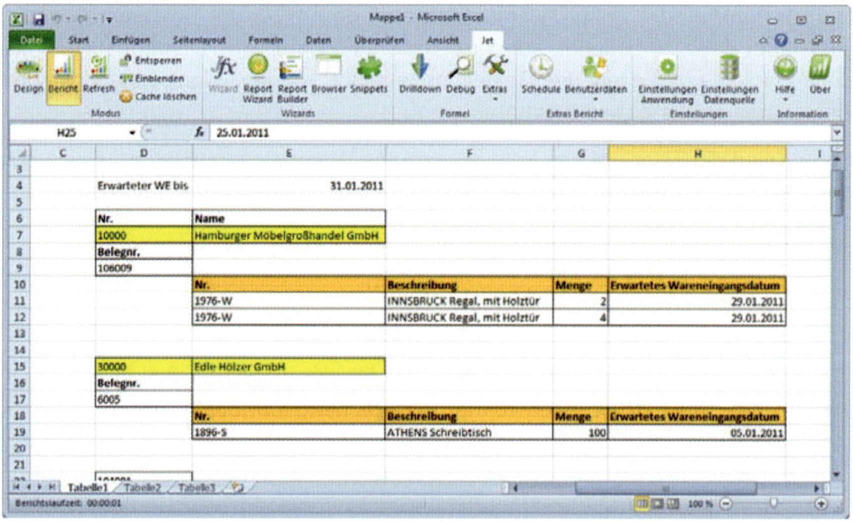

5.1.10 Ermittlung des durchschn. Zahlungsverhaltens

Für die Gruppierungen bzw. für die Darstellung einer Kopf- / Zeilenstruktur bietet Jet Reports ein einfaches und geniales Konzept. Genau durch dieses Konzept wird man in die Lage versetzt, ohne Programmierung auch anspruchsvolle und komplexe Auswertungen zu erstellen.

Vielfach basieren Liquiditätsvorschauen auf vereinbarten Zahlungszielen mit den Debitoren und nicht auf dem tatsächlichen Zahlungsverhalten. Der folgende Bericht zeigt, wie man das tatsächliche Zahlungsverhalten von Kunden ermitteln kann und stellt somit die Basis für realistische Liquiditätsplanungen dar.

Im nachfolgenden Beispiel wird die Differenz zwischen Fälligkeitsdatum und Zahlungseingangsdatum in den Debitorenposten ermittelt. Die Abweichungstage werden pro Debitor summiert und daraus wird die durchschnittliche Abweichung berechnet.

Basis für diesen Bericht sind die Debitorenposten. In den Debitorenposten werden alle Bewegungen für den Debitor gespeichert. Dazu gehören auch die gestellten Rechnungen und die erhaltenen Zahlungen.

Gestartet wird mit einer leeren Excel-Tabelle. In diese ist mit Hilfe des Browsers und der Rückgabeoption <Werte> aus der Tabelle Debitorenposten das Feld „Debitorennr." in die Zelle C5 einzufügen. Anschließend wird in die Zelle C5 eine NL-Funktion erstellt, mit der die vorhandenen Debitorennummern nur einmal ausgegeben werden.

Da der zu erstellende Bericht nur bezahlte Posten berücksichtigen soll, werden nur die Debitoren benötigt, die ausgeglichene Debitorenposten haben. Ausgeglichene Posten werden mit dem Feld „Offen" definiert. Ist hier kein Haken gesetzt, sind die Posten ausgeglichen. Die automatisch eingefügte NL-Funktion ist nun manuell zu bearbeiten, sodass im Argument „FilterFeld1" das Feld „Offen" eingetragen und dem Argument „Filter1" <Nein> zugewiesen wird.

```
=NL("Zeilen";"Debitorenposten";"Debitorennr.";
    "Offen";"Nein")
```

Um nun den Debitorennummern Namen zuzuordnen, sind diese aus der Tabelle Debitor mit der Rückgabeoption <Aufzeichnungen> über den Browser in die Zelle D5 zu übernehmen. Zusätzlich ist aus dieser Tabelle das Feld „Saldo (MW)" in die Zelle F5 einzufügen. Auch hier steht die Rückgabeoption auf <Aufzeichnungen>. Folgende Einträge sind in der Tabelle entstanden:

```
D5 =NL("Zeilen";"Debitor")
E5 =NF($D5;"Name")
F5 =NF($D5;"Saldo (MW)")
```

Jetzt muss eine Verknüpfung zwischen der NL-Funktion für den Debitor in Zelle D5 und der Debitorennummer in der Zelle C5 hergestellt werden. Dazu ist die Formel in Zelle D5 zu erweitern, so dass im Argument „FilterFeld1“ „Nr.“ und im Argument „Filter1“ „$C5“ steht.

```
D5 =NL("Zeilen";"Debitor";;"Nr.";$C5)
```

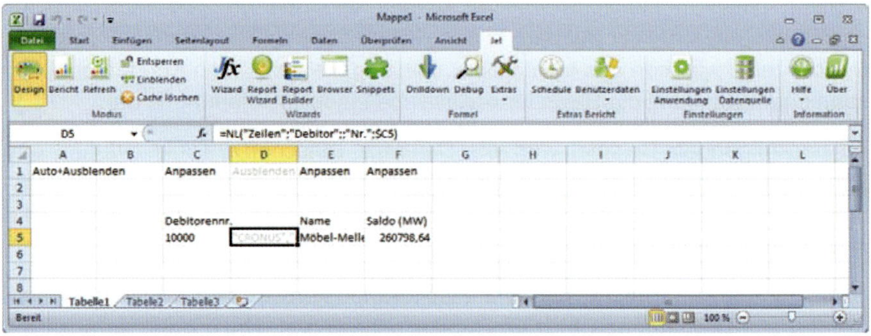

Nun sollen in diesem Bericht die Debitorenposten je Debitor aufgelistet werden. Dazu ist es erforderlich, dass aus der Tabelle Debitorenposten noch die Felder „Belegnr.“, „Geschlossen von Lfd. Nr.“, „Fälligkeitsdatum“ und „Buchungsdatum“ in die Zellen D7 und H7 eingefügt werden. Beim Einfügen mit dem Browser ist darauf zu achten, dass die Rückgabeoption <Aufzeichnungen> ist. Dadurch ergeben sich folgende Formeln:

```
D7 =NL("Zeilen";"Debitorenposten")
E7 =NF($D7;"Belegnr.")
F7 =NF($D7;"Geschlossen von Lfd. Nr.")
G7 =NF($D7;"Fälligkeitsdatum")
H7 =NF($D7;"Buchungsdatum")
```

Die entstandene NF-Funktion in Zelle H7 muss nun in eine NL-Funktion geändert werden, damit eine Verknüpfung zur Belegnummer in Zelle F7 hergestellt werden kann. Dazu wird die Formel wie folgt geändert:

```
H7 =NL(;"Debitorenposten";"Buchungsdatum")
```

Für die Verknüpfung wird nun dem Argument „FilterFeld1“ das Feld „Lfd. Nr.“ aus der Tabelle Debitorenposten zugewiesen. Dem Argument „Filter1“ ist der Zellbezug zur Zelle „$F7“ zu übergeben.

```
H7 =NL(;"Debitorenposten";"Buchungsdatum";
       "Lfd. Nr.";$F7)
```

Die Zellen G7 (Fälligkeitsdatum) und H7 (Buchungsdatum) müssen noch als Datum formatiert werden.

Jetzt ist die Verknüpfung vom Debitorenposten zur Debitorennummer herzustellen. Dies erfolgt über die NL-Funktion in der Zelle D7. Im Argument „FilterFeld1“ ist „Debitorennr.“ und im Argument „Filter1“ der Zellbezug zur Debitorennummer in Zelle „$C5“ herzustellen.

```
=NL("Zeilen";"Debitorenposten";;
    "Debitorennr.";$C5)
```

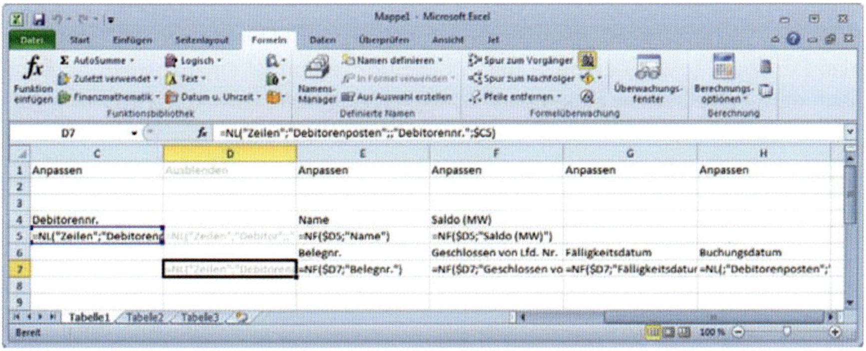

Weiterhin soll eine Anpassung auf alle ausgeglichenen Rechnungsposten vorgenommen werden. Auch dies erfolgt in der NL-Funktion der Zelle D7. Im Argument „FilterFeld2“ ist deshalb das Feld „Offen“ und bei „Filter2“ „Nein“ einzutragen. Da es sich um Rechnungen handelt, wird dem Argument „FilterFeld3“ das Feld „Belegart“ zugewiesen und im Argument „Filter3“ muss „Rechnung“ ausgewählt werden.

```
=NL("Zeilen";"Debitorenposten";;
    "Debitorennr.";$C5;
    "Offen";"Nein";
    "Belegart";"Rechnung")
```

Damit die Debitorenposten je Debitor untereinander aufgelistet werden können, muss die Anzahl der Zeilen, die kopiert werden sollen, in der NL-Funktion der Zelle C5 auf 4 erweitert werden. Dadurch wird je eine Zeile für den Debitorposten (1. Zeile), für die Überschrift (2. Zeile) für den Datensatz selbst (3. Zeile) und eine Leerzeile (4. Zeile) als Abstand zum nächsten Debitor, benötigt. Die Eingabe erfolgt im Argument „Was“ und lautet nun „Zeilen=4“.

```
=NL("Zeilen=4";"Debitorenposten";"Debitorennr.";
    "Offen";"Nein")
```

Jetzt folgen Formatierungs- und Berechnungsfunktionen direkt in Excel. Zunächst wird die Differenz zwischen dem Fälligkeitsdatum und dem Buchungsdatum je Beleg in der Zelle I7 ermittelt. Diese Zelle ist als Zahl zu formatieren.

```
=$H7-$G7
```

In der Zelle I9 wird die Summe der Abweichungstage gebildet.

```
=SUMME(I7:I8)
```

Hinweis: Wenn Summen über Kopierbereiche gebildet werden sollen, ist immer eine Leerzeile bzw. Leerspalte mit in die Summenformel einzuschließen, damit nach dem Erstellen der Zeilen bzw. Spalten die Summe korrekt berechnet wird.

Da die Summe pro Debitor ausgegeben werden soll und diese Zeilen zusätzlich im Kopierbereich berücksichtigt werden müssen, ist in der NL-Funktion in Zelle C5 der Wert im Argument „Was“ von „Zeilen=4“ auf „Zeilen=6“ zu verändern.

Es wird nochmals eine zusätzliche Zeile für die Summe (5. Zeile) und wieder eine Leerzeile (6. Zeile) für den Abstand zum nächsten Debitor benötigt.

```
=NL("Zeilen=6";"Debitorenposten";"Debitorennr.";
    "Offen";"Nein")
```

Zur Ermittlung der durchschnittlichen Abweichung ist die Summe (Zelle I9) durch die Anzahl der Datensätze je Debitor zu dividieren. Durch die Nutzung der „Was“-Option <Count> auf die Tabelle Debitorenposten, die den selben Filterbedingungen entspricht wie in der NL-Funktion in Zelle D7, kann die Anzahl der Datensätze je Debitor schnell ermittelt werden.

Um die Eingabe zu vereinfachen, wird der Inhalt der Zelle D7 nach Zelle J5 (Hilfszelle) kopiert. Jetzt ist in der NL-Funktion das Argument „Was“ von Zeilen auf <Count> zu ändern. Durch das Kopieren ist der Zellbezug verloren gegangen und ist jetzt wieder auf die Zelle „$C5“ zu setzen.

```
=NL("Count";"Debitorenposten";;
    "Debitorennr.";$C5;
    "Offen";"Nein";
    "Belegart";"Rechnung")
```

Da diese Zelle nur der Berechnung dient, wird diese Spalte bei der Berichtsausgabe ausgeblendet. Dazu ist in die Zelle J1 das Schlüsselwort „Ausblenden“ einzutragen. Die Formel zur Berechnung des Durchschnitts wird in die Zelle K5 eingetragen. Diese lautet: =I9/J5. Um die auszugebende Zahl auf ganze Tage zu runden, ist die Formel entsprechend zu erweitern:

```
=RUNDEN($I9/$J5;0)
```

Nach einer entsprechenden Formatierung der Zellen kann der anschließende Bericht wie folgt aussehen:

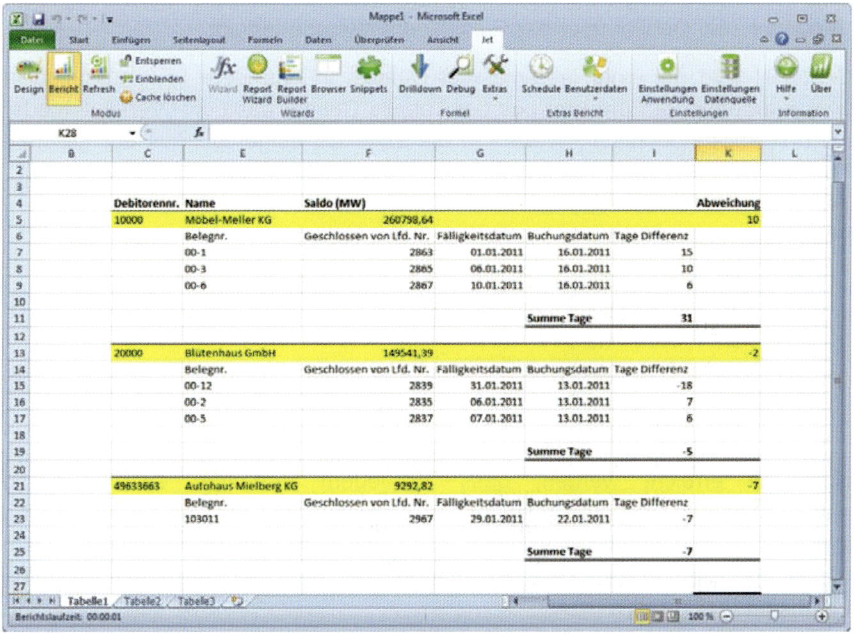

5.1.11 Jet Reports als Datenpflege

Mit dem folgenden Beispiel soll gezeigt werden, das man Jet Reports nicht nur zur Darstellung von Daten nutzen kann, sondern auch als Werkzeug zur Pflege von Daten in Dynamics NAV. Durch die vielfältigen Möglichkeiten der Gruppierung erhält man mit Jet Reports einen schnellen Überblick über Daten, die bearbeitet werden sollen. Durch die Funktionalität des DrillDown-Buttons können diese dann direkt in Dynamics NAV gepflegt werden.

Zur Veranschaulichung soll mit dem folgenden Bericht eine Auflistung von Debitoren erstellt werden, die nach dem Verkäufercode gruppiert sind. Ziel ist es, anschließend in den Stammdaten eine neue Zuordnung zu den Verkäufern vorzunehmen.

Bei diesem Bericht werden die Tabellen Debitor und Verkäufer/Einkäufer verwendet. Grundlage ist die Tabelle Debitor, da hier die Zuordnung vom Verkäufer zum Debitor über das Feld „Verkäufercode" erfolgt.

Gestartet wird mit einer leeren Excel-Tabelle. In das leere Excel-Arbeitsblatt wird zuerst mit dem Browser aus der Tabelle Debitor das Feld „Verkäufercode" mit der Rückgabeoption <Werte> in die Zelle C5 eingefügt. Aus der gleichen Tabelle sind mit der Rückgabeoption <Aufzeichnungen> die Felder „Nr.", „Name", „PLZ Code" und „Ort" in die Zellen B7 bis F7 zu übernehmen. Anschließend sind folgende Formeln erstellt worden:

```
C5 =NL("Zeilen";"Debitor";"Verkäufercode")
B7 =NL("Zeilen";"Debitor")
C7 =NF($B7;"Nr.")
D7 =NF($B7;"Name")
E7 =NF($B7;"PLZ-Code")
F7 =NF($B7;"Ort")
```

Nun soll erreicht werden, dass zu jedem Verkäufer auch nur die entsprechenden Debitoren ausgegeben werden. Dazu wird eine Verknüpfung zwischen dem eindeutigen Verkäufercode und dem Debitor hergestellt, indem die NL-Funktion in der Zelle B7 manuell mit dem Jet Funktionsassistenten bearbeitet wird.

Im Argument „FeldFilter1" wird das Feld „Verkäufercode" hinzugefügt. Der Zellbezug im Argument „Filter1" ist auf die Zelle C5 zu setzen. Um sicher zu stellen, dass auch Debitoren angezeigt werden, die einen leeren Verkäufercode haben, ist vor den Wert $C5 die Syntax für leere Filterfelder „@@"& zu ergänzen. Somit sieht die Formel in Zelle B7 wie folgt aus:

```
=NL("Zeilen";"Debitor";;
    "Verkäufercode";"@@"&$C5)
```

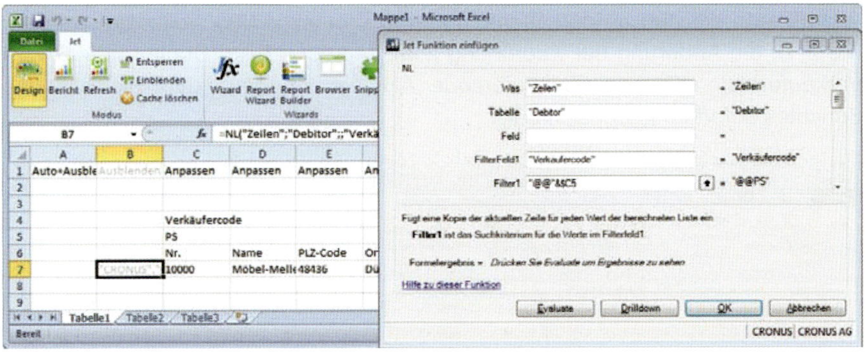

Für die Umsetzung der Gruppierung ist nun zu ermitteln, wie viele Zeilen jeweils eine Gruppe bilden und somit kopiert werden sollen. Es wird je eine Zeile für den Verkäufercode, für die Überschrift der Debitoren, für den Datensatz des Debitors selbst und eine Leerzeile benötigt. Insgesamt also 4 Zeilen.

Die entsprechende Definition der Gruppe wird in der NL-Funktion der Zelle C5 vorgenommen. Die Formel ist dann wie folgt zu ändern:

```
=NL("Zeilen=4";"Debitor";"Verkäufercode")
```

Eine weitere manuelle Bearbeitung der Formeln ist für diesen Bericht nicht erforderlich. Für die ansprechende Darstellung der Werte können diese nun entsprechend formatiert werden. Anschließend kann der Bericht ausgeführt werden.

In der Spalte C wird in jeder Zeile, wenn die Zelle aktiv ist, ein DrillDown angezeigt. Über diesen kann in die Debitorenübersicht direkt nach Dynamics NAV und von dort mit der Tastenkombination **Groß** + **F5** in die entsprechende Debitorenkarte verzweigt werden.

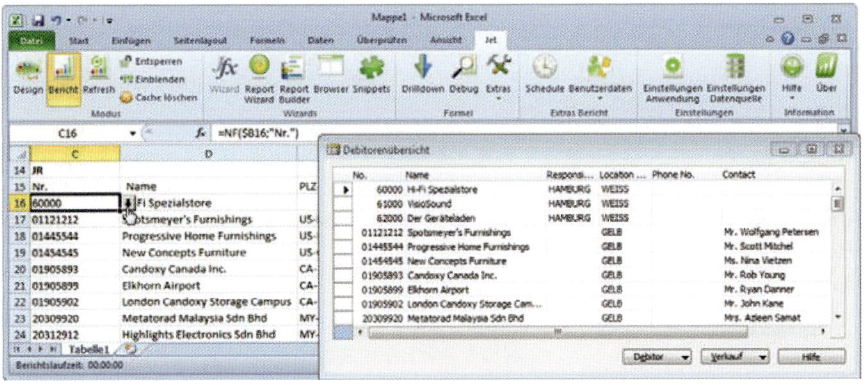

Änderungen die nun an den Stammdaten in Dynamics NAV vollzogen werden, wie z. B. die Änderung der Zuordnung zum Verkäufer beim Debitor 60000 vom Verkäufercode JR zum Verkäufercode AH, werden nach dem Refresh des Berichtes sofort in Excel sichtbar.

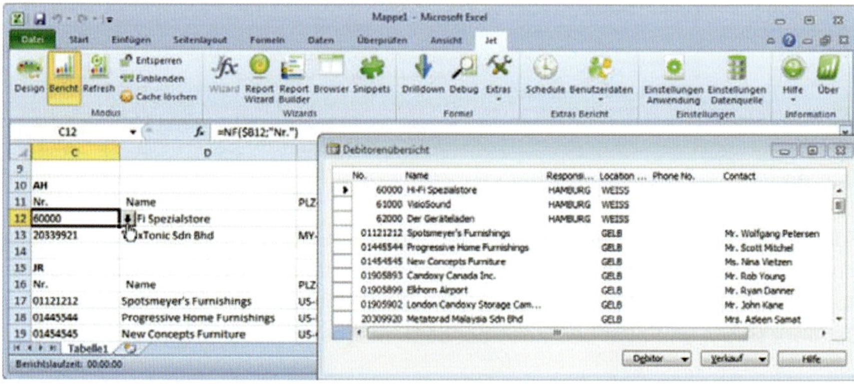

Hinweis: Die Funktionalität des DrillDown nach Dynamics NAV an der Excel-Zelle ist nur vorhanden, wenn in der Einrichtung von Jet Reports (*Jet / Einstellungen / Einstellungen Datenquelle / Datenquellen / Allgemein* Bereich DrillDown) die Option <Navision Classic Client verwenden> ausgewählt wurde.

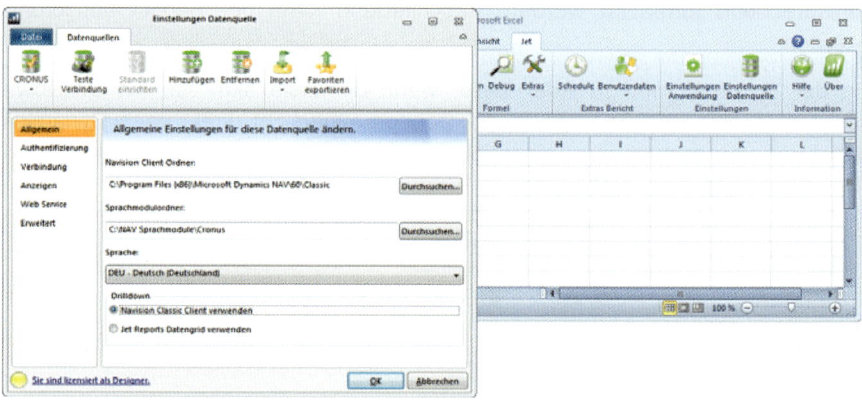

Ansonsten wird beim DrillDown der Jet Reports Datengrid verwendet, der keine Verlinkung auf die Dynamics NAV Datenbank hat.

5.1.12 Ausgabe der Artikel mit einer Bilddatei

Wie universell Jet Reports auch für verschiedenste Anforderungen eingesetzt werden kann, soll das nachfolgende Beispiel verdeutlichen, bei dem gleichzeitig Daten und Grafiken ausgegeben werden. Außerdem zeigt dieses Beispiel zusätzlich, wie durch die Nutzung der „Was"-Option <Bild> der NL-Funktion ein Datensatz über mehrere Zeilen ausgegeben werden kann.

Grundlage für diesen Bericht ist die Tabelle Artikel. Am Artikel kann in Dynamics NAV ein Bild in einem BLOB-Feld gespeichert werden. Dieses Bild soll nun mit Jet Reports zu jedem Artikel in einer fest definierten Größe ausgegeben werden. Außerdem sollen in diesem Bericht nur die Artikel ausgegeben werden, deren Lagerbestand größer als Null ist und für die Bild hinterlegt wurde.

Gestartet wird mit einer leeren Excel-Tabelle. Über den Jet Browser werden aus der Tabelle Artikel die Felder „Nr.", „Beschreibung" und „Lagerbestand" in die Zellen B5 bis E5 eingefügt. Als Rückgabeoption ist dabei <Aufzeichnungen> auszuwählen. Anschließend sind folgende Formeln in die Excel-Tabelle eingefügt worden:

```
B5 =NL("Zeilen";"Artikel")
C5 =NF($B5;"Nr.")
D5 =NF($B5;"Beschreibung")
E5 =NF($B5;"Lagerbestand")
```

Damit dabei nur die Artikel angezeigt werden, deren Lagerbestand größer Null ist, muss die NL-Funktion der Zelle B5 manuell mit dem Jet Funktionsassistenten bearbeitet werden. Für die Berücksichtigung des Lagerbestandes in der Formel ist das Argument „FilterFeld1" mit dem Wert „Lagerbestand" und das Argument „Filter1" mit dem Wert „>0" zu füllen.

```
=NL("Zeilen";"Artikel";;
    "Lagerbestand";">0")
```

Artikel zu denen keine Bilder hinterlegt sind, sollen bei dem hier gezeigten Beispiel nicht zur Ausgabe kommen. Deshalb ist die NL-Funktion um einen weiteren Filter zu erweitern. Dieser Filter bezieht sich auf das Feld „Bild" der Tabelle Artikel mit dem Wert „<>''" (ungleich leer).

```
=NL("Zeilen";"Artikel";;
    "Lagerbestand";">0";
    "Bild";"<>''")
```

Wird der Bericht gestartet, werden nur noch Artikel mit einem positiven Lagerbestand und einem hinterlegten Bild ausgegeben.

Um jetzt das Bild des entsprechenden Artikels darzustellen, ist in der Zelle G5 eine neue NL-Funktion zu erstellen. Im Jet Funktionsassistenten muss im Argument „Was“ die Option <Bild> gewählt werden. Dem Argument „Tabelle“ ist die Tabelle Artikel und dem Argument „Feld“ das Feld „Bild“ der Artikeltabelle zuzuordnen.

Die Verknüpfung dieser NL-Funktion zu dem erforderlichen Artikel erfolgt über das Argument „FilterFeld1“, in das „Nr.“ einzutragen ist und über den Zellbezug „$C5“ im Feld „Filter1“.

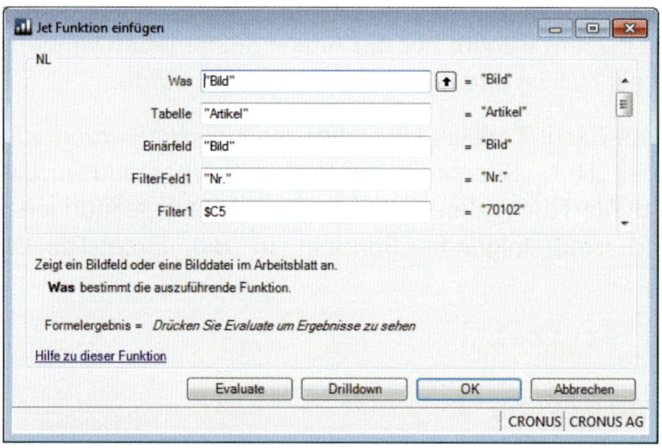

Für die Definition der Ausgabegröße des Bildes werden die Argumentenpaare „FilterFeld2“ / „Filter2“ und „FilterFeld3“ / „Filter3“ verwendet. Die Angaben im Argument „FilterFeld2“ beziehen sich auf die Höhe. Als Wert ist hier „Höhe=“ anzugeben und im „Filter2“ der gewünschte Wert (z. B. 50). Für die Angabe der Breite ist analog zur Höhe zu verfahren, entsprechend mit dem Vorgabewert „Breite=“ für das Argument „FilterFeld3“.

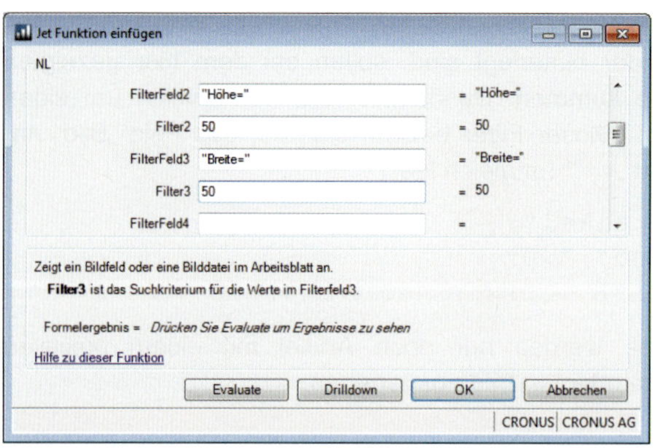

Nachdem der Bericht nun erneut gestartet wird, muss festgestellt werden, dass die Bilder nicht in eine Zeile passen. Alle Bilder liegen übereinander. Das ist für diesen Bericht noch zu ändern.

Anhand der Größe des letzten Bildes kann die benötigte Zeilenanzahl für die korrekte Ausgabe ermittelt werden. Es sind die Zeilen von der Oberkante bis zur Unterkante des Bildes zu zählen und ggf. eine oder mehrere Leerzeilen hinzuzufügen. In diesem Beispiel ergibt das 5 Zeilen.

Mit der Anzahl der ermittelten Zeilen wird die NL-Funktion in der Zelle B5 nochmals angepasst. Der Wert im Argument „Was" ist in „Zeilen=5" zu ändern.

```
=NL("Zeilen=5";"Artikel";;
    "Lagerbestand";">0";
    "Bild";"<>''")
```

Nachdem der Bericht entsprechend formatiert und im Berichts-Modus ausgeführt wurde, erhält man folgendes Ergebnis:

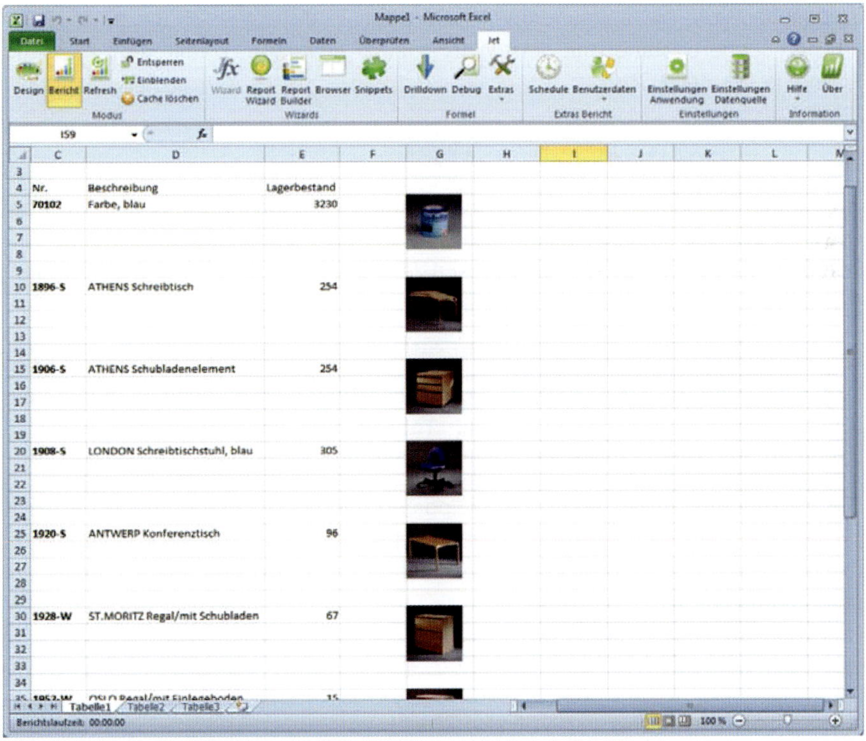

5.1.13 Ladenhüter im Lager finden

Ladenhüter im Lager zu finden, bietet die Möglichkeit für eine effektivere Lagerhaltung und hilft den Lagerbestand nicht unnötig zu erhöhen.

Im nachfolgenden Beispiel sollen die Artikel ermittelt werden, die ab einem bestimmten Stichtag keine Warenbewegung mehr erfahren haben bzw. nicht mehr verkauft wurden - die so genannten Ladenhüter. Zusätzlich soll die Summe des Lagerbestandes / Lagerwertes dieser Artikel ausgegeben werden.

Grundlage für diesen Bericht sind die Artikelposten. In den Artikelposten werden alle Informationen zu den Bewegungen der Artikel gespeichert. Zusätzlich wird noch die Tabelle Artikel benötigt, da hier weitere Informationen der Artikel, wie der aktuelle Lagerbestand als FlowField, verfügbar sind.

Gestartet wird mit einer leeren Excel-Tabelle in die über den Jet Browser aus der Tabelle Artikel die Felder „Nr.", „Beschreibung" und „Lagerbestand" mit der Rückgabeoption <Aufzeichnungen> in die Zellen C5 bis F5 eingefügt werden.

Da Ladenhüter nur die Artikel sein können deren Lagerbestand größer null ist, ist anschließend die entstandene NL-Funktion in der Zelle C5 um einen Filter auf den „Lagerbestand" mit dem Wert „>0" zu erweitern. Damit steht folgende Formel in der Zelle C5:

```
=NL("Zeilen";"Artikel";;
    "Lagerbestand";">0")
```

Jetzt muss festgestellt werden, wann ein Artikel zum letzen Mal bebucht wurde. Dazu ist aus der Tabelle Artikelposten das Feld „Buchungsdatum" mit einer NL-Funktion mit dem „Was"-Parameter <Last> manuell in die Zelle G5 einzufügen. Anschließend ist das Feld als Datum zu formatieren.

```
=NL("Last";"Artikelposten";"Buchungsdatum")
```

Damit der Wert des Bestandes der Artikel bestimmt werden kann, wird das Feld „Einstandsbetrag (tatsächl.)" aus der Tabelle Artikelposten in die Zelle H5 eingefügt. Als „Was"-Option ist dabei ist <Summe> zu wählen.

Die Verknüpfung zwischen den Artikelposten und den dazugehörenden Artikeln erfolgt über das Feld „Artikelnr." der Artikelposten. Um diese Verknüpfung sind die NL-Funktionen in den Zellen G5 (Buchungsdatum) und H5 (Summe) mit dem Zellbezug „$D5" zu erweitern:

```
G5 =NL("Last";"Artikelposten";"Buchungsdatum";
       "Artikelnr.";$D5)

H5 =NL("Summe";"Artikelposten";"Einstandsbetrag
         (tatsächl.)";
       "Artikelnr.";$D5)
```

Als nächstes erfolgt die Abgrenzung der Artikelposten auf einen Stichtag (der dann im Bericht nicht geändert werden kann). Dazu wird der Text „Stichtag“ in die Zelle E2 geschrieben. Die Zelle F2, in der das Datum eingetragen werden soll, ist als Datum zu formatieren und das gewünschte Datum einzutragen (z. B. 02.06.2010).

Um nun nur die Artikel anzuzeigen, die nach dem eingetragenen Stichtag nicht mehr bewegt wurden, werden die Excel-Funktion „WENN()“ und die Jet Reports Schlüsselwörter „Anzeigen“ und „Ausblenden“ genutzt. Dabei sollen die Zeilen angezeigt werden, bei denen das letzte Buchungsdatum kleiner als der Stichtag ist, ansonsten soll er ausgeblendet werden. In die Zelle B5 ist demnach folgende Formel einzutragen:

```
=WENN($G5<$F$2;"Anzeigen";"Ausblenden")
```

Damit das Ergebnis dieser Formel von Jet Reports ausgewertet werden kann, muss zusätzlich in der Zelle B1 der Befehl „Ausblenden+?“ eingetragen werden.

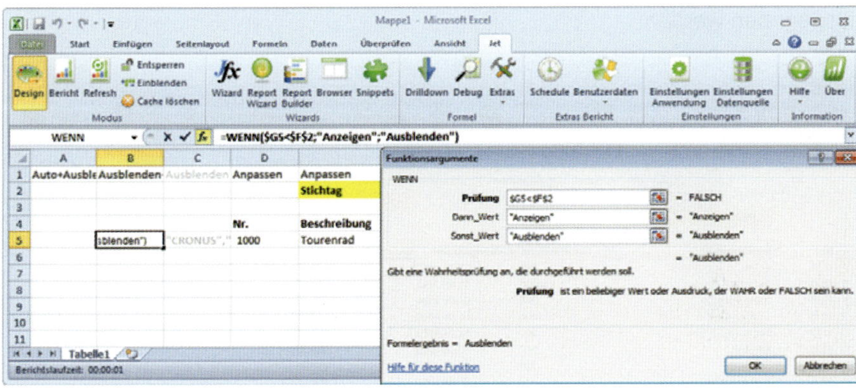

Als Summe soll die Summe des Warenwertes der Artikel ausgegeben werden. Dabei kann die Summe nicht wie bisher als Summe unterhalb der Spalte „Einstandsbetrag (tatsächl.)“ gebildet werden, da die Summenfunktion von Excel auch die ausgeblendeten Zeilen mit aufaddieren würde. Aus diesem Grund ist mit einer Hilfsspalte zu arbeiten.

Dazu wird die Formel aus der Zelle B5 nach J5 kopiert und dann mit dem Excel Funktionsassistenten geöffnet. Der Parameter in dem „Dann“-Wert wird durch die Zelle H5 ersetzt und der Parameter im „Sonst“-Argument durch 0 (Null). Das heißt, wenn das Buchungsdatum kleiner als der eingegebene Stichtag ist, dann wird der Wert aus der Zelle H5 nach J5 kopiert, sonst wird in die Zelle J5 eine 0 (Null) geschrieben. Damit erhalten alle ausgeblendeten Zellen den Wert Null.

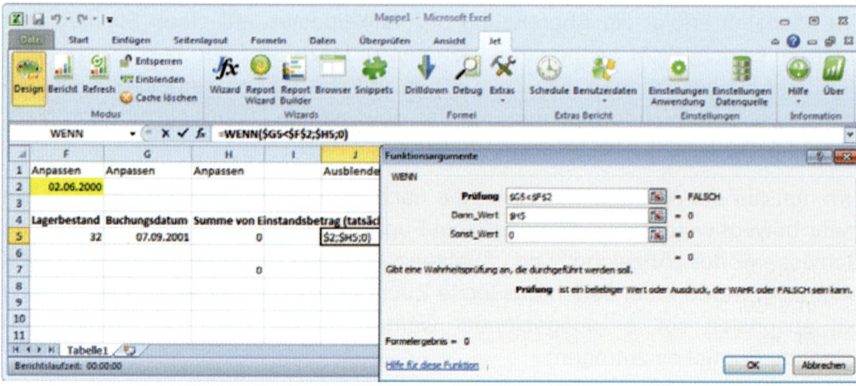

Zur Summenbildung wird in die Zelle H7 die Formel `=Summe(J5:J6)` eingefügt. Die Summe für die Spalte H wird aus der Hilfsspalte J gebildet. Die Spalte J wird für den Bericht ausgeblendet. Das erfolgt wieder über den Befehl `Ausblenden` in der Zelle J1. Nach der Formatierung sollte der Bericht wie folgt ausgegeben werden:

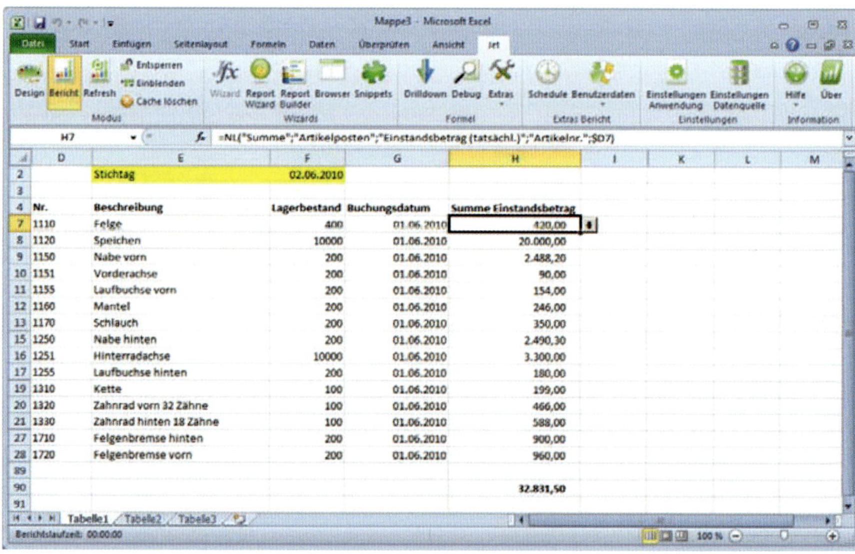

Alternativ kann auf die Hilfsspalte verzichtet werden, wenn zur Summenbildung die Excel-Funktion Teilergebnis mit dem Wert 109 als Parameter genutzt wird. Die Funktion in Zelle H7 muss dann wie folgt lauten:

```
=Teilergebnis(109;H5:H6)
```

Der Wert 109 besagt, dass nur eingeblendete Werte in der Summe berücksichtigt werden.

5.1.14 Offene Posten Debitoren - Abgleich Saldo und Betrag

Für die Verwaltung der offenen Posten ist es wichtig, einen Abgleich von Rechnungen mit den Zahlungen und Gutschriften jeweils pro Kunden bzw. Lieferanten vorzunehmen. Hierbei kann geprüft werden, ob die Zuordnung innerhalb der offenen Postenstruktur richtig erfolgte.

Der Saldo der offenen Posten pro Kunde wird in Dynamics NAV auf der Debitorenkarte im Feld „Saldo (MW)" angezeigt. Dieser Saldo entspricht der Summe der noch offenen Beträge. Ist ein Forderungsposten ausgeglichen, wird dieser als „Geschlossen" gekennzeichnet.

Dieser Bericht vergleicht von den offenen Posten die Spalten „Betrag (MW)" und „Restbetrag". Treten Differenzen auf, sind Teilausgliche erfolgt.

Gestartet wird mit einer leeren Excel-Tabelle in die über den Jet Browser aus der Tabelle Debitor die Felder „Nr.", „Name", „Länder-/Regionscode" und „Saldo (MW)" mit der Rückgabeoption <Aufzeichnungen> in die Zellen C6 bis G6 eingefügt werden.

Um nun nur die Debitoren in der Liste angezeigt zu bekommen die offene Posten haben, ist ein Filter auf die Debitoren zu setzen. Dazu ist die Formel in der Zelle C6 um die Argumente „FilterFeld1", mit dem Feld „Saldo (MW)", und „Filter1", mit dem Wert „<>0", zu erweitern.

```
=NL("Zeilen";"Debitor";;
    "Saldo (MW)";"<>0")
```

Später soll der Bericht mit einer Filterauswahl über ein Optionsfeld für die Anzeige der Debitorenposten versehen sein, um Eingabefehler durch die Anwender zu verhindern. Dafür kann die Gültigkeitsprüfung, die in Excel integriert ist, genutzt werden. In die Zelle E3 ist zuerst der Feldname für das spätere Filterfeld einzutragen, hier „Zeige nur offene Posten". Die Ausrichtung ist auf rechtsbündig zu stellen.

Nun ist in der Zelle F3 das Auswahlmenü zu erstellen. Der Menüpunkt *Daten / Datentools / Datenüberprüfung* ist aufzurufen. Im Register Einstellungen ist im Feld „Zulassen" die Option <Liste> zu wählen. Im Feld „Quelle" sind die für den Nutzer verfügbaren Auswahlwerte durch Semikolon getrennt einzugeben, in diesem Beispiel „Ja;*". Mit der Bestätigung über die Schaltfläche [OK] wird das Auswahlmenü in der Zelle F3 erstellt.

Als Ergebnis können jetzt in die Zelle F3 nur noch die Werte <Ja> oder <*> eingegeben werden. Werden andere Werte manuell eingegeben, erfolgt eine Fehlermeldung.

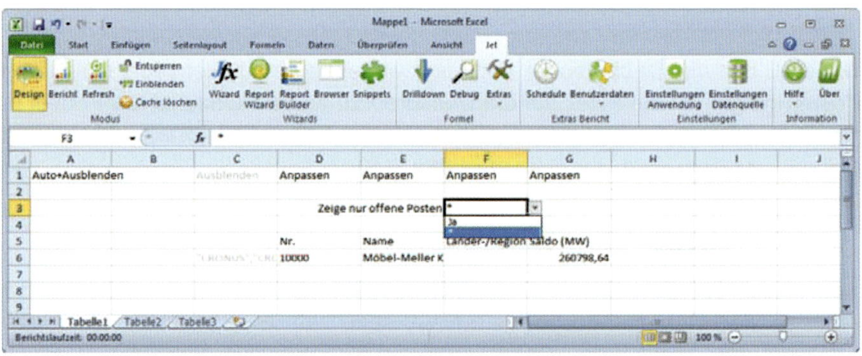

Dem angezeigten Wert „Saldo (MW)" in Zelle G6 soll nun der Betrag aus den Debitorenposten gegenübergestellt werden. Dazu wird in die Zelle H6 über den Jet Browser aus der Tabelle Debitorenposten das Feld „Betrag(MW)" eingefügt. Als Linkoption ist <Summe> zu wählen, da nur ein summierter Wert pro Debitor ausgegeben werden soll. Somit ergibt sich folgende Formel:

```
=NL("Summe";"Debitorenposten";"Betrag (MW)")
```

Im Ergebnis dessen wird in der Zelle H6 der summierte Wert aller Debitorenposten ohne jegliche Filter angezeigt.

Da für die Analyse jedoch die Werte pro Debitor ausgegeben und wahlweise nur die offenen Posten angezeigt werden sollen, ist die NL-Funktion in der Zelle H6 zu verändern.

Im ersten FilterFeld-Paar wird die Verknüpfung zur richtigen Debitornummer über die Werte „FilterFeld1“ = „Debitorennr.“ und „Filter1“ = „$D6“ hergestellt. Im zweiten FilterFeld-Paar wird die Filterung auf die offenen Posten, mit „FilterFeld2“ = „Offen“ und „Filter2“ = „$F$3“, hinterlegt.

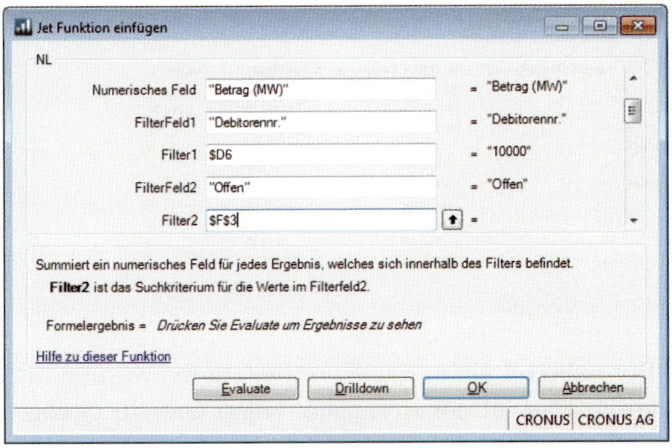

Nach der Bestätigung mit OK wird nun für jeden Debitor der „Saldo (MW)“ aus der Debitortabelle und der „Betrag (MW)“ aus der Tabelle Debitorenposten angezeigt.

Um Abweichungen zwischen diesen beiden Spalten leicht feststellen zu können, ist in die Zelle I6 eine einfache Excel-Formel einzufügen, die die Differenz ausgibt. Die Formel lautet:

```
=$G6-$H6
```

Zusätzlich können in den Bericht noch Summen unter den Spalten G, H und I eingefügt werden. Dabei ist darauf zu achten, dass die Summenformeln die Leerzeile mit einzuschließen, damit die Summen nach dem Erstellen der Zeilen korrekt berechnet werden.

Wird der Bericht nun gestartet, können im laufenden Berichts-Modus über die Auswahl in der Zelle F3 die auszugebenden Werte entsprechend beeinflusst werden.

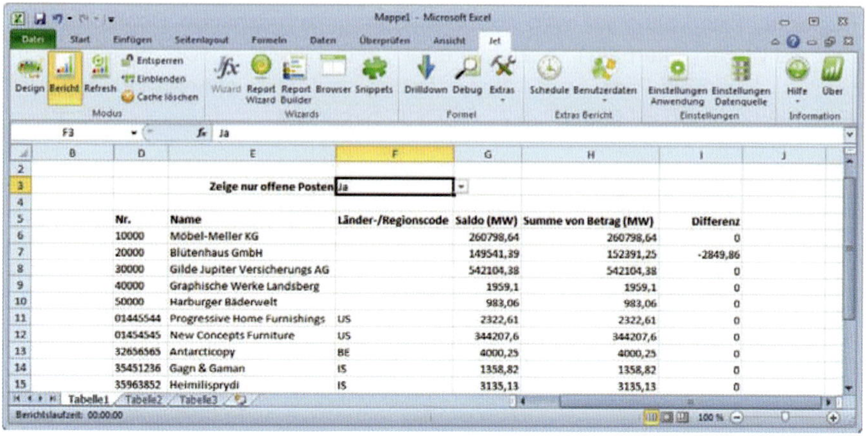

Abschließend können noch Formatierungen in Excel vorgenommen werden, um den Bericht optisch aufzuwerten. Hier ist der Kreativität keine Grenze gesetzt, für das Beispiel sollen zwei einfache Formatierungen reichen:

Die Spalten „Saldo (MW)" und „Betrag (MW)" sollen wie Beträge formatiert werden. Außerdem können die Zellen der Spalte I, wenn Differenzen auftreten, fett dargestellt und grau hinterlegt werden. Das ist mit einer bedingten Formatierung zu realisieren.

Um das zu realisieren, ist in den Design-Modus des Berichtes zurück zu wechseln.

Für die Formatierung der Beträge sind die Zellen G6 bis I8 zu markieren. Über das Menü Start im Bereich Zahl kann jetzt die entsprechende Formatierung der Zahlen mit 1000er Trennzeichen und Dezimalstellen vorgenommen werden.

Für die Umsetzung der Bedingten Formatierung der Spalte I ist die Zelle I6 zu markieren und über die Menüleiste der Punkt *Start / Formatvorlagen / Bedingte Formatierung / Neue Regel…* aufzurufen. Als Regeltyp ist die Option <Nur Zellen formatieren, die enthalten> auszuwählen. Im Bereich der Regelbeschreibung ist die Bedingung „<Zellwert> <ungleich> 0" festzulegen. Anschließend ist der Button Format… anzuklicken, um die Formatierung für die Bedingung zu definieren.

In dem nun offenen Fenster „Zellen formatieren" ist im Register Schrift im Feld „Schriftschnitt:" <Fett> und im Register Ausfüllen im Bereich Hintergrundfarbe eine Farbe auszuwählen und mit OK das Fenster zu verlassen.

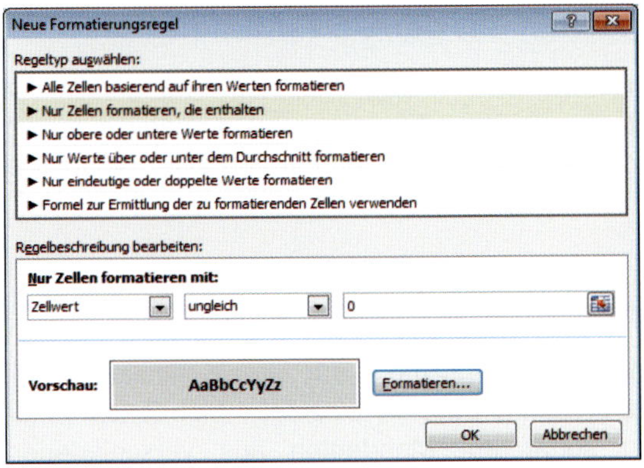

Die bedingte Formatierung ist nun hinterlegt. Mit OK wird sie für die Zelle I6 aktiv.

Im Ergebnis sieht der Bericht wie folgt aus:

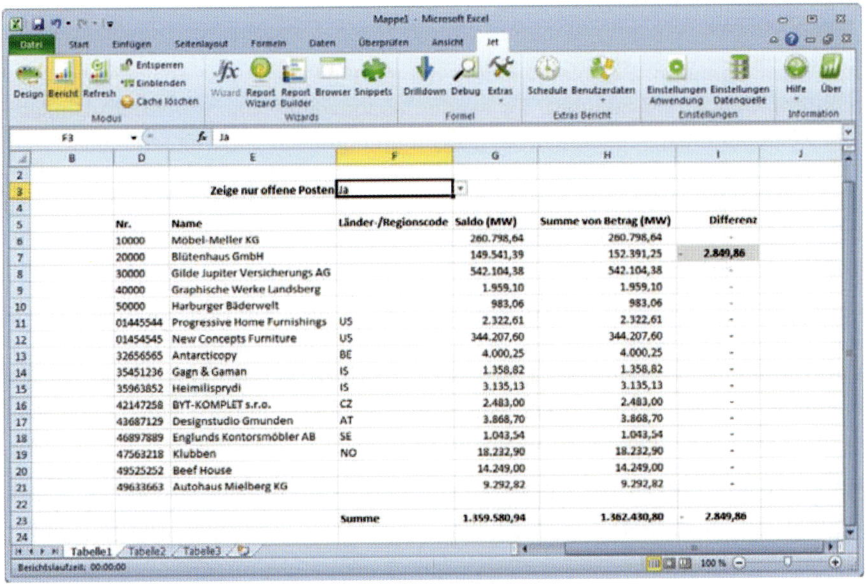

Zeige nur offene Posten: Ja

Nr.	Name	Länder-/Regionscode	Saldo (MW)	Summe von Betrag (MW)	Differenz
10000	Möbel-Meller KG		260.798,64	260.798,64	-
20000	Blütenhaus GmbH		149.541,39	152.391,25	- 2.849,86
30000	Gilde Jupiter Versicherungs AG		542.104,38	542.104,38	-
40000	Graphische Werke Landsberg		1.959,10	1.959,10	-
50000	Harburger Bäderwelt		983,06	983,06	-
01445544	Progressive Home Furnishings	US	2.322,61	2.322,61	-
01454545	New Concepts Furniture	US	344.207,60	344.207,60	-
32656565	Antarcticopy	BE	4.000,25	4.000,25	-
35451236	Gagn & Gaman	IS	1.358,82	1.358,82	-
35963852	Heimilisprydi	IS	3.135,13	3.135,13	-
42147258	BYT-KOMPLET s.r.o.	CZ	2.483,00	2.483,00	-
43687129	Designstudio Gmunden	AT	3.868,70	3.868,70	-
46897889	Englunds Kontorsmöbler AB	SE	1.043,54	1.043,54	-
47563218	Klubben	NO	18.232,90	18.232,90	-
49525252	Beef House		14.249,00	14.249,00	-
49633663	Autohaus Mielberg KG		9.292,82	9.292,82	-
		Summe	1.359.580,94	1.362.430,80	- 2.849,86

5.2 Berichte erstellen mit der GL-Funktion

Die GL-Funktion von Jet Reports und darauf ausgelegt, Auswertungen in der Finanzbuchhaltung mit nur ganz wenigen Eingaben zu ermöglichen. Im Folgenden wird der Umgang mit dieser Funktion anhand von zwei Beispielen erläutert.

5.2.1 Darstellung von Umsatz und Kosten mit einer Grafik mandantenübergreifend

Auswertungen über mehrere Mandanten sind meist nur über Konsolidierungsmodule möglich. Da Jet Reports zum einen auf die einzelnen Mandanten einer Datenbank und zum anderen sogar auf Mandanten aus verschiedenen Datenbanken zugreifen kann, können solche Auswertungen direkt mit Jet Reports generiert werden.

Es ist dabei egal, ob Zahlen mehrerer Mandanten miteinander verglichen, oder nach Niederlassungen und/oder Betriebsstätten ausgewertet werden sollen. Die Herangehensweise ist dabei gleich, nur die Parameter und Definitionen sind unterschiedlich.

Am nachfolgenden Beispiel werden die Schritte für eine Auswertung über mehrere Mandanten erläutert. Es werden ausgewählte Sachkonten im Umsatz- und Kostenbereich miteinander verglichen und grafisch gegenübergestellt. Da in der Cronus-Demo-Datenbank nur ein Mandant vorhanden ist, haben wir eine Demo-Datenbank mit drei Mandanten erstellt. Diese Datenbank kann bei uns per E-Mail über das Kontaktformular im Internet (www.kindermann-tcv.de) angefordert werden.

Gestartet wird mit einer leeren Excel-Tabelle in die über den Jet Browser aus der Tabelle Sachkonto die Felder „Nr.“ und „Name“ mit der Rückgabeoption <Aufzeichnungen> und der Linkoption <Zeilen> in die Zellen C8 bis E8 eingefügt werden. Anschließend ist die Spaltenüberschrift in Zelle D7 von „Nr.“ in „Sachkonto Nr.“ wegen der besseren Lesbarkeit zu ändern.

Da in diesem Bericht die Umsatzkonten den Kostenkonten gegenübergestellt werden sollen, werden nur bestimmte Sachkonten betrachtet. Die entsprechenden Kontonummern sind in Zelle C11 für die Warenverkaufskonten (8120|8315|8400) und in Zelle C12 für die Wareneinkaufskonten (3425|3559|3400) einzufügen. Die Auflistung der Kontonummern muss dabei der Filtersyntax aus Dynamics NAV entsprechen.

Für die Summenbildung kann das entsprechende Summenkonto aus den Sachkonten genutzt werden. Dadurch ist in die Zelle C13 ist der Wert 8550 für die Summe der Umsatzerlöse und in die Zelle C14 der Wert 3598 für die Kostenkonto-Summe einzugeben.

Hinweis: Zu beachten ist hierbei, dass alle auszuwertenden Mandanten mit dem gleichen Kontenplan arbeiten.

Nun müssen die in den Zellen C11 bis C14 angeführten Sachkonten in einer Zelle zusammengeführt und mit einem Trennzeichen versehen werden. Wie auch schon oben verwendet, wird in Dynamics NAV das Zeichen „|“ (Pipe, senkrechter Strich **AltGr** + **<**) verwendet, um mehrere Filterwerte gleichzeitig auszuwählen.

In der Zelle C4 wird dieses Trennzeichen jetzt einzeln eingefügt. Um nun die ausgewählten Sachkonten mit dem Trennzeichen in einer Zelle darzustellen, wird eine NP-Funktion der Art <Join> verwendet. In die Zelle E4 wird die Formel: `=NP("Join";C11:C14;C4)` eingegeben. Als Erläuterung wird die Beschreibung „Sachkonto Auswahl:“ in Zelle E3 geschrieben. Als Letztes wird dieser Sachkonto Filter in der NL-Funktion der Zelle C8 berücksichtigt.

Da die Excel Spalte C im Bericht-Modus ausgeblendet wird, ist nur die Sachkonto Auswahl in Zelle E4 sichtbar.

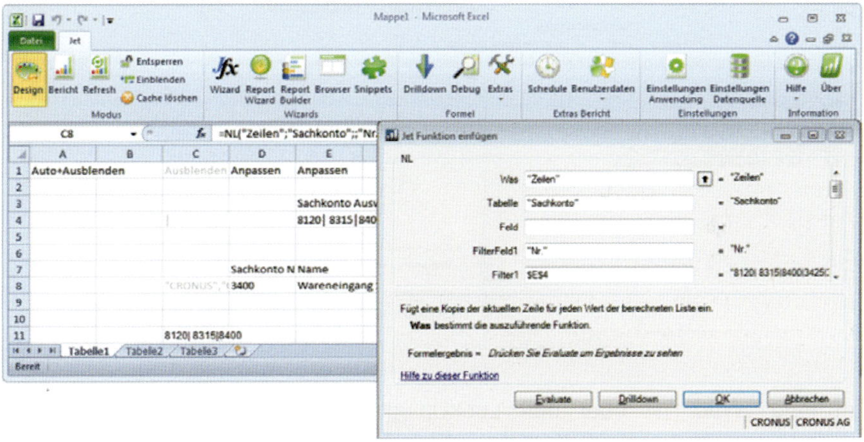

Als nächsten Schritt sollen die Salden der ausgewählten Konten aus mehreren Mandanten dargestellt werden. Zu diesem Zweck wird im Browser die Tabelle Mandant und dort das Feld „Name“ aktiviert. Neben dem Feldnamen können über den DrillDown die Inhalte angezeigt werden. Die hier aufgeführten drei Mandantennamen werden in die Zellen F6 bis H6 (mit Copy + Paste) eingefügt: CRONUS AG, CRONUS Tochter 1 und CRONUS Tochter 2.

Alternativ kann mit dem Browser das Feld „Name“ aus der Dynamics NAV-Tabelle Mandant mit der Rückgabeoption <Werte> und der Linkoption <Spalten> in die Zelle F6 eingefügt werden. Beim Starten des Berichtes wird dann für jeden Mandanten in der Datenbank automatisch eine neue Spalte als Kopie der Spalte F mit den entsprechenden Funktionen erzeugt.

```
F6 =NL("Spalten";"Mandant";"Name")
```

In diesen 3 neuen Spalten sollen nun die Salden aus den Mandanten für die Sachkonten ausgegeben werden. Dazu ist in der Zelle F8 der Jet Funktions-assistent über *Jet / Wizards / Wizard* oder Alt + J + X zu starten. In die Zelle soll eine GL-Funktion eingefügt werden. Diese Option ist aus der Liste auszuwählen und mit OK zu bestätigen. Der eigentliche Assistent wird gestartet.

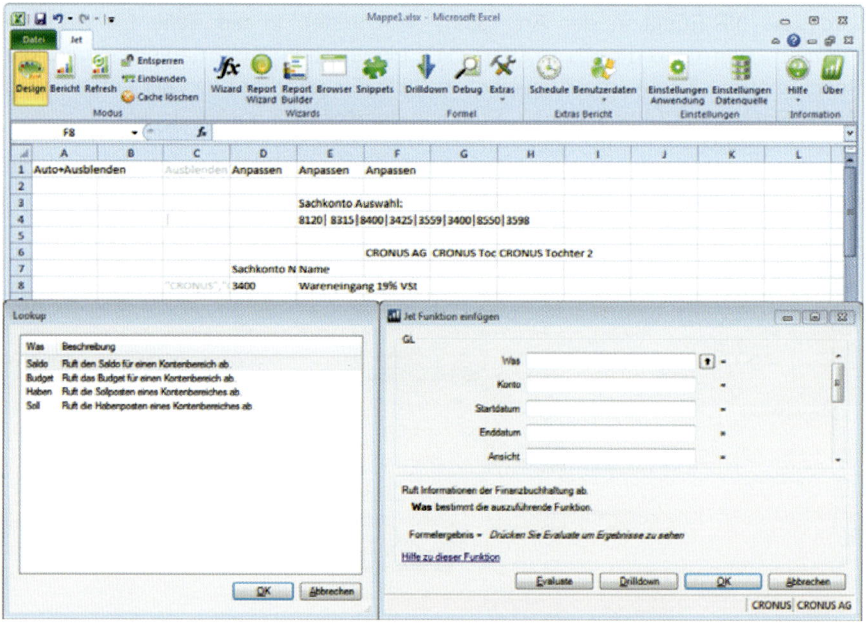

Im Feld „Was“ ist über den LookUp die Option <Saldo> mit OK zu übernehmen. In das Feld „Konto“ wird der Zellbezug zur Zelle D8 eingetragen. Das Feld „Mandant“ ist mit dem Filterwert aus Zelle F6 zu füllen.

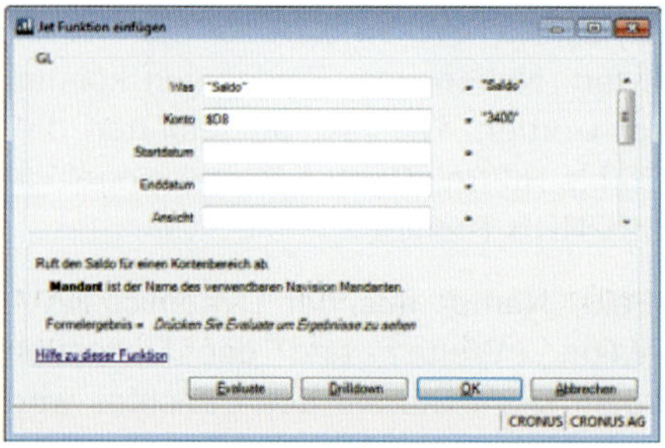

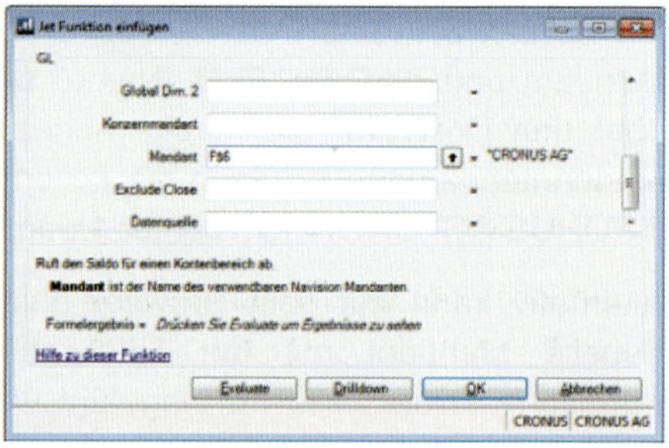

Nach der Bestätigung der Eingaben mit OK wurde in die Zelle F8 folgende Formel eingefügt:

```
=GL("Saldo";$D8;;;;;;;;;;F$6)
```

Im späteren Bericht sollen alle Werte mit positivem Vorzeichen dargestellt werden. Dynamics NAV stellt standardmäßig alle Umsatzkonten mit negativen Werten dar und alle Kostenkonten mit positiven Vorzeichen. Um dies auszugleichen, muss die GL-Funktion in der Zelle F8 angepasst werden. Dazu kann die WENN-Funktion aus Excel genutzt werden. Die GL-Formel ist wie folgt umzuschreiben:

```
=WENN(GL("Saldo";$D8;;;;;;;;;;F$6)<0;
     (GL("Saldo";$D8;;;;;;;;;;F$6)*-1);
      GL("Saldo";$D8;;;;;;;;;;F$6))
```

Danach wird die oben beschriebene Formel aus der Zelle F8 in die Zellen G8 und H8 kopiert, wenn die Mandantennamen als Text eingefügt wurden. Die „$“ Zeichen in der Formel stellen dabei sicher, dass der korrekte Zellenbezug sowohl für die Sachkonten als auch für die Mandanten bestehen bleibt.

Wird der Bericht nun gestartet, sieht das Ergebnis in Excel wie folgt aus:

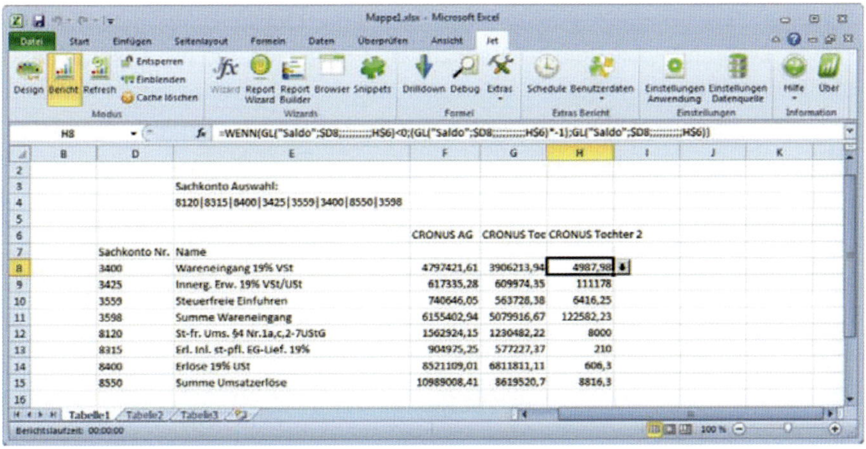

Im zweiten Teil dieses Beispiels soll jetzt eine Grafik erstellt werden, die pro Sachkonto die einzelnen Werte der Mandanten wiedergibt. Dazu ist wieder in den Design-Modus des Berichtes zu wechseln.

In die Zelle A9 ist das Schlüsselwort „Ausblenden“ einzugeben, da diese Zeile als Pufferzeile für die Diagrammerstellung dient und nicht mit angezeigt werden soll.

Dann wird der Zellbereich E8 bis H9 markiert und in der Excel Multifunktionsleiste der Punkt *Einfügen / Diagramm…* ausgewählt. In diesem Bereich ist die Art des zu erstellenden Diagramms zu wählen. Für das Beispiel wird ein Liniendiagramm verwendet.

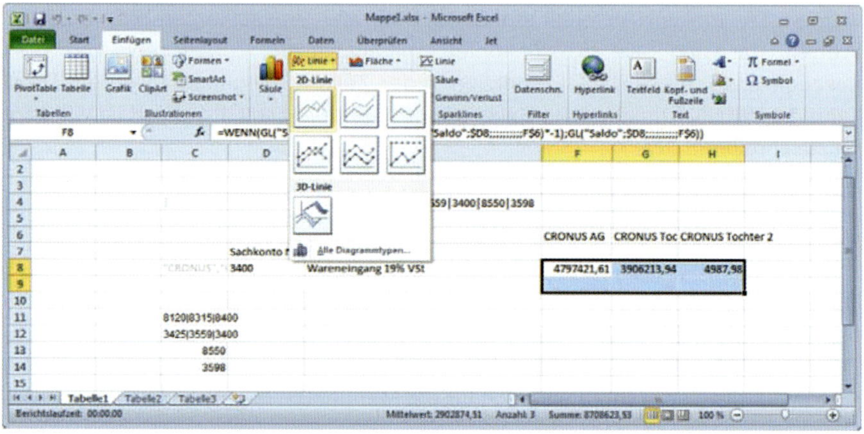

Nach der Auswahl des Diagrammtyps wird das Diagramm in das Tabellenblatt eingefügt. Des Weiteren generiert sich eine neue Multifunktionsleiste mit dem Namen Diagrammtools, die alle speziellen Funktionen für die Diagrammbearbeitung enthält.

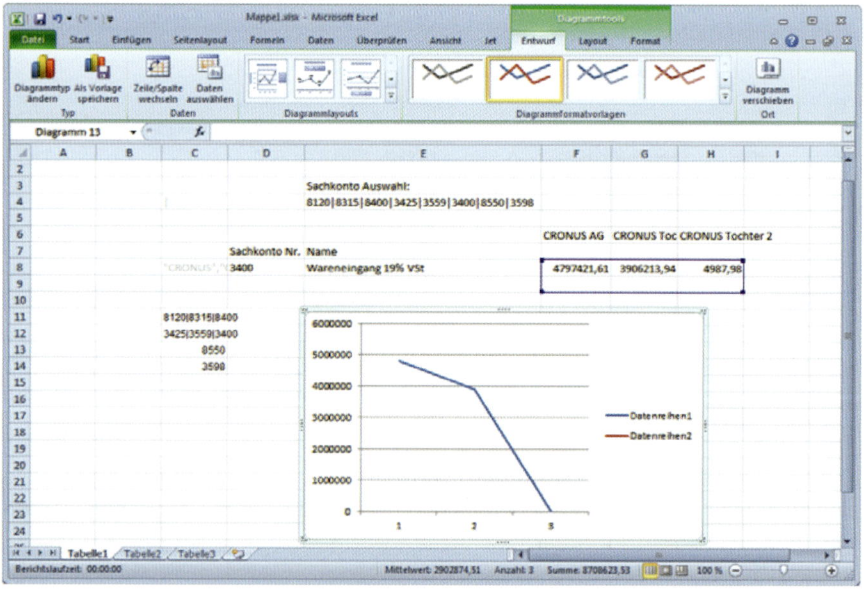

Im Tabellenblatt kann jetzt das eingefügte Diagramm ausgewählt und weiter bearbeitet werden.

Damit die einzelnen Werte als Linien im Diagramm und nicht auf der Y-Achse dargestellt werden, müssen die Zeilen und Spalten vertauscht werden. Das kann über die Schaltfläche *Diagrammtools / Entwurf / Daten / Zeile/Spalte wechseln* erfolgen.

Im nächsten Schritt sind die Rubrikenachse und die Legendeneinträge zu bearbeiten. Über *Diagrammtools / Entwurf / Daten / Daten auswählen* öffnet sich das Fenster Datenquelle auswählen, in dem der zuvor ausgewählte Bereich des Tabellenblattes bereits als Diagrammdatenbereich festgelegt wurde.

Die Anpassung der horizontalen Achsenbeschriftung (Rubrik) erfolgt auf der rechten Seite über den Button Bearbeiten.

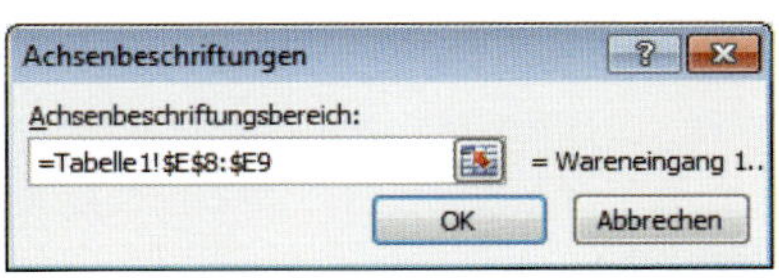

Der Datenbereich ist in diesem Formular wie folgt festzulegen:

```
=Tabelle1!$E$8:$E9
```

Nach der Bestätigung der Eingabe durch die Schaltfläche OK erscheint die Beschriftung im Diagramm auf dem Excel Arbeitsblatt.

Ist es notwendig die Legendeneinträge (Reihen) zu bearbeiten, erfolgt dies für jeden einzelnen Eintrag auf der linken Seite ebenfalls über die Schaltfläche Bearbeiten der linken Seite des Formulars.

Da hier die Beschriftung der Legendeneinträge (Reihen) den Zelleinträgen entsprechen soll, sind die entsprechenden Zellen auszuwählen.

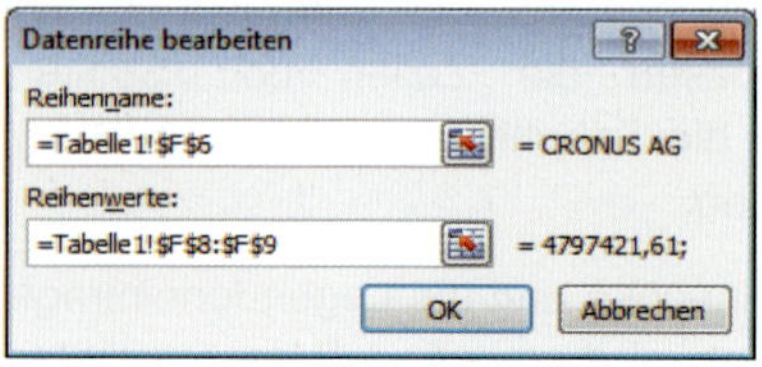

Die Änderungen sind mit OK zu bestätigen. Das Formular zur Bearbeitung der Daten ist anschließend ebenfalls mit OK zu schließen.

Wird der Bericht nun gestartet, wird das Ergebnis wie folgt angezeigt:

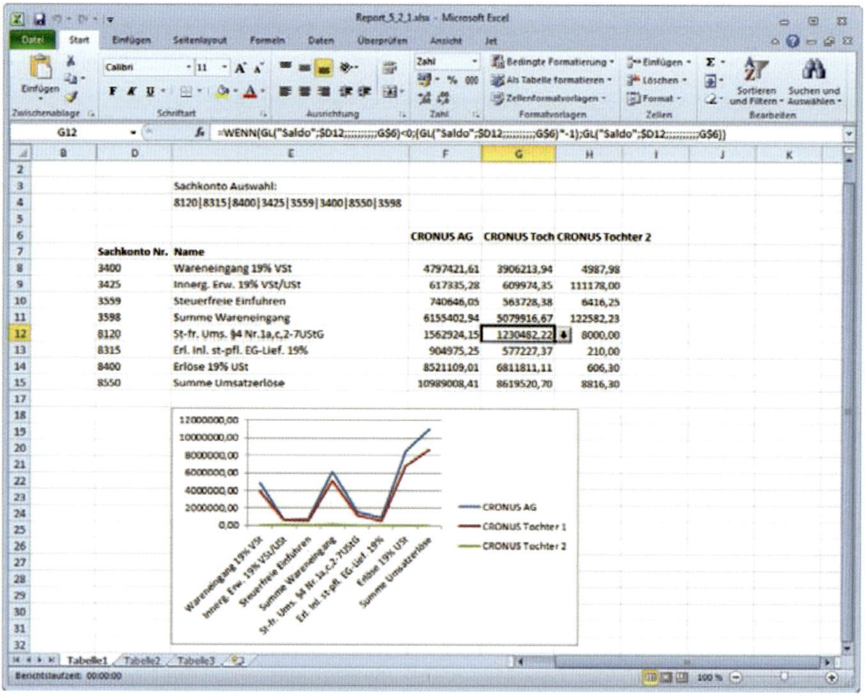

5.2.2 Ausgabe der Sach- und Budgetposten nach Kostenstelle, Kostenträger saldiert pro Monat

In Jet Reports kann durch die Nutzung von Dynamics NAV-Systemtabellen die Flexibilität der Erstellung von Berichten um ein Vielfaches erweitert werden. So ermöglicht es die Systemtabelle Datum Zeitintervalle automatisch zu saldieren. Die Länge der Zeitintervalle wird dabei durch die Auswahl des Periodentyps frei definiert.

Das nachfolgende Beispiel beschreibt den Umgang mit dieser Systemtabelle zur Erzeugung der monatlichen Periodensalden. Dieser Bericht setzt auf den bisher dargestellten Funktionalitäten auf. Die Standardfunktionalitäten der NL-, NF- und NP-Funktionen werden deshalb hier nicht näher erläutert.

Ziel ist es, eine Matrix zu erstellen, die aus automatisch gebildeten Spalten (für die Kostenstellen und Kostenträger) und Zeilen (für die Monate) mit Hilfe der GL-Funktion Summen von Sach- und Budgetposten bildet. Dabei werden alle im System angelegten Kostenstellen aber nur die im Zeitraum bebuchten Kostenträger berücksichtigt.

Der Bericht soll weiterhin einen Bereich für die Filtereingaben, einen Bereich zur automatischen Zeilenbildung, in denen die Monate dargestellt werden und einen Bereich für die automatische Spaltenbildung, getrennt nach Kostenstelle und Kostenträger, verwenden.

Zur besseren Nachvollziehbarkeit wird in der folgenden Grafik dargestellt, wie die einzelnen Bereiche in dem Excel-Bericht angeordnet werden und welche Bereiche von welchen abhängig sind.

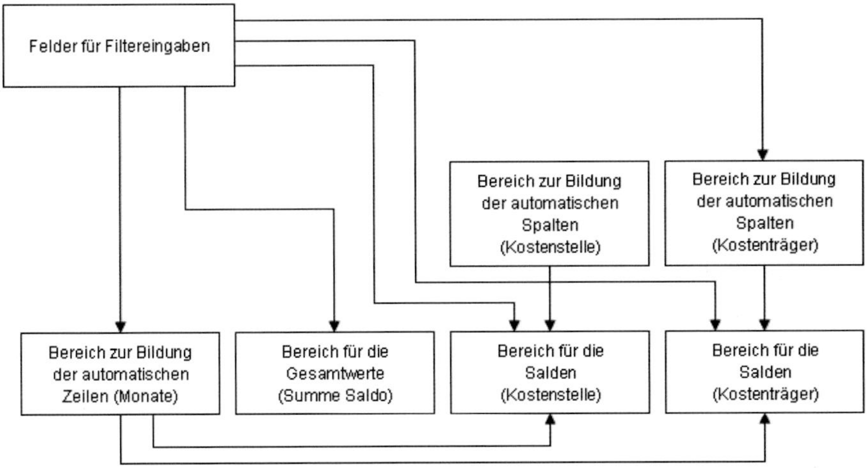

Gestartet wird mit einer leeren Excel-Tabelle. Die Filterangaben sollen im Bereich G4 bis H6 eingegeben werden können. Dazu werden in der Spalte G dieses Bereiches die Überschriften erfasst: Zelle G4 - Startdatum, Zelle G5 - Enddatum und Zelle G6 - Konto eingetragen.

Für die möglichen Datumseingaben sollen Gültigkeitswerte definiert werden. Dazu werden die Zellen H4 und H5 markiert. Über *Daten / Datentools / Datenüberprüfung / Datenüberprüfung…* ist die Einrichtung für die Gültigkeitsprüfung zu öffnen. Im Register Einstellungen ist im Feld „Zulassen" die Option <Datum> auszuwählen. In den Feldern „Anfangsdatum" und „Enddatum" werden die möglichen Datumseingaben für den Benutzer des Berichtes definiert. In diesem Beispiel wird als Anfangsdatum der 01.01.2010 und als Enddatum der 31.12.2010 eingetragen. Die Angaben sind mit OK zu speichern.

Aus den beiden Eingaben in den Zellen H4 und H5 soll nun in der Zelle D4 mit der NP-Funktion ein Datumsfilter gebildet werden. Diese wird später noch weiter verwendet.

```
=NP("Datumsfilter";$H$4;$H$5)
```

Um zu verhindern, dass in die Zelle H6 ungültige Werte für die Sachkontennummern eingetragen werden, wird hierfür ebenfalls eine Gültigkeitsprüfung über *Daten / Datentools / Datenüberprüfung / Datenüberprüfung…* definiert. Dabei wird die Eingabe auf <Ganze Zahl> festgelegt, mit dem Minimum: 1000 und dem Maximum: 9999.

Als Beispiel sollen die Werte für das Sachkonto 4540 im Jahr 2010 ermittelt werden.

In die Zelle I6 soll der Name des Sachkontos aus der Zelle H6 angezeigt werden. Dazu wird eine NL-Funktion entsprechend erzeugt. Im Beispiel lautet die Sachkontobeschreibung: Kfz-Reparaturen.

Als nächstes sollen automatisch die Perioden gebildet werden. Hierzu ist im Jet Browser die Tabelle Datum zu öffnen und das Feld „Periodenanfang“ mit dem Rückgabewert <Aufzeichnungen> per Drag & Drop in Zelle B12 zu ziehen. Das Feld „Periodenende“ wird in die Zelle D12 eingefügt. Beide Zellen (C12 und D12) sind als Datum zu formatieren.

Die NL-Funktion, die dadurch in der Zelle B12 erzeugt wurde, ist mit dem Funktionsassistenten von Jet Reports zu öffnen. Im „FilterFeld1“ ist das Feld Periodenanfang auszuwählen. Um den Bezug zum eingetragenen Start- und Enddatum herzustellen, wird im Feld „Filter1“ die NP-Funktion Datumsfilter aus der Zelle D4 genutzt.

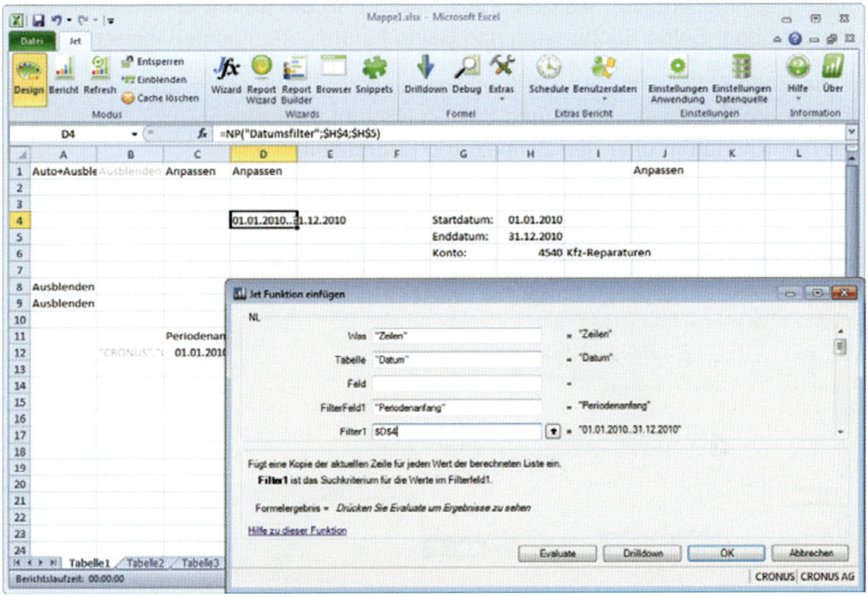

Weiterhin sollen die Salden monatlich ausgegeben werden. Dazu wird im „FilterFeld2“ das Feld „Periodentyp“ ausgewählt und im Feld „Filter2“ ist Monat einzufügen. Die komplette NL-Funktion in Zelle B12 lautet dann:

```
=NL("Zeilen";"Datum";;
    "Periodenanfang";$D$5;
    "Periodentyp";"Monat")
```

Da die Spalten Periodenanfang und Periodenende Hilfsspalten für die Datumsabgrenzung zur Berechnung der Salden sind, wird ihre Ausgabe durch das Ändern des Schlüsselwortes von `Anpassen` auf `Ausblenden` in den Zellen C1 und D1 bei der Berichtsausführung verhindert.

Um den Buchungsmonat in der Form Januar, Februar etc. auszugeben und da die Spalten A bis D bei der Ausführung des Berichtes ausgeblendet werden, ist die (Buchungs-)Periode, die in der Zelle C12 steht, noch einmal durch folgende Formel in die Zelle F12 zu übernehmen: `=C12`

Für die Ausgabe als Monatsname muss die Zelle F12 noch zusätzlich formatiert werden. Dazu ist im Fenster Zellen formatieren ein benutzerdefinierter Eintrag vom Typ „MMMM" zu definieren. Die Spaltenüberschrift Buchungsmonat wird in die Zelle F11 geschrieben. Alternativ kann auch das Feld Periodenname aus der Tabelle Datum genutzt werden.

Jetzt sollen die Salden ohne Bezug auf die einzelnen Dimensionen als Gesamtsumme ermittelt werden. Dazu werden in die Zellen G11 und H11 die Überschriften: Saldo Sachposten und Saldo Finanzbudgetposten eingetragen.

In die Zelle G12 wird eine GL-Funktion eingefügt, die den Saldo des Kontos über einen Zellbezug aus H6 und das Startdatum über einen Zellbezug auf C12 und das Enddatum über den Zellbezug D12 ermittelt.

```
=GL("Saldo";$H$6;$C12;$D12)
```

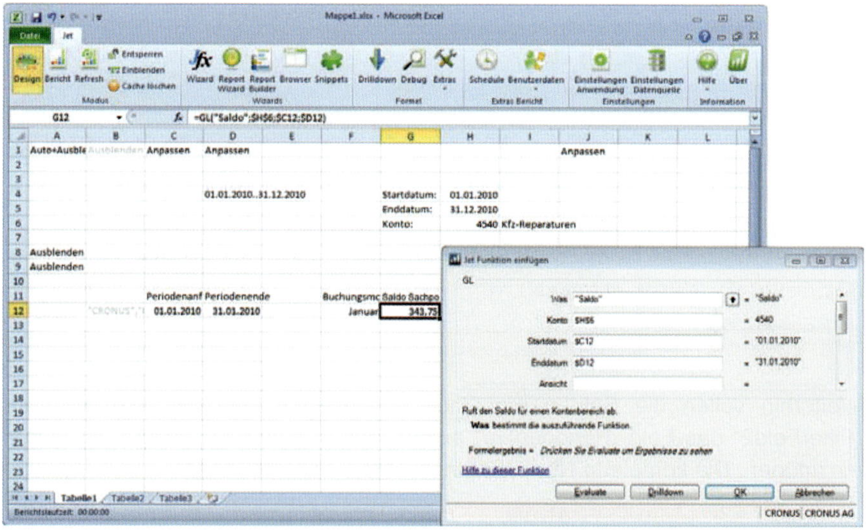

Analog hierzu ist in die Zelle H12 eine GL-Funktion einzufügen, die den Saldo der Finanzbudgetposten ermittelt. Dazu ist im Argument „Was" anstelle von <Saldo> <Budget> auszuwählen.

Als weitere Spalten sollen nun die Salden nach den Kostenstellen und Kostenträgern ausgegeben werden. Zur Erzeugung der Spalten für die Kostenstellen und Kostenträger, wird eine NL-Funktion verwendet, die im Argument „Was“ <Spalten> nutzt.

Bei der Ausgabe der Kostenstellen wird nicht unterschieden, ob diese in dem ausgewählten Zeitraum bebucht wurden oder nicht. Im Gegensatz dazu wird bei der Ausgabe der Kostenträger eine Selektion durch die Eingabe von Filterkriterien auf nur gebuchte Kostenträger vorgenommen. Die Ausgabe der Kostenstellen wird durch folgende NL-Funktion in der Zelle J9 realisiert:

```
=NL("Spalten=3";"Sachposten";
    "Globaler Dimensionscode 1")
```

Um die Spalte für die Buchungen ohne Kostenstelle auch als solche zu beschriften, wird in die Zelle J10 folgende WENN-Funktion eingetragen:

```
=WENN(J9="";"Ohne Kostenstelle";J9)
```

Damit die Ausgabe der Kostenstellen (in den Zeilen) nicht mehrfach erfolgt, ist in den Zellen A8 bis A9 das Schlüsselwort `Ausblenden` einzutragen. Die Überschriften für die Einzelwerte, Saldo Sachposten und Saldo Finanzbudgetposten, sind in die Zellen J11 und K11 einzutragen.

Die Salden pro Dimension werden ebenfalls über eine GL-Funktion ermittelt. Dazu werden die vorhandenen Funktionen aus den Zellen G12 und H12 in die Zellen J12 und K12 kopiert.

Jetzt ist der Bezug zur entsprechenden Kostenstelle (Dimension) herzustellen. Dazu ist die Zelle J12 zu markieren und die GL-Funktion mit dem Jet Funktionsassistenten zu öffnen. Im Argument „Global Dim. 1“ ist ein Zellbezug zur Zelle J9 herzustellen. Um Buchungen ohne Kostenstellen zu berücksichtigen, ist dem Zellbezug J12 die Zeichenfolge „@@“& voranzustellen:

```
=GL("Saldo";$H$6;$C12;$D12;;"@@"&J$9)
```

Die Formel in der Zelle K12 ist ebenfalls anzupassen.

In Anlehnung an die Ausgabe der Kostenstellen wird die Ausgabe der Kostenträger entsprechend angepasst. Dazu ist der Bereich für die Kostenstellen J9 bis K12 nach M9 bis N12 für die Kostenträger zu kopieren und entsprechend zu ändern. Die Abweichungen in der NL-Funktion in Zelle M9 zur Unterdrückung der nicht bebuchten Kostenträger, stellt sich wie folgt dar:

```
=NL("Spalten=3";"Sachposten";
    "Globaler Dimensionscode 2";
    "Sachkontonr.";$H$7;
    "Buchungsdatum";$D$5)
```

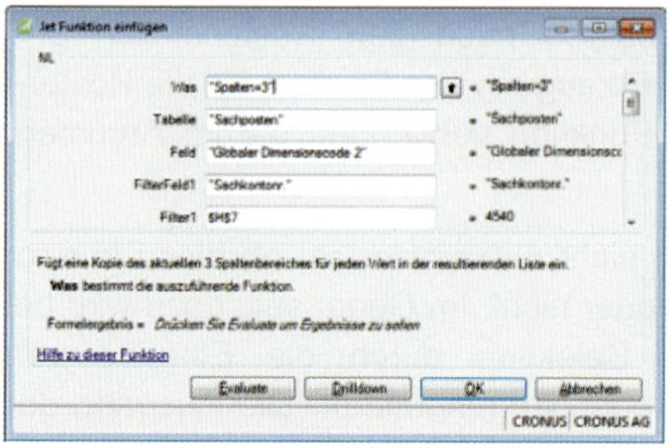

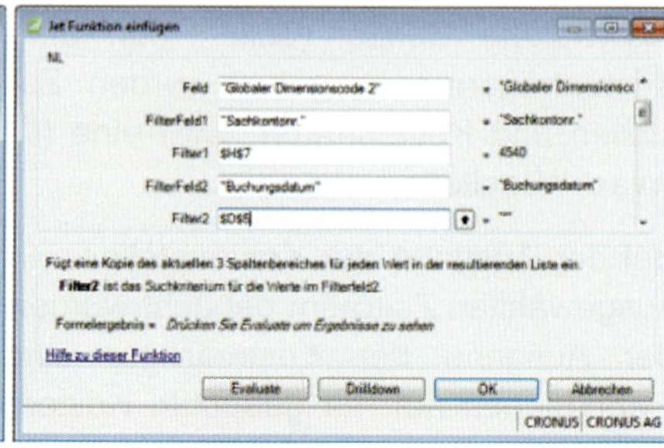

In der WENN-Funktion in der Zelle M10 ist der Text „ohne Kostenstelle" durch „ohne Kostenträger" zu ersetzen.

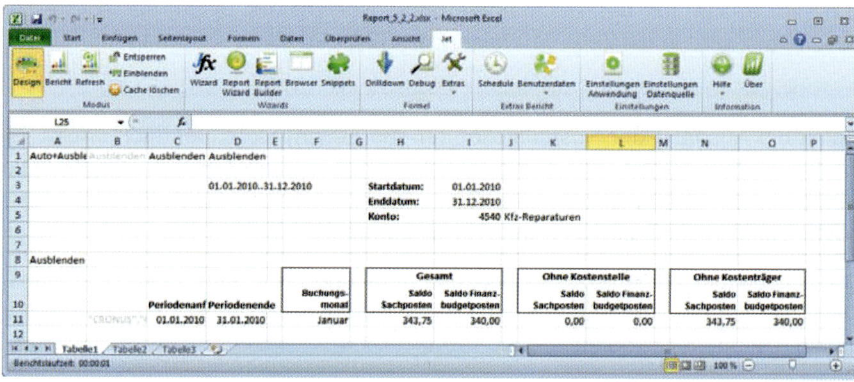

Nach der Formatierung der Zellen und dem Ausführen des Berichtes ist folgendes Ergebnis in Excel sichtbar:

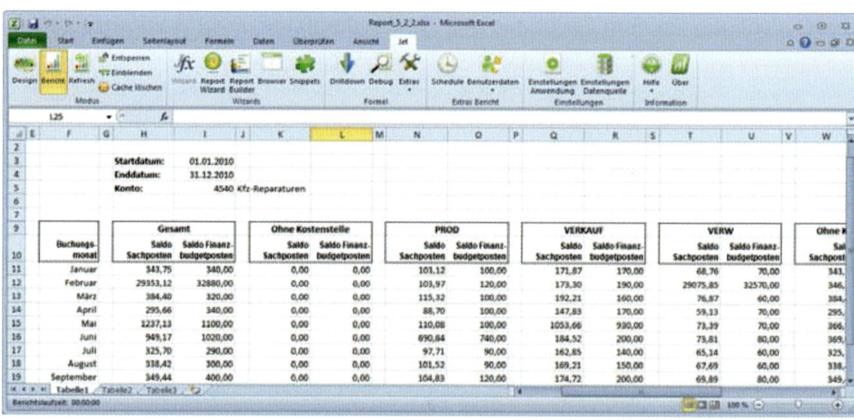

Anhang A Einrichtung von Jet Reports

Zur Einrichtung von Jet Reports gehören zwei Bereiche, die eingerichtet werden müssen. Das sind zum einen die Einstellungen der Anwendung und zum anderen die Einstellung der Datenquellen. Beide werden im Folgenden erläutert.

Einstellungen Anwendung

Für die Nutzung von Jet Reports sind Einstellungen für die Anwendung vorzunehmen. Diese Einstellungen werden im Menü über *Jet / Einstellungen / Einstellungen Anwendung* oder über die Tastenkombination Alt + J + J + S aus einer Exceltabelle heraus aufgerufen.

Einmal vorgenommene Einstellungen lassen sich durch die Schaltfläche Exportieren... exportieren. Durch die Schaltfläche Importieren... können bereits gespeicherte Einstellungen, beispielsweise nach einer Neuinstallation, wieder übernommen werden.

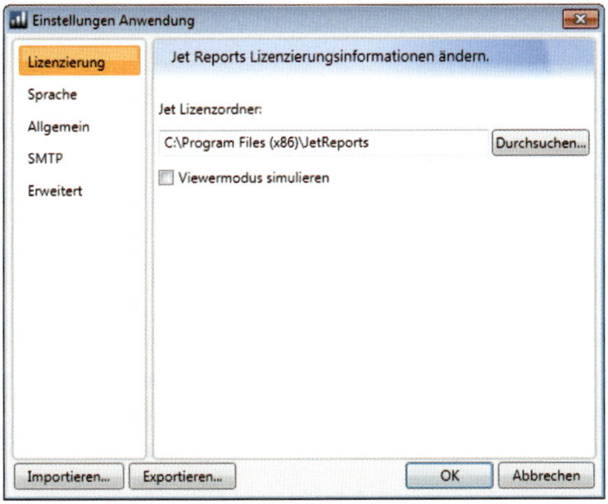

Auf der linken Seite der des Formulars kann zwischen den einzelnen Bereichen gewechselt werden. Die Felder der einzelnen Bereiche werden im Folgenden genauer beschrieben.

Lizenzierung (Jet Reports Lizenzierungsinformationen ändern)

„Jet Lizenzordner“	Wurde bei der Installation von Jet Reports die Lizenzdatei nicht in dem Programmordner abgespeichert, so ist hier der Pfad mit Dateiname der Lizenzdatei zu hinterlegen. Dazu kann der Pfad über den Button Durchsuchen... ausgewählt werden.

„Viewermodus simulieren“ | Ist in diesem Feld ein Haken gesetzt, kann der Designer den Bericht als Viewer starten und somit den Bericht in einem anderen Modus testen.
Die Designrechte werden ausgeschaltet.

Sprache (Sprache der Jet Reports Oberfläche ändern)

„Sprache“ | In diesem Feld kann die Sprache der Benutzeroberfläche von Jet Reports geändert werden.

Allgemein (Allgemeine Jet Reports Einstellungen konfigurieren)

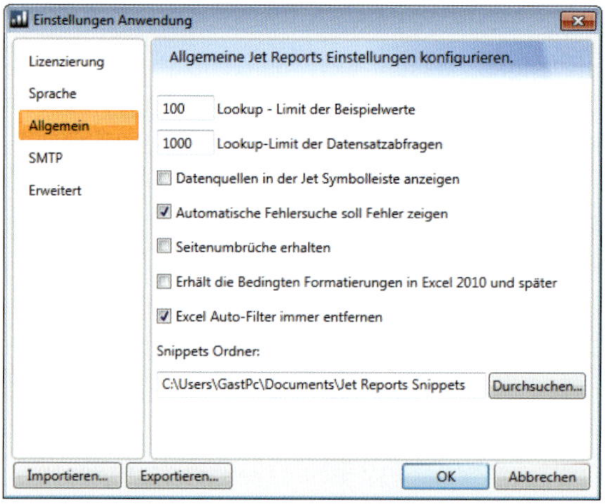

„Limit der Beispielwerte“ | Hier kann die Anzahl der Datensätze angegeben werden, die bei einem LookUp angezeigt werden. Diese Einstellung hat beispielsweise Auswirkungen auf die angezeigten Datensätze im DrillDown des Browsers.

„Limit der Datensatzabfragen“ | Mit der hier eingetragenen Anzahl wird festgelegt, wie viele Datensätze Jet Reports durchsucht, um beim Entfalten eines Feldes eindeutige Werte zu ermitteln.

Hinweis: Wurde dieser Wert z. B. auf 100 gesetzt, werden nur die ersten einhundert Datensätze durchsucht. Werden in diesen Datensätzen dann 10 unterschiedliche Werte gefunden, werden nur diese Werte angezeigt. Anschließend werden diese zehn Werte sortiert, so dass der erste Wert im Jet Designer nicht dem Wert des ersten Datensatzes in Dynamics NAV entsprechen muss.

„Datenquellen in der Jet Symbolleiste anzeigen"	Ist in diesem Feld ein Haken gesetzt, werden die Datenquellen und die Mandanten im Menü *Jet / Einstellungen* der Multifunktionsleiste angezeigt.
„Automatische Fehlersuche soll Fehler zeigen"	Ist in diesem Feld ein Haken gesetzt, ist der Debug-Modus automatisch aktiviert. Mit dieser Option werden Fehleingaben direkt angezeigt.
„Seitenumbrüche erhalten"	Wird diese Funktion aktiviert, so übernimmt Jet Reports die voreingestellten Seitenumbrüche aus Excel.
„Erhält die Bedingten Formatierungen in Excel 2010 und später"	Wird in diesem Feld ein Haken gesetzt, bleiben einmal angewendete Bedingte Formatierungen in Excel 2010 und später erhalten.
„Excel Auto-Filter immer entfernen"	In Jet Reports Berichten können Auto-Filter aus Excel verwendet werden. Sollen diese bei jedem Neustart des Berichtes entfernt werden, ist in diesem Feld ein Haken zu setzen.
„Snippets Ordner"	In dem in diesem Feld eingetragenen Ordner werden die erstellten Snippets gespeichert. Soll der Speicherort geändert werden, kann ein vorhandener Ordner über die Schaltfläche Durchsuchen... ausgewählt werden.

SMTP (Einrichten, wie Jet Reports E-Mails über SMTP versendet)

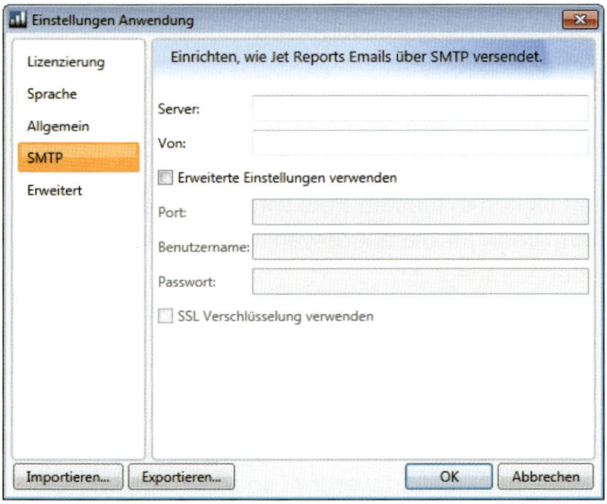

In diesem Bereich sind die SMTP Einstellungen zu hinterlegen. Diese Einstellungen sind notwendig, wenn kein E-Mail Client auf dem Arbeitsplatz installiert ist. Die Eingabe der SMTP Parameter ist nur dann erforderlich, wenn Berichte durch den Scheduler versendet werden sollen. Für die einzutragenden Werte ist der Administrator zu kontaktieren.

Erweitert (Erweiterte Einstellungen zum Arbeiten mit Jet Reports)

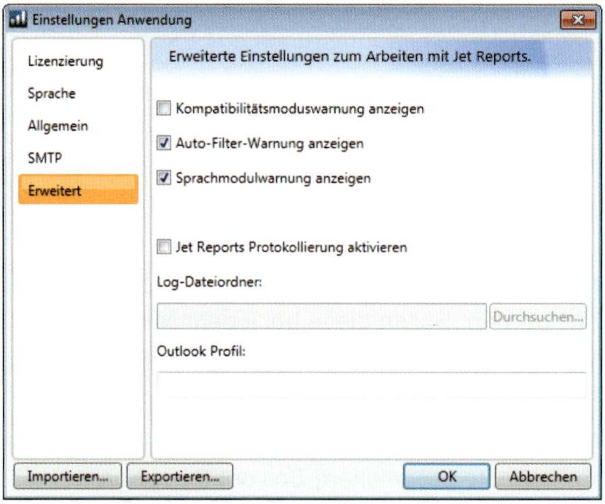

„Kompatibilitats-moduswarnung anzeigen“	Soll ein Bericht, der mit einer Excel Version ab 2007 erstellt wurde, mit einer älteren Version von Excel geöffnet werden, so treten möglicherweise Kompatibilitätsprobleme auf. Durch das Setzen des Hakens in diesem Feld, wird eine entsprechende Warnung ausgegeben.
„Auto-Filter-Warnung anzeigen“	Werden Berichte die mit einem Autofilter versehen sind, von einem Viewer ausgeführt, erscheint eine Warnmeldung, wenn der Bericht erneut ausgeführt werden soll.
„Sprachmodul-warnung anzeigen“	Durch einen Haken in diesem Feld wird eine Warnmeldung ausgegeben, wenn für die ausgewählte Sprache kein Sprachmodul hinterlegt ist.
„Jet Reports Protokollierung aktivieren“	Mit der Jet Reports Protokollierung werden ausgeführte Berichte in einer *.txt Datei gespeichert. Der Speicherort für die Datei ist im Feld „Log-Dateiordner“ zu hinterlegen.
„Outlook Profil“	Sind mehr als ein Profil in Outlook angelegt und soll nicht das Standard-Profil genutzt werden, so ist in diesem Feld das zu verwendende Outlook Profil zu hinterlegen.

Einstellungen Datenquelle - Datenquellen

Nach der Installation von Jet Reports oder beim Anlegen einer neuen Datenbankverbindung ist eine Datenquelle anzulegen. Das entsprechende Formular ist über den Menüpunkt *Jet / Einstellungen / Einstellungen Datenquelle* oder über die Tastenkombination **Alt** + **J** + **Y** + **5** aus einer in der Excel-Datei aufzurufen:

FUNKTIONEN DER KONTEXT-REGISTERKARTE

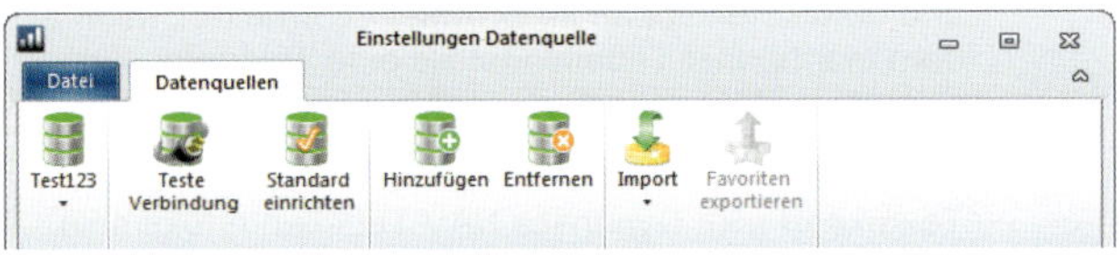

Die Einstellungsmöglichkeiten (Schaltflächen) der Kontext-Registerkarte Datenquellen der Multifunktionsleiste werden in der folgenden Auflistung näher erläutert.

Durch einen Klick auf die Datenbankauswahl ist die Möglichkeit gegeben, zwischen den vorhandenen Datenquellen zu wechseln. Die aktuelle Datenquelle wird als Text unter der Schaltfläche angezeigt.

Über diese Schaltfläche wird ein Verbindungstest zwischen der ausgewählten Datenquelle und dem lokalen Computer durchgeführt. Nach dem Test wird eine entsprechende Meldung über das Testergebnis angezeigt.

Um eine bereits vorhandene Datenquelle als Standard-Datenquelle zu definieren, ist die Datenquelle auszuwählen und diese dann mit dieser Funktion als Standard zu definieren. Wurde bereits eine Datenquelle als Standard definiert, ist diese Schaltfläche nicht aktiv.

Über diese Funktion wird eine neue Datenquelle für Jet Reports angelegt. Hierbei stehen unterschiedliche Typen zur Verfügung. Anschließend ist die Datenquelle entsprechend einzurichten. Die möglichen Parameter werden weiter unten erläutert.

Wird eine bestehende Datenquelle nicht mehr benötigt, kann sie über diese Funktion entfernt werden. Ein anschließendes Wiederherstellen ist dabei nicht möglich.

Unter der Funktion Import stehen weitere Funktionen zur Auswahl:

„Bevorzugte Tabellen importieren“	Unter dieser Option können die im Browser gekennzeichneten benutzerspezifischen Favoriten importiert werden, die zuvor über den Punkt *Favoriten exportieren* bereitgestellt wurden.
„Datenansichten…“ und „Datenansichts-kategorien…“	Jet Reports bietet dem Anwender die Möglichkeit über einen Download von der Jet Reports-Homepage Datenansichten und Datenkategorien herunterzuladen und diese mithilfe der Menüpunkte im „Report Builder“ anzulegen.
„Tabellendetails…“	Um detailliertere Ansichten der Tabellen und Felder und deren Relationen im Browser zu erhalten, kann mit dem Menüpunkt Tabellendetails eine Textdatei aus Dynamics NAV importiert werden. Um die Tabellendetails einzurichten muss zuvor ein Textexport aller Dynamics NAV Tabellen erfolgt sein. Dieser Export ist nur mit einer entsprechenden Lizenz möglich.
„Drilldown Forms…“	Sind durch das betreuende NSC Anpassungen an den Standardtabellen vorgenommen worden bzw. neue Tabellen hinzugekommen, sind bei Bedarf die Informationen für die DrillDown Forms zu aktualisieren. Dies erfolgt durch einen Textexport aller Dynamics NAV Tabellen. Die Textdatei wird in Jet Reports importiert. Dieser Export ist nur mit einer entsprechenden Lizenz möglich.

Die Schaltfläche Favoriten exportieren ermöglicht es, bereits gesetzte Favoriten im Browser zu exportieren und diese dann über den Punkt *Import / Bevorzugte Tabellen importieren…* für eine andere Datenquelle zur Verfügung zu stellen. Der Export erfolgt als *.xml-Datei.

ANZEIGE DER AKTUELLEN JET REPORTS - ROLLE

Im unteren linken Bereich des Formulars Einstellungen Datenquelle ist die benutzerspezifische Lizenzierung von Jet Reports angegeben.

Es gibt zwei Lizenzrechte in Jet Reports. Zum einen die Lizenz als Designer, wie in der obigen Abbildung zu erkennen ist, oder die Lizenz als Viewer.

Der Viewer kann im Vergleich zum Designer keine Berichte erstellen, sondern nur Berichte ausführen, die zuvor ein Designer erstellt hat.

EINSTELLUNGEN FÜR DIE AKTUELLE DATENQUELLE

Im mittleren Bereich des Formulars Einstellungen Datenquelle - Datenquellen, können die Informationen zur aktuell ausgewählten Datenquelle geprüft und geändert werden. Die einzelnen Bereiche werden im Folgenden näher beschrieben.

Allgemein (Allgemeine Einstellungen für diese Datenquelle ändern)

In diesem Bereich werden die Standard-Einstellungen für die ausgewählte Datenquelle vorgenommen.

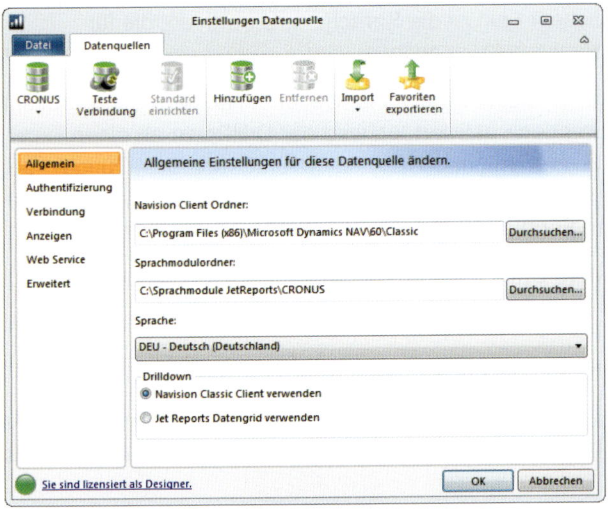

„Navision Client Ordner“ – In dieser Zeile wird der lokale Installationspfad des Dynamics NAV Classic Client hinterlegt.

„Sprachmodulordner“ – In diesem Feld ist der Ordner zu hinterlegen, in dem die exportierte Sprachmoduldatei (*.flm) gespeichert wurde.

Existiert noch keine Sprachmoduldatei kann diese durch einen Administrator direkt aus der Dynamics NAV Datenbank erstellt werden.

Dazu ist die Microsoft Dynamics NAV - Datenbank zu öffnen. Anschließend sind im Object Designer (**Groß** + **F12** bzw. *Extras/Object Designer...*) alle Zeilen zu markieren. Über die Funktion *Extras / Sprachmodul / Exportieren...* kann nun eine entsprechende Datei erstellt werden.

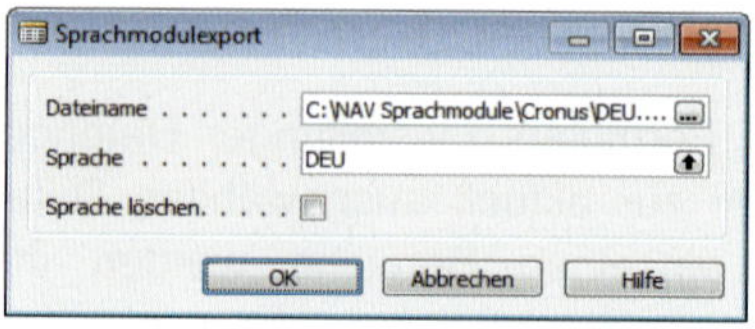

Im Feld „Dateiname“ ist die zu erstellende Datei mit dem Pfad anzugeben. Die Datei sollte den Namen „DEU.flm“ erhalten. Die weiteren Einstellungen bleiben unverändert. Mit OK wird die Datei im angegebenen Ordner erstellt.

„Sprache“ In diesem Feld ist die Sprache auszuwählen, die für Dynamics NAV verwendet wird.

„Drilldown“ Wird in diesem Feld die Option <Navision Classic Client verwenden> aktiviert, so wird der DrillDown an einer Excel-Zelle in Dynamics NAV ausgeführt. Mit der Option <Jet Reports Datengrid verwenden> wird der DrillDown in einem extra Formular innerhalb von Jet Reports ausgeführt.

Weitere Unterschiede sind im Kapitel 3.1.3 beschrieben.

Authentifizierung (Authentifizierungseinstellungen für die Datenquelle)

In diesem Bereich ist anzugeben, wie die Anmeldung an der Dynamics NAV Datenbank erfolgen soll. Dabei sind auch die Einstellungen direkt in Dynamics NAV zu beachten.

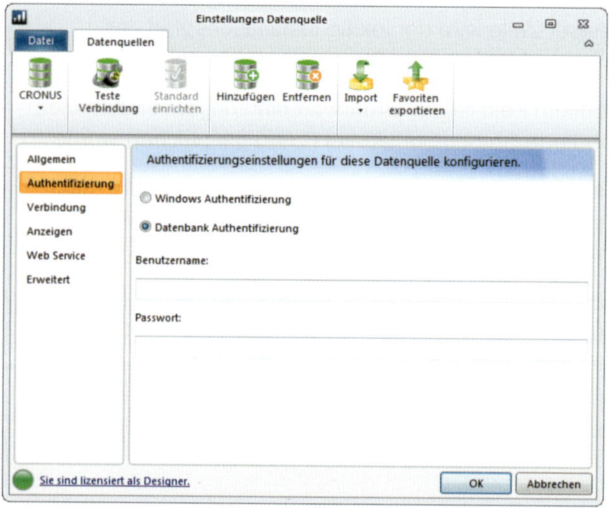

„Windows Authentifizierung“	Wird dieses Feld aktiviert, erfolgt die Anmeldung an der Dynamics NAV-Datenbank mit dem Windows-User. Voraussetzung dafür ist, dass der User auch als Windows-Benutzer in der Dynamics NAV Datenbank angelegt wurde.
„Datenbank Authentifizierung“	Wird in der Dynamics NAV Datenbank mit Datenbankanmeldungen gearbeitet, so ist diese Option zu wählen. Zusätzlich sind dann die Felder „Benutzername“ und „Passwort“ auszufüllen.

Verbindung (Die Verbindung von Jet Reports zur Datenbank ändern)

In diesem Bereich wird definiert, mit welchen Parametern eine Verbindung zur Dynamics NAV Datenbank bis zum Mandant hergestellt werden kann.

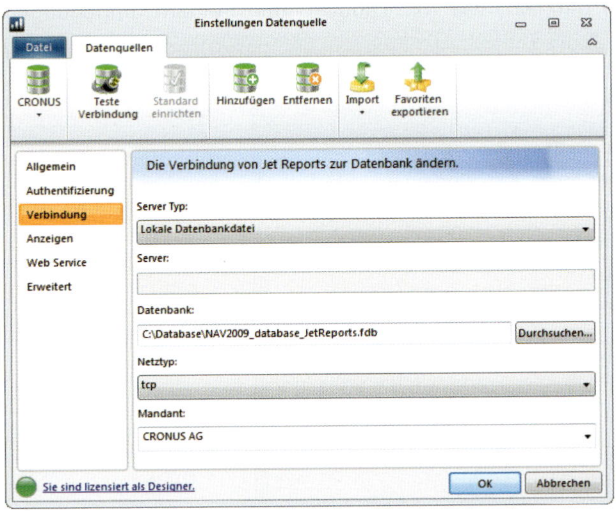

„Server Typ“	In diesem Feld ist auszuwählen, was für eine Dynamics NAV-Verbindung aufgebaut werden soll. Zur Auswahl stehen <Lokale Datenbankdatei>, <Microsoft Dynamics NAV Datenbank Server> und <Microsoft Dynamics NAV SQL-Server>.
„Server“	Dieses Feld ist nur aktiv, wenn im Feld „Server Typ“ eine Option <...Server> ausgewählt wurde. Dann ist hier der Name des Servers einzutragen.

„Netztyp“ Dieses Feld ist nur relevant, wenn im Feld „Server Typ“ eine Option <...Server> ausgewählt wurde. Dann ist hier das Netzwerkprotokoll <tcp>, <tcps> oder <netb> auszuwählen.

„Datenbank“ Dieses Feld ist nur aktiv, wenn als „Server Typ“ <Microsoft Dynamics NAV-Lokal> angegeben wurde. Dann ist hier der Pfad der Datenbank einzutragen. Über die Schaltfläche [Durchsuchen...] kann die Auswahl unterstützt werden.

„Mandant“ In diesem Feld ist der gewünschte Mandant der Datenbank auszuwählen.

Anzeigen (Anzeige von Tabellen und Feldern durch Jet Reports)

In diesem Bereich wird definiert, wie mit Tabellen und Feldern umgegangen werden soll.

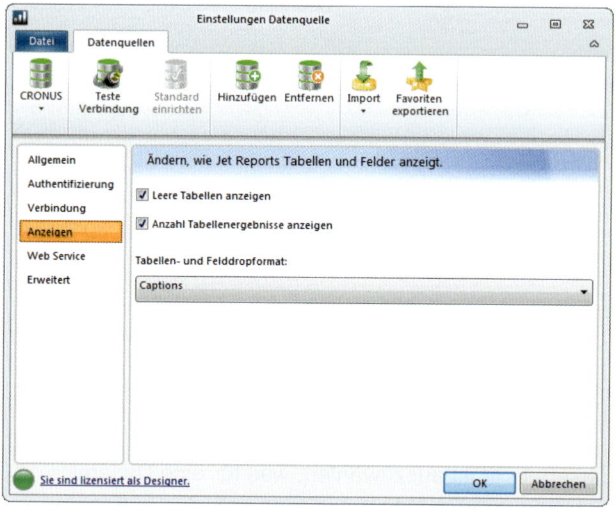

„Leere Tabellen anzeigen“ Nicht jede Dynamics NAV Lizenz kann auf alle Tabellen der Datenbank zugreifen und diese nutzen. Ist diese Option ausgewählt, werden auch leeren Tabellen (Tabellen ohne Datensätze) z. B. im Browser angezeigt.

„Anzahl Tabellen-ergebnisse anzeigen“ Ist dieser Haken aktiviert, werden im Browser die Anzahl der Datensätze in den einzelnen Tabellen, hinter deren Bezeichnungen ausgegeben.

„Tabellen- und Felddropformat“

Die Tabellen und Felder von Dynamics NAV werden im Browser mit ihrem Namen dargestellt, haben aber intern zur eindeutigen Identifikation eine ID (Nummer).

Mit dieser Option kann ausgewählt werden, wie die Bezüge auf Tabellen und deren Felder in den Jet Reports Funktionen mit Drag & Drop über den Browser eingefügt werden sollen.

```
=NL("Zeilen";"Artikel";"Nr.")
=NL("Zeilen";"Item";"No.")
=NL("Zeilen";"27";"1")
=NL("Zeilen";"27 Artikel";"1 Nr.")
```

Unabhängig von der gewählten Einstellung, <Captions>, <Namen>, <Nummern> oder <Nummern und Bezeichnungen>, liefern alle NL-Funktionen das gleiche Ergebnis in Excel. Jedoch ist die Darstellung der Feldnamen und Überschriften unterschiedlich. Die Standard-Einstellung ist hier <Captions>.

Web Services (Einstellungen zur Nutzung von Webservices-Verbindungen)

Aus der Dynamics NAV Datenbank können Codeunits und Pages über den Webservice veröffentlicht werden. Jet Reports kann die veröffentlichten Codeunits nutzen, um Daten mit Dynamics NAV auszutauschen.

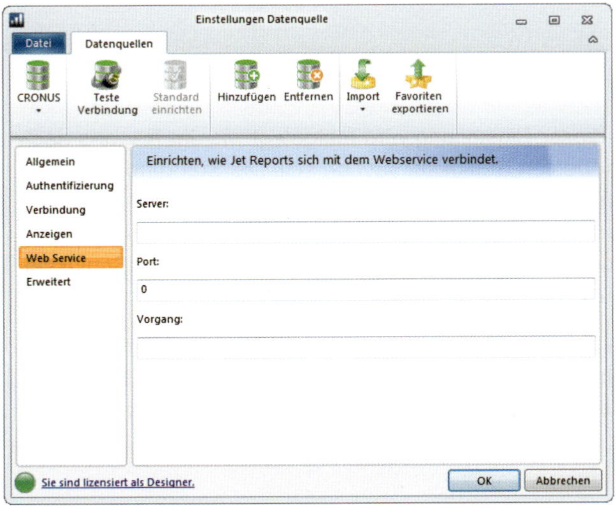

„Server“ In diesem Feld ist der Name des Servers einzutragen, mit dem sich Jet Reports verbinden soll. Hierbei ist die Dokumentation von Dynamics NAV zu beachten.

„Port“ Die Webservices laufen unter einem eigenen Port. Dieser ist in diesem Feld anzugeben. Standardmäßig ist das 7047.

„Vorgang“ Hier wird der Name der Instanz des Dynamics NAV Servers angegeben. Der Standardwert ist DynamicsNAV.

Erweitert (Erweiterte Einstellungen für die aktuelle Datenquelle)

In diesem Bereich sind weitere allgemeine Einstellungen zu finden.

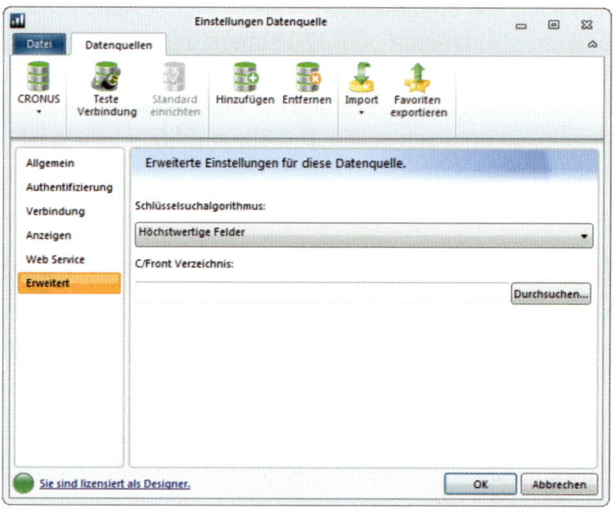

„Schlüsselsuch-algorithmus“ Mit dieser Einstellung wird festgelegt wie Jet Reports nach dem besten Schlüssel suchen soll. Die Standard-Option <Höchstwertige Felder> nutzt den Schlüssel bei dem die Filterfelder am weitesten links im Schlüssel stehen. Die Option <Meistpassende Felder> verwendet den Schlüssel, der die meisten Filterfelder enthält.

„C/Front Verzeichnis“ Um Jet Reports zu nutzen, muss C/Front installiert sein. Falls C/Front nicht im Standardverzeichnis installiert wurde, muss hier das geänderte Verzeichnis angegeben werden.

Einstellungen Datenquelle - Datei

Nach der Installation von Jet Reports oder beim Anlegen einer neuen Datenbankverbindung ist eine Datenquelle anzulegen. Das entsprechende Formular ist über den Menüpunkt *Jet / Einstellungen / Einstellungen Datenquelle* oder über die Tastenkombination **Alt** + **J** + **Y** + **5** aus einer in der Excel-Datei aufzurufen:

Das Menü Einstellungen Datenquelle verfügt über einen weiteren Reiter <Datei>, in dem nachstehende Einstellungen möglich sind.

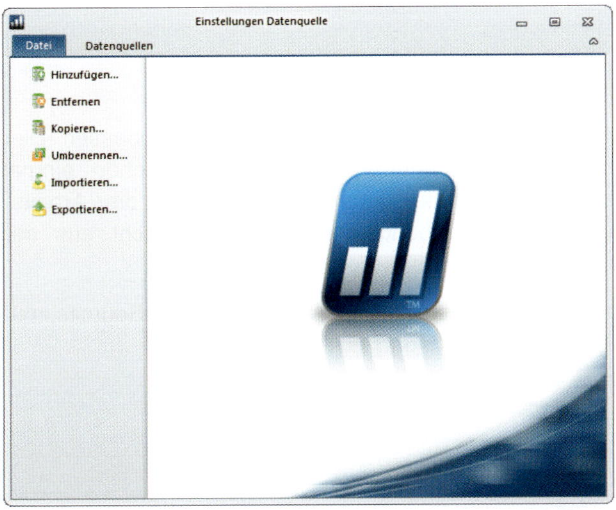

„Hinzufügen…“	Über diese Funktion kann ebenfalls, wie mit der gleichnamigen Funktion aus dem Kontext-Register Datenquelle, eine neue Datenquelle angelegt werden.
„Entfernen“	Über diese Funktion kann ebenfalls, wie mit der gleichnamigen Funktion aus dem Kontext-Register Datenquelle, eine vorhandene Datenquelle gelöscht werden.
„Kopieren…“	Mit dieser Funktion können die Einstellungen der aktuellen Datenquelle kopiert werden. Dadurch wird eine neue Datenquelle mit den gleichen Einstellungen der kopierten Datenquelle angelegt.
„Umbenennen“	Mit dieser Funktion kann der Datenquellenname der aktuellen Datenquelle umbenannt werden.

„Importieren…“ Mit der Funktion Importieren können zuvor exportierte Einstellungen von Datenquellen, die als *.xml gespeichert wurden, wieder importiert werden. Das kann z. B. verwendet werden, um gleiche Einstellungen auf mehrere Arbeitsplätze zu übertragen.

„Exportieren…“ Das Exportieren bietet die Möglichkeit die Einstellungen von allen oder einzelnen Datenquellen als *.xml Datei zu exportieren. In einem Auswahlfenster können die Datenquellen für den Export definiert werden.

Größe des Zwischenspeichers bearbeiten

Jet Reports bietet die Möglichkeit die Speichergröße variabel anzupassen. Dier Speicher (Cache) dient als Zwischenpuffer für Daten, die schon einmal abgefragt wurden. Wird dieser Cache genutzt, erhöht sich die Arbeitsgeschwindigkeit enorm, da nun die benötigten Datensätze nicht aus der Datenbank sondern aus dem Cache gelesen werden können.

Um die Cachegröße anzupassen, ist es notwendig die Datei „Data Sources.xml“ über die Dateisuche zu finden und zu öffnen.

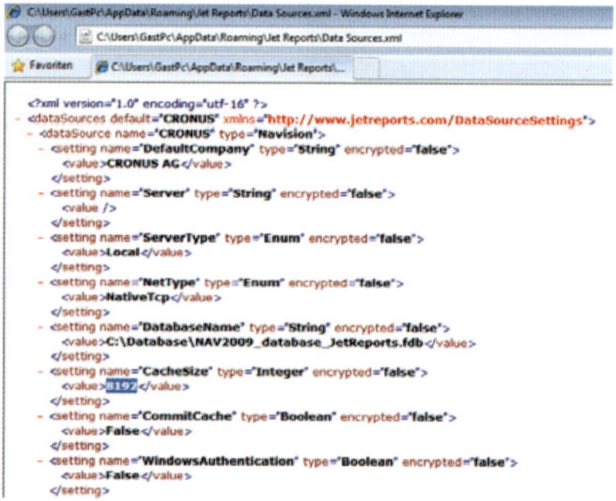

Die Datei wird im Internet Browser geöffnet. Nun kann in der Zeile unter „CacheSize“, die Cachegröße verändert werden. In diesem Fall beläuft sich die Cachegröße auf 8192 KB, dieser Wert ist voreingestellt.

Soll der Inhalt des Caches aktualisiert werden, muss dieser über die Schaltfläche 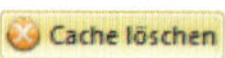

unter dem Menüpunkt *Jet / Modus* der Multifunktionsleiste gelöscht werden.

Anhang B Befehlsbeschreibung Jet Reports

Mit Jet Reports wird Excel um vier neue Funktionen erweitert:

NL() - Diese Funktion steht für Dynamics NAV Link (link=verbinden) und ermöglicht das Auslesen von Daten aus jeder beliebigen Dynamics NAV-Tabelle.

NF() - Diese Funktion steht für Dynamics NAV Field. Diese Funktion tritt immer im Zusammenhang mit der NL-Funktion auf und gibt den Inhalt eines Feldes einer Dynamics NAV-Tabelle zurück.

GL() - Diese Funktion steht für General Ledger (dt.: Finanzbuchhaltung) und wurde speziell für komplexe Auswertungen aus dem Bereich Finanzbuchhaltung entwickelt.

NP() - Diese Funktion steht für Dynamics NAV Professional. Hier sind ab Jet Reports Version 5.0 einige spezielle Funktionen für die Berechnung von z. B. Mengen, Teilmengen, Schnittmengen und Vereinigungsmengen zusammengefasst. Außerdem können mit dieser Funktion die Webservices von Dynamics NAV genutzt werden.

NL-Funktion

Die Funktion NL() ist wie folgt aufgebaut:

```
=NL(Was; Tabelle; Feld; Filterfeld1; Filter1; ..
    FilterFeld10; Filter10)
```

WAS

Das „Was"-Argument gibt an, wie die Daten aus dem Design-Bereich kopiert werden sollen, wenn der Bericht erzeugt wird. Hierfür stehen folgende Optionen zur Verfügung:

<Leer> Gibt das Feld oder den Datensatzschlüssel des ersten Datensatzes, der den Filterkriterien entspricht, zurück.

<First> Gibt den ersten Datensatz innerhalb eines Filters zurück. Dieser Befehl ist z. B. zu verwenden um die erste Mahnstufe für einen Beleg zu ermitteln.

<Last> Gibt den letzten Datensatz innerhalb eines Filters zurück.

<Zeilen> / <Rows> Wird der Bericht ausgeführt, erzeugt Jet Reports für jeden Datensatz eine Kopie der aktuellen Zeile. Dabei wird der gesamte Inhalt mit Formeln, Formaten etc. mit kopiert. Die Zeilen werden sortiert.

Um Platz für zusätzliche Berechnungen oder weitere NL-Funktionen (Gruppierung) zu reservieren, ist „Zeilen=n" zu verwenden, wobei n die Anzahl der Zeilen angibt. Um demnach zusätzlich zu der aktuellen Zeile zwei weitere zu kopieren, ist „Zeilen=3" zu verwenden.

<Spalten> / <Columns> Analog zu Zeilen können auch Spalten kopiert werden.

<Blätter> / <Sheets> Analog zu Zeilen, können auch Blätter kopiert werden. Allerdings gibt es kein „Blätter=n"; nur das aktuelle Blatt kann kopiert werden. Anschließend wird das Blatt mit dem Rückgabewert des Argumentes „Feld" benannt.

Falls das Blatt gesperrt wird, sind zur Beschreibung 22, ansonsten 31 Zeichen möglich. Längere Beschreibungen schneidet Jet Reports ab.

<Summe> / <Sum> Gibt die Summe über das ausgewählte (numerische) Feld aller den Filtern entsprechender Datensätze zurück. Dabei muss das Argument „Feld" definiert werden.

<Zählen> / <Count> Zählt die den Filter entsprechenden Datensätze. Dabei muss das Argument „Feld" definiert werden.

<CountUnique> Zählt die eindeutigen Datensätze in einer Tabelle. Dabei wird die Eindeutigkeit über den Feldnamen im Argument „Feld" definiert.

<AllUnique> gibt ein Array mit den eindeutigen Werten eines Feldes zurück. Dabei wird die Eindeutigkeit über den Wert im Argument „Feld" definiert. Diese Funktion kann verwendet werden, wenn Excel für seine Funktion ein Array vorschreibt. Sie kann ebenfalls für die Verknüpfung von zwei Tabellen über den Befehl Filter verwendet werden.

Wenn Excel 2000 verwendet wird, ist die Größe des Arrays auf 5000 begrenzt. Bei größeren Arrays sollte Excel 2002 oder höher verwendet werden.

<Filter> Gibt eine definierte Menge an Datensätzen zurück, die als Filter weiterverwendet werden kann. So kann eine Tabelle anhand eines Filterkriteriums abgefiltert werden, welches sich in einer anderen Tabelle befindet.

<Lookup> Kann dazu verwendet werden, um ein Lookup auf ein bestimmtes Feld, das im Argument „Feld" definiert wurde, zu setzen. Diese Funktion wird z. B. zum Aufbau einer Request-Form mit Auswahlmöglichkeiten verwendet.

<Bild> / <Picture> Lädt ein Bild aus Dynamics NAV, das in einem BLOB-Feld gespeichert wurde oder ein Bitmap (*.bmp) aus dem Filesystem.

<Caption> Gibt die Bezeichnung einer Tabelle oder eines Feldes in der aktuellen Sprache zurück.

<Tabelle> / <Table> Beim Erstellen des Berichtes mit dieser Option werden für jeden gefundenen Datensatz die Ergebnisse der Formeln und nicht die Formeln in die Excel-Zellen eingetragen. Ein Link nach Dynamics NAV ist dann nicht möglich. In der eingefügten Überschriftenzeile ist die Filterfunktion bereits aktiviert.

<BinaryText> / <Binärtext> Mit dieser Option kann Text bzw. Richtext gelesen werden, der in Binär oder BLOB-Feldern gespeichert ist. Für die Umwandlung der Binärdaten in Text wird die ANSI-Codepage des Betriebssystems verwendet.

Positive Zahlen Gibt genau den angegebenen Datensatz einer Tabelle zurück. Die Zählung beginnt beim ersten Datensatz, z. B. 4 gibt den 4. Datensatz innerhalb des Filters zurück, z. B. `=NL(4; "Artikel";"Nr.")` gibt den 4. Artikel der Datenbank zurück.

Negative Zahlen Gibt genau den angegebenen Datensatz einer Tabelle zurück. Die Zählung beginnt beim letzten Datensatz, z. B. -2 gibt den vorletzten Datensatz innerhalb des Filters zurück.

TABELLE

Mit dem Argument „Tabelle“ wird die Tabelle festgelegt aus der die Daten gelesen werden sollen. Hier ist standardmäßig der Name oder je nach Einrichtung auch die Nummer der Tabelle einzutragen. Bei Bilddateien („Was“ = <Bild>) bleibt der Parameter leer.

FELD

Das Argument „Feld“ gibt den Feldnamen des Feldes an, aus dem die Daten angezeigt werden sollen. Es wird der Feldname oder die Feldnummer des Rückgabefeldes eingetragen. Zur Rückgabe eines Datensatzschlüssels bleibt das Feld leer. Bei Bilddateien („Was“ = <Bild>) wird hier der vollständige Dateipfad des Bildes angegeben.

Hinweis: Wenn „Feld“ <leer> ist, werden alle Datensätze geholt. Ist der Parameter „Feld“ gefüllt, werden nur die eindeutigen Datensätze geholt.

FILTERFELD1 .. FILTERFELD10

Die Argumente „FilterFeld1“ und „Filter1“ bis „FilterFeld10“ und „Filter10“ sind immer paarweise zu sehen. Über die Eingaben in diesen Argumenten können die anzuzeigenden Datensätze gefiltert werden. Dabei gelten die Filterkriterien aus Dynamics NAV.

Eine NL-Funktion, die Daten aus einem anderen Mandanten der Datenbank verwenden soll, der nicht als Standardmandant in der Datenquelle hinterlegt ist, lautet wie folgt:

```
=NL("Zeilen";"Debitor";;"0";"CRONUS Tochter")
```

Dabei bedeutet „0“ (Null) als Feldname, dass statt des Vorgabemandanten aus der Datenquelle der im Feld „Filter1“ angegebene Mandant zu lesen ist.

Hinweis: Anstelle von „0“ kann auch das Schlüsselwort „Mandant=“ genutzt werden.

Ist der gewünschte Mandant in einer anderen Datenbank hinterlegt, muss zusätzlich die zu verwendende Datenquelle angegeben werden. Die Formel lautet dann wie folgt:

```
=NL("Zeilen";"Debitor";;"0";"CRONUS Tochter";
    "Verbindung=";"Datenquelle2")
```

Dabei wird mit dem Befehl „Verbindung=“ im Feld „FilterFeld2“ angegeben, dass die Standarddatenquelle durch die angegebene Datenquelle im Feld „Filter2“ zu nutzen ist.

In einer Arbeitsmappe können die Jet Reports Funktionen gleichzeitig auf beliebig viele Serververbindungen und/oder eine lokale Verbindung zugreifen.

FILTER1 .. FILTER10

Ist in einem Filterfeld ein Feld definiert, ist zwingend ein Filterkriterium im Argument „Filter…“ einzutragen. Um die Ausgabe für alle Datensätze zu erreichen, ist abweichend von Dynamics NAV hier ein “ * “ (Stern) einzugeben. Ein leeres Filterkriterium würde einen Fehler zur Folge haben.

Hinweis: Ab der Version 5.0 kann für <Datumsfilter>, <Differenz>, <Union> oder <Gemeinsamer Zellbereich> / <Intersect> mit der NP-Funktion gearbeitet werden.

Verknüpfung von Tabellen in der NL-Funktion

Sollen Datensätze in einer Tabelle anhand von Kriterien/Feldern gefiltert werden, die in einer anderen Tabelle vorhanden sind, kann man eine Verknüpfung zwischen den beiden Tabellen herstellen.

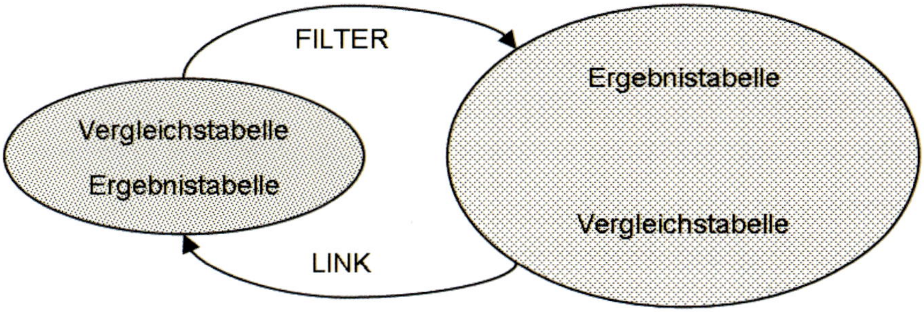

Dafür stellt Jet Reports zwei unterschiedliche Befehle zur Verfügung: Zum einen den Befehl LINK und zum anderen den Befehl FILTER.

<Link>

Der Befehl „Link“ wird verwendet, um z. B. Artikelumsatz nach PLZ darzustellen. In der Tabelle Artikelposten können Umsätze nach Kunden gefiltert werden, aber das Feld „PLZ Code“ ist hier nicht vorhanden. Diese Information (PLZ) befindet sich stattdessen in der Tabelle Debitor. Um die zwei Tabellen Artikelposten und Debitor miteinander zu verknüpfen, wird die Link-Funktion verwendet.

Soll zusätzlich z. B. ein Filter auf den „PLZ-Code“ mit dem Wert „2*“ gesetzt werden, kann folgende NL-Funktion aufgebaut werden:

```
=NL("Summe";"Artikelposten";"Menge";
    "Herkunftsart";"Debitor";"Link=";
    "Debitor";"Nr.";"=Herkunftsnr.";
    "PLZ Code";"2*")
```

In der NL-Formel wird die Summe von der Tabelle Artikelposten über das Feld „Menge“ gebildet. Als Nächstes wird ein Filter auf das Feld „Herkunftsart“ mit dem Wert „Debitor“ gesetzt.

Mit dem Befehl „Link=“ werden die Tabellen Debitor und Artikelposten verbunden. Eine Zuordnung erfolgt über das Feld “Nr.“ des Debitors und der „Herkunftsnr.“ aus den Artikelposten.

```
..."Link=";"Debitor";"Nr.";"=Herkunftsnr."...
```

Die nachfolgenden FeldFilter (…"PLZ Code";"2*") beziehen sich auf die Tabelle Debitor. Hier könnten auch weitere Filter für die Tabelle Debitor eingefügt werden.

Um eine Verknüpfung eindeutig zu definieren sind vier Eingaben notwendig:

```
FilterFeld1      "LINK="
Filter1          "Artikelposten"
FilterFeld2      "Nr."
Filter2          "=Herkunftsnr."
```

Dabei ist es auch möglich die Verknüpfung über mehr als ein Feld zu definieren.

Hinweis: Der Befehl „Link=“ ist dann anzuwenden, wenn die Tabelle (Artikelposten) aus der die Datensätze zur Ausgabe geholt werden sollen, größer ist als die Tabelle (Debitor) aus denen die Filterkriterien geholt werden.

<Filter>

Sollen in einer Liste nur Artikel ausgegeben werden zu denen auch Posten in der Tabelle Artikelposten existieren, kann die unten dargestellte verschachtelte NL-Funktion genutzt werden:

```
=NL("Zeilen";"Artikel";;"Nr.";
    NL("Filter";"Artikelposten";"Artikelnr."))
```

Die erste NL-Funktion soll alle Datensätze aus der Tabelle Artikel holen. Diese werden dann in dem Argument FilterFeld1 auf das Dynamics NAV-Feld „Nr.“ gefiltert. Im Argument Filter1 wird jetzt der Filterausdruck benötigt. Dieser wird durch die zweite NL-Funktion gebildet. Dazu wird im Argument „Was“ der zweiten NL-Funktion das Schlüsselwort „Filter“ eingetragen. Dem Argument „Tabelle“ wird die Dynamics NAV-Tabelle Artikelposten zugewiesen. Durch den Eintrag des Feldes „Artikelnr.“ im Argument „Feld“ wird die Eindeutigkeit definiert. Die zweite NL-Funktion liefert nun eine Liste von Artikelnummern an die erste NL-Funktion als Parameterliste für das FilterFeld1 zurück.

Die äußere Funktion erzeugt Zeilen für die Artikel, die innere Funktion stellt den Filter auf die „Nr.“ (Artikelnr.) bereit.

Hinweis: Der Befehl „Filter“ ist dann anzuwenden, wenn die Tabelle aus der die Datensätze zur Ausgabe gebracht werden kleiner ist, als die Tabelle aus denen die Filterkriterien bereitgestellt werden.

Die Größendefinition bezieht sich dabei auf die Anzahl der möglichen Datensätze in der Tabelle.

NF-Funktion

Die Funktion NF() wird mit folgenden Argumenten definiert:

```
=NF(Schlüssel; Feld; FlowFilterFeld1; Filter1;..;
   FlowFilterFeld9; Filter9)
```

SCHLÜSSEL

Das „Schlüssel"-Argument enthält immer den Bezug zu einer NL-Funktion. Dieses kann entweder über einen Zellbezug erfolgen oder es wird eine NL-Funktion direkt als „Schlüssel"-Argument eingetragen.

```
=NF($C4;"Nr.")
```

FELD

Das Argument „Feld" enthält den Feldnamen oder die Feldnummer des Feldes aus dem die Daten angezeigt werden sollen.

FLOWFILTERFELD1 .. FLOWFILTERFELD9

Die Argumente „FlowFilterFeld1" und „Filter1" bis „FlowFilterFeld9" und „Filter9" sind immer paarweise zu sehen. Über die Eingaben in diesen Argumenten können die auszugebenden Daten beeinflusst werden.

FILTER1 .. FILTER9

Zu FlowFilterFeld1 gehörender Filterausdruck.

Hinweis: Die NF-Funktion greift schnell auf Einzelfelder eines Datensatzes zu. Der Datensatz muss zuvor mit einer NL-Funktion identifiziert worden sein, sodass diese NL-Funktion als Schlüssel angegeben werden kann.

FlowFilter auf Datensätze können nur mit der NF-Funktion gesetzt werden, nicht mit der NL-Funktion.

GL-Funktion

Die GL-Funktion wurde speziell für den Bereich Finanzauswertung konzipiert. Sie ist wie folgt aufgebaut:

```
=GL(Was; Konto; Startdatum; Enddatum; Ansicht;
    Global Dim. 1; Global Dim. 2; Konzernmandant;
    Mandant; Exclude Close; Datenquelle)
```

Wird im Argument Was <Budget> gewählt, ergibt sich folgende Reihenfolge der Argumente:

```
=GL(Was; Konto; Startdatum; Enddatum; Ansicht;
    Global Dim. 1; Global Dim. 2; Konzernmandant;
    Budget; Mandant; Exclude Close; Datenquelle)
```

Ist bei dem Argument Sicht eine Analyseansicht für erweiterte Dimensionen gewählt, stehen die folgenden Argumente in der GL-Funktion zur Verfügung:

```
=GL(Was; Konto; Startdatum; Enddatum; Ansicht;
    Ansichts Dim. 1; Ansichts Dim. 2; Ansichts
    Dim. 3; Ansichts Dim. 4; Konzernmandant;
    Mandant; Exclude Close; Datenquelle)
```

WAS

Das „Was"-Argument legt fest, was die Funktion zurückgeben soll und auf welche Tabelle sie sich bezieht. Hierfür stehen folgende Optionen zur Auswahl:

<Saldo> / <Balance> Die Werte werden bei dieser Option aus der Tabelle 17 (Sachposten) aus dem Feld „Saldo (MW)" geholt.

<Budget> Als Basis für die Funktion dient bei dieser Option aus der Tabelle 96 (Budgetposten) das Feld „Betrag".

<Haben> / <Credits> Hier werden die Werte aus der Tabelle 17 (Sachposten) aus dem Feld „Habenbetrag" geholt.

<Soll> / <Debits> Analog zur Option <Haben> werden hier die Werte ebenfalls aus der Tabelle 17 (Sachposten), jedoch aus dem Feld „Sollbetrag" geholt.

KONTO

In dieses Argument sind die Sachkonten einzutragen, für die die Werte ausgegeben werden sollen. Zur Eingabe der Bereiche für die Sachkonten kann die Syntax zur Filtereingabe aus Dynamics NAV verwendet werden (z. B. 8120|8315|8400).

Hinweis: Wird ein Sachkonto der Art <Bis-Summe> angegeben, so wird die hinterlegte Zusammenzählung dieses Kontos aus Dynamics NAV verwendet. Werden Bereiche bzw. wird ein Intervall angegeben, so werden nur die Sachkonten mit der Kontoart <Konto> beachtet.

STARTDATUM

Hier ist das älteste Datum der zu betrachtenden Transaktionen (Posten) einzutragen, wenn die Posten für die Ausgabe der Werte eingeschränkt werden sollen.

ENDDATUM

Das Enddatum legt das jüngste Datum der zu betrachtenden Transaktionen (Posten) fest. Das Enddatum muss nach dem Startdatum liegen.

Hinweis: Bei Bewegungen innerhalb eines Zeitraums sollten Startdatum und Enddatum gefüllt sein. Um einen Saldo zum Stichtag zu erhalten, muss das Startdatum frei bleiben und nur das Enddatum auf den Stichtag gesetzt werden.

ANSICHT

Wurde hier ein Wert eingetragen, so verwendet die GL-Funktion Analyseansichten statt der Sachkonten als Grundlage.

Analyseansichten sind in Dynamics NAV erst ab der Version 3.0 nutzbar. In älteren Versionen muss dieses Feld leer bleiben.

Hinweis: Wenn die Sachkonten die Basis für die Berechnungen sein sollen, muss dieses Feld leer bleiben. Ist dieses Feld gefüllt, greift es auf die Tabelle 363 (Analyseansichten) zu. In dieser Tabelle sind dann die Werte für die Felder „Globaler Dim. 1“ .. „Globaler Dim. 2“ definiert und auch die zu betrachtenden Sachkonten.

GLOBAL DIM. 1, GLOBAL DIM. 2 (Globaler Dim. 1, Globaler Dim. 2) ANSICHTS DIM. 1 .. ANSICHTS DIM. 4

Werden als Basis der Berechnungen Sachkonten durch das Argument „Konto“ verwendet, so sind die Argumente „Globaler Dim. 1“ und „Globaler Dim. 2“ durch die Definition und Belegung der Globalen Dimensionscodes 1 und 2 in Dynamics NAV vorgegeben. Entsprechend diesen Definitionen können dann Filter definiert werden.

In den Microsoft Dynamics NAV-Versionen bis 3.0 kann im Argument „Globaler Dim. 1" ein Kostenstellen- und im Argument „Globaler Dim. 2" ein Kostenträgerfilter eingegeben werden.

Werden als Basis der Berechnungen die Analyseansichten durch das Argument „Ansicht" vorgegeben, so werden die möglichen Filter durch die Einrichtung in den Analyseansichten in Dynamics NAV in den Feldern „Ansichts Dim. 1" .. „Ansichts Dim. 4" festgelegt.

Ist in der genutzten Tabelle ein Feld mit demselben Namen, wie eine Dimension vorhanden, so wird das Feld und nicht die Dimension angesprochen. Dieses Problem taucht beispielsweise auf, wenn die „Projektnr.", die als Feld im Verkaufskopf vorhanden ist, ebenfalls als Dimension gebucht wird.

Für derartige Szenarien sind zwei Lösungsansätze denkbar: Eine Abhilfe besteht darin die Dimension umzubenennen. Falls dies nicht möglich ist, müssen die entsprechenden Daten direkt aus den Dimensionstabellen ausgelesen werden. Dimensionswerte zu Tabellen werden mit einem passenden Schlüssel in einer separaten Dimensionstabelle abgelegt.

Hinweis: Die Argumente „Ansichts Dim. 1" bis „Ansichts Dim. 4" sind nur Verbindung mit den Analyseansichten (Tabellen 365 und 366) erlaubt. Ansonsten stehen als Argumente „Global Dim. 1" und „Global Dim. 2" zur Verfügung.

KONZERNMANDANT

In Dynamics NAV können Konsolidierungsmandanten angelegt werden. In diese Mandanten werden die Werte der einzelnen Konzernmandanten importiert. Innerhalb des Konsolidierungsmandanten kann dann auf die Konzernmandanten gebucht und gefiltert werden.

BUDGET

Wird im Argument „Was" die Option <Budget> ausgewählt, so kann mit diesem Argument festgelegt werden, auf welches Budget in Dynamics NAV zugegriffen werden soll (Tabelle 95 „G/L Budget Name"). Hier ist dann der Budgetname einzutragen, welcher dann die Grundlage für die Berechnung der Werte bildet.

MANDANT

Sind in der Datenbank, auf die mit der aktuellen Datenquelle zugegriffen wird, weitere Mandanten eingerichtet, so kann mit diesem Argument der erforderliche

Mandant ausgewählt werden. Dafür ist das Argument mit dem entsprechenden Mandantennamen zu füllen. Die Groß- und Kleinschreibung, Leerzeichen und Sonderzeichen sind dabei exakt zu beachten.

Bleibt dieses Argument leer, so wird der festgelegte Mandant aus den Jet Reports Einstellungen (*Jet / Einstellungen / Einstellungen Datenquelle*) aus dem Register Datenquellen im Bereich Verbindung im Feld „Mandant" verwendet.

EXCLUDE CLOSE

Sollen bei der Berechnung der Werte die Ultimoposten ausgeschlossen werden, so muss in dieses Argument „WAHR" eingetragen werden. Ist dieses Argument leer, werden die Ultimoposten bei den Berechnungen mit berücksichtigt.

DATENQUELLE

Soll eine andere Datenquelle verwendet werden, als die die bei der Einrichtung von Jet Reports in den Einstellungen zur Datenquelle als „Standard einrichten" gekennzeichnet wurde, so kann in diesem Argument auf eine andere zugegriffen werden. Dafür ist dann in dieses Argument der Name der Datenquelle einzutragen.

Bleibt dieses Argument leer, so wird die festgelegte Standarddatenquelle verwendet.

NP-Funktion

Die Funktion NP() ist wie folgt aufgebaut:

Je nach ausgewählter Option im Argument WAS stehen unterschiedliche Argumente im Jet Funktionsassistenten anstelle von „Arg1“ bis „Arg22“ mit unterschiedlicher Bedeutung zur Verfügung.

```
=NP(Was; Arg1; … ; Arg22)
```

Wird z. B. im Argument „Was“ <Datumsfilter> ausgewählt, wird aus dem Argument „Arg1“ „Startdatum“ und dem Argument „Arg2“ „Enddatum“. Die übrigen Argumente fallen weg.

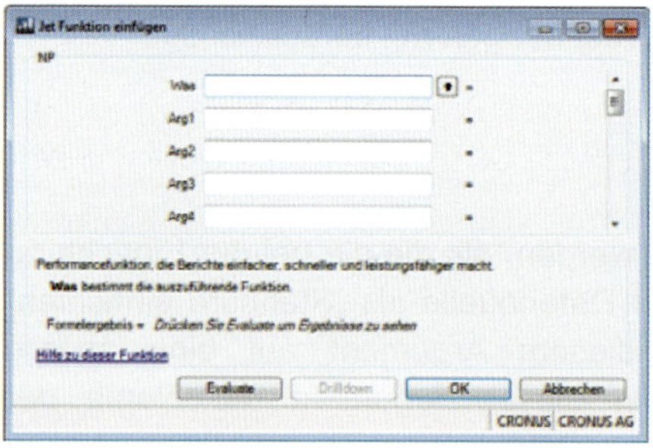

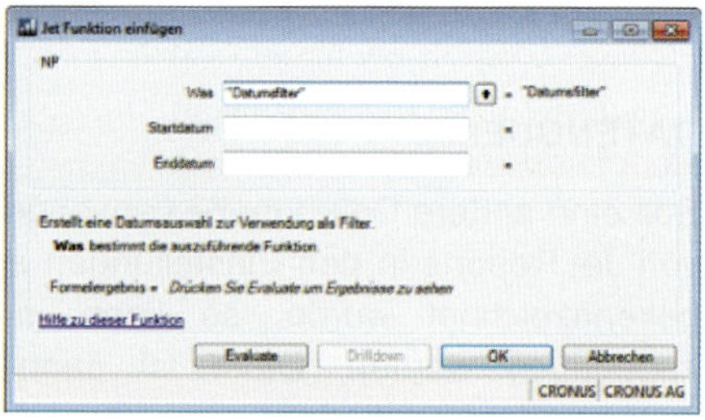

WAS

Dieses Argument gibt an, wie die Daten aus den Argumenten „Arg1“ bis „Arg22“ verarbeitet werden sollen. Hierfür stehen folgende Optionen zur Verfügung:

<Eval> wertet die im Feld „Formel“ (Arg1) stehende Formel bei der Berichtserzeugung genau einmal aus. Die Formel muss dabei in Anführungszeichen stehen. Diese Funktion wird zur Berichtsoptimierung bei Verwendung von mehreren Tabellenblättern verwendet.

<Datefilter> / <Datumsfilter> Mit dieser Option kann mit der NP-Funktion ein Datumsfilter zusammengesetzt werden. Dabei wird ein „Startdatum“ (Arg1) und ein „Enddatum“ (Arg2) verwendet.

```
=NP("Datefilter";"01.01.01";"31.12.01")
```

<Format> Mit dieser Option kann ein Zellwert Excel-spezifisch formatiert werden, bevor er dargestellt wird. Das Argument „Bereich“ (Arg1) enthält den zu formatierenden Wert und das Argument „Format“ (Arg2) enthält die Formatierungsvorschrift.

```
=NP("Format";$D$7;"YYYY/MM/DD")
```

<Integers> / <Ganzzahlen> Mit dieser Option wird eine Liste von ganzen Zahlen zwischen der angegebenen „Startnummer" (Arg1) und „Endnummer" (Arg2) zurückgegeben. Die Liste wird als Array zurückgegeben und kann somit in Excel-Formeln als Durchlaufzähler oder Durchlaufbegrenzer verwendet werden.

<Companies> / <Mandanten> Über diese Option kann eine Ausgabe aller Mandanten einer Datenquelle erreicht werden, die einem bestimmten Filter entsprechen. Im Argument „Mandantenfilter" (Arg1) wird der Filter (z. B. „C*") und im Argument „Datenquelle" (Arg2) die DataSource (z. B. „CRONUS") angegeben.

```
=NP("Companies";"C*")
```

<DataSources> / <Datenquellen> Gibt ein Array der angelegten Datenquellen zurück. Das Ergebnis dieser Funktion kann im Argument Tabelle einer NL-Funktion verwendet werden, da sie zur Laufzeit die tatsächlichen Datenquellen nach Excel ausliest.

<Language> / <Sprache> Mit dieser Option wird der Sprachcode von Dynamics NAV (z. B. DEU) zurückgegeben. Ist kein Sprachcode verfügbar, wird „000" zurückgegeben.

<Dates> / <Datum> Über diese Funktion wird eine Liste von Datumsangaben zwischen einem „Startdatum" (Arg1) und einem „Enddatum" (Arg2) zurückgegeben. Als dritter Parameter kann ein "Periodentyp" (Arg3) ausgewählt werden. Hier stehen die Optionen Tag, Woche, Monat, Quartal und Jahr zur Auswahl. Weiterhin kann über das Argument „Gibt Periodenende zurück" (Arg4) angegeben werden, ob das Periodenende zurückgegeben werden soll.

Die Liste wird als Array zur Verfügung gestellt und kann somit als Wiederholungszähler in Excel-Funktionen verwendet werden.

<Intersect> / <Gemeinsamer Zellbereich> Gibt die Schnittmenge von Ergebnissen von NL-Funktionen (Arrays) aus. Damit kann z. B. geprüft werden ob es Debitoren mit der gleichen Nummer wie Kreditoren gibt.

<Union> Gibt die Vereinigungsmenge von Arrays (Ergebnisse von NL-Funktionen) aus. Damit kann eine Liste ausgegeben werden, bei der mehrere unterschiedliche Filter auf gleiche Felder gesetzt wurden (Satzmarkieren).

<Difference> / <Differenz> Gibt die Unterschiedsmenge von Ergebnissen der NL-Funktionen aus. Es werden alle Datensätze ausgegeben, die nicht dem Filter entsprechen.

Die Ergebnismenge dieser drei „Was"-Optionen soll folgende Grafik genauer verdeutlichen:

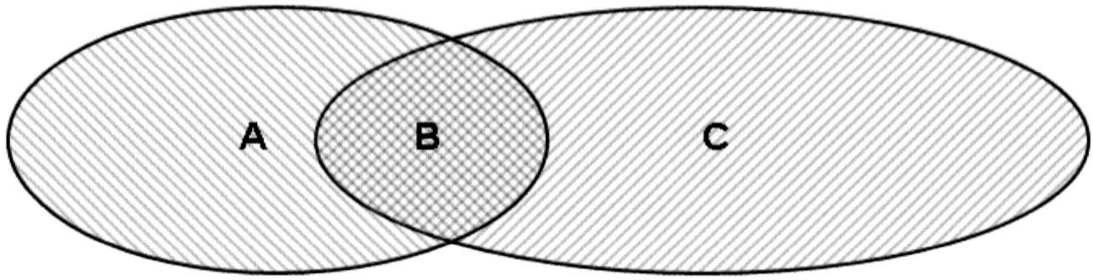

<Intersect> = **B**

<Union> = **A + C** (ohne doppelte Datensätze)

<Difference> = **A + C - B**

Ergänzend zu den bisher beschriebenen Array-Operationen, bietet Jet Reports zwei weitere Funktionen für Arrays an. „Spit" und „Join".

<Split> Mit dieser Funktion wird eine Zeichenkette („Arg1") in eine Liste zerlegt unter Verwendung des im Argument „Arg2" definierten Trennzeichens (aus einem Wert in einer Zelle werden mehrere Werte in mehreren Zellen).

```
=NP("Split";"1000+2000+3000";"+")
```

<Join> Das Gegenstück zu <Split>. Fügt die Elemente einer Liste (z. B. die Feld-Werte einer NL-Funktion) zu einer Zeichenkette zusammen („Arg1"). Als Trennzeichen wird der Inhalt des Argumentes „Arg2" verwendet. (aus den Werten mehrerer Zellen wird ein Wert in einer Zelle).

```
=NP("Join";{1000; 2000; 3000};"|")
```

Diese Funktion liefert als Ergebnis die Zeichenkette „1000|2000|3000" zurück, die dann beispielsweise als Filterausdruck weiterverwendet werden kann.

Beiden Funktionen gemein ist, dass der zweite Parameter manipuliert wird und im dritten das zu verwendende Trennzeichen steht.

<Codeunit> Dieser Parameter kann bei der Nutzung der Webservices verwendet werden. Hierüber kann direkt eine Codeunit in Dynamics NAV angesprochen werden, die dann die Daten an Jet Reports zurückgibt. Für die Nutzung sind Anpassungen in Dynamics NAV notwendig.

Anhang C Einsatz von Dynamics NAV-Filtern

In den Tabellen der Dynamics NAV Datenbank können viele Datensätze gespeichert werden. Häufig soll jedoch nur eine Teilmenge davon betrachtet werden. Dies wird durch das Setzen geeigneter Filter ermöglicht. Auch intern von Dynamics NAV selbst werden für viele Auswertungen Filter herangezogen. Hat man diese verstanden, können die Vorgänge im System leichter nachvollzogen werden.

Tabellenfilter

Soll die Anzahl der angezeigten Datensätze bzw. die Anzahl der zu betrachtenden Datensätze verringert werden, so werden Tabellenfilter bzw. Feldfilter in Dynamics NAV verwendet. Ebenso werden in Berichten in der Request Form Tabellenfilter auf die zu verwendenden Tabellen gesetzt. Im entsprechenden Register bzw. Tabellenfilterfenster sind die Spalten wie folgt zu verwenden:

Spalte	**Bedeutung**
„Feld“	Es ist bereits eine Zeile für das Feld angelegt, in der sich der Cursor befand, als der Filter aufgerufen wurde. Wurden schon andere Filter definiert, werden diese ebenfalls angezeigt. Um einen neuen Filter auf ein neues Feld zu definieren ist mit **F6** in die Field-List zu verzweigen, das gewünschte Feld auszuwählen und mit OK zu übernehmen.
„Filter“	In dieser Spalte werden die Filterbedingungen eingegeben. Mit **F6** kann in die jeweilige Übersicht verzweigt werden, der gewünschte Wert markiert und mit OK übernommen werden. Sollen mehrere Werte ausgewählt werden, ist eine Zeichenfolge einzugeben.

Um die gesetzten Filter zu löschen, ist im Anforderungsfenster eines Berichtes oder im Tabellenfilterfenster die entsprechende Zeile mit **F4** zu entfernen. In Formularen können die gesetzten Filter mit der Tastenkombination **Umschalt** + **Strg** + **F7** zu löschen.

Feldfilter können nur bei Filtern in Formularen verwendet werden und sind nur eine verkürzte Eingabemöglichkeit der Tabellenfilter.

FlowFilter

Während Tabellenfilter Auswirkungen auf die Anzahl der angezeigten Datensätze haben, wirken FlowFilter auf die Werte der FlowFields der Tabelle. Ein FlowField wird auf Basis von Einzelwerten zur Laufzeit berechnet. Ein FlowFilter grenzt auf die Datensätze ein, die zur Berechnung herangezogen werden sollen, so z. B. das Setzen eines Datumsfilters zum Auflisten der Bewegung innerhalb eines Zeitraums.

Das Setzen dieser Filter erfolgt bei den Berichten analog dem Setzen von Tabellenfiltern mit der Tastenkombination **Umschalt** + **F7**. Im Filterfenster sind beim FlowFilter bereits die Felder eingetragen, auf die Filter gesetzt werden können.

Hinweis: Nicht alle FlowFields werden von allen FlowFiltern beeinflusst. Welche FlowFilter sich auf den angezeigten Wert auswirken, kann in der Definition des Feldes mit dem Tabellen-Designer überprüft werden. Generell gilt, dass Saldo-Felder („Debitorensaldo", „Sachkontensaldo") nicht von Datumsfiltern beeinflusst werden.

Satzmarken

Neben der gewohnten Markierung bzw. Filterung ermöglicht Dynamics NAV noch eine andere Form: Die Satzmarke. Die Satzmarke wird mit der Tastenkombination **Strg** + **F1** oder über *Bearbeiten / Satzmarke ein/aus* gesetzt bzw. entfernt. Ob ein Datensatz satzmarkiert ist, erkennt man in Tabellenfenstern an einer Raute im vorderen Bereich der Datensätze.

Die Verwendung der Satzmarke ist vor allem dann sinnvoll, wenn eine Vielzahl von Datensätzen selektiert werden soll, die nicht mit Filtern zu erfassen sind und wenn auf die markierten Datensätze abgegrenzt werden soll. Mit dem Befehl *Ansicht / Nur Satzmarkierte* zeigt Dynamics NAV nur noch die Datensätze an, bei denen die Satzmarke gesetzt ist.

Hinweis: Wenn man Datensätze satzmarkiert hat und das Fenster schließt, werden die gesetzten Satzmarken gelöscht!

Wenn mehrere Datensätze hintereinander satzmarkiert werden sollen, können diese zunächst „normal", z. B. mit der Maus, markiert und anschließend über **Strg** + **F1** mit einmal satzmarkiert werden.

Zeichenfolgen zum erleichterten Suchen und Filtern

Zur Verdeutlichung der Eingabe und Funktionsweise von Filtern sind im Folgenden Beispiele für Filterkriterien aufgeführt. Für die Eingabe von Filterkriterien sind folgende Zeichen in Ergänzung zur eigentlichen Zeichenkette zugelassen:

Zeichen	Bedeutung	Beispiel / Erläuterung
Ohne	Ist gleich	377 Nummer 377
*	Beliebig viele Zeichen (oder auch keines)	*Co* *Co Co* Texte, die die Zeichenfolge "Co" enthalten. Texte, die mit der Zeichenfolge "Co" enden. Texte, die mit der Zeichenfolge "Co" beginnen.
@ (AltGr + q)	Groß/Klein ignorieren	@Kostenstelle Texte wie KOSTENSTELLE, kostenstelle oder Kostenstelle
?	Unbekannter Buchstabe	Hans?n Texte wie z. B. Hansen oder Hanson
&	Und	<2000&>1000 Datensätze mit Nummern, die kleiner als 2000 und größer als 1000 sind (das Zeichen & kann niemals allein verwendet werden, da kein Datensatz zwei Nummern aufweist).
| (AltGr + <)	Entweder / oder	1200|1300 Datensätze mit der Nummer 1200 oder 1300. Sind beide vorhanden, werden beide angezeigt.
..	Intervall	1100 .. 2100 Datensätze von Nummer 1100 bis 2100
<	Kleiner als	<1200 Datensatznummern kleiner als 1200
<=	Kleiner/gleich	<=1200 Datensatznummern kleiner oder gleich 1200

<table>
<tr><th>Zeichen</th><th>Bedeutung</th><th>Beispiel / Erläuterung</th></tr>
<tr><td>></td><td>Größer als</td><td>>1200
Datensatznummern über 1200</td></tr>
<tr><td>>=</td><td>Größer/gleich</td><td>>=1200
Datensatznummern ab einschließlich 1200 aufwärts</td></tr>
<tr><td><></td><td>Ungleich</td><td><>0
Alle Datensätze außer der Nummer Null</td></tr>
<tr><td>‘ ‘</td><td>Leere Zeichenkette</td><td></td></tr>
<tr><td>0</td><td>Null</td><td></td></tr>
<tr><td>( )</td><td>Klammerberechnung</td><td>30|(>=10&<=20)
Angaben mit der Zahl 30 oder mit einer Zahl zwischen 10 bis 20 (Ergebnis der Berechnung innerhalb des Klammerausdrucks)</td></tr>
<tr><td colspan="3">Die verschiedenen Zeichen können auch miteinander kombiniert werden:</td></tr>
<tr><td>| ..</td><td colspan="2">5999|8100 .. 8490
Alle Datensätze mit der Nummer 5999 oder zwischen 8100 und 8490</td></tr>
<tr><td>.. | ..</td><td colspan="2">..1299|1400..
Alle Datensätze mit Nummern kleiner bzw. gleich 1299 oder mit Nummern größer bzw. gleich 1400, d.h. alle Datensatznummern außer 1300 bis 1399</td></tr>
<tr><td>> & <</td><td colspan="2">>50&<100
Alle Datensätze mit Nummern größer als 50 und kleiner als 100, d.h. mit Nummern zwischen 51 und 99</td></tr>
<tr><td>* &</td><td colspan="2">*C*&*D*
Texte die sowohl den Buchstaben C als auch D enthalten</td></tr>
<tr><td>@ * ?</td><td colspan="2">@*pr?*
Texte mit der Zeichenfolge pr., PR., Pr., Preis... (es muss die Zeichenfolge PR, pR, pr oder Pr gefolgt von mindestens einem, jedoch beliebig vielen weiteren Zeichen mit willkürlicher Groß-/ Kleinschreibung vorhanden sein)</td></tr>
</table>

Zeichenfolgen für Datums- und Zeiteingaben

Wenn eine Datums-/Zeitangabe eingeben werden soll, muss zwischen dem Datum und der Zeiteingabe ein Leerzeichen eingefügt werden.

Die folgende Tabelle ist eine Übersicht, auf welche Arten Datums-/Zeitangaben eingegeben werden können und wie diese Eingaben interpretiert werden:

<table>
<tr><th colspan="2">Zeichen</th><th>Bedeutung</th><th>Beispiel / Erläuterung</th></tr>
<tr><td colspan="2">h</td><td>das aktuelle Datum wird vorgegeben</td><td>21.09.2005</td></tr>
<tr><td colspan="2">a</td><td>Arbeitsdatum</td><td>21.09.2005</td></tr>
<tr><td colspan="2">p</td><td>aktuelle Buchungsperiode (meist ein Monat)</td><td>p-1
Die vorherige Buchhaltungsperiode zur aktuellen Periode (01.08.11..31.08.11)

p5
Die 5. Periode des aktuellen Geschäftsjahres - Sind Geschäftsjahr und Kalenderjahr gleich, ist es der Monat Mai (01.05.11..31.05.11)</td></tr>
<tr><td colspan="2">j</td><td>aktuelles Geschäftsjahr</td><td>j-1
Das vorherige GJ. zum aktuellen Zeitraum (01.01.2010..31.12.2010)

j1
Ergibt das erste in Dynamics NAV angelegte GJ (01.01.2001..31.12.2001)</td></tr>
<tr><td>m</td><td>mo</td><td>Montag</td><td rowspan="7">m
Montag der aktuellen Woche bezogen auf das Arbeitsdatum (19.09.2011)

f25
Freitag der 25. Kalenderwoche (24.06.2011)

do2511
Donnerstag der 25. Kalenderwoche des Jahres 2011 (20.06.2011)</td></tr>
<tr><td>d</td><td>di</td><td>Dienstag</td></tr>
<tr><td>mi</td><td>mi</td><td>Mittwoch</td></tr>
<tr><td>do</td><td>do</td><td>Donnerstag</td></tr>
<tr><td>f</td><td>fr</td><td>Freitag</td></tr>
<tr><td>s</td><td>sa</td><td>Samstag</td></tr>
<tr><td>so</td><td>so</td><td>Sonntag</td></tr>
<tr><td colspan="2">11</td><td>11. Tag</td><td>11. Tag des aktuellen Monats und des aktuellen Jahres bezogen auf das Arbeitsdatum (11.09.2011)</td></tr>
</table>

Zeichen	Bedeutung	Beispiel / Erläuterung
115	11. Tag 5. Monat	11. Tag des 5. Monats des aktuellen Jahres bezogen auf das Arbeitsdatum (11.05.2011)
110511	11. Tag 5. Monat Jahr 2011	Eingegebenes Datum (11.05.2011)

Zeichenfolgen für Datumsformeln

Mit der Nutzung von Datumsformeln kann bestimmt werden, wie die Anwendung ein Datum berechnen soll. Datumsformeln können in verschiedenen Datumsfeldern, regelmäßig wiederkehrenden Feldern und wiederkehrenden Journalen eingeben werden.

Für die Berechnungszeiträume in Datumsformeln bzw. um die Länge von Perioden, ausgehend von einem Datum festzulegen, können die folgenden Abkürzungen verwendet werden:

<table>
<tr><th>Zeichen</th><th>Bedeutung</th><th>Beispiel / Erläuterung</th></tr>
<tr><td>T
W
M
Q
J</td><td>Tag(e)
Woche(n)
Monat(e)
Quartal(e)
Jahr(e)</td><td>10T oder 2W
bedeuten 10 Tage oder 2 Wochen</td></tr>
<tr><td>L</td><td>Laufend</td><td>LW oder LM
bezeichnet die laufende Woche bzw. den laufenden Monat</td></tr>
<tr><td>TW</td><td>Wochentag</td><td>TW4
Am 4. Wochentag (Donnerstag)</td></tr>
<tr><td colspan="3">Diese Möglichkeiten sind auch kombinierbar. Hier einige Beispiele:</td></tr>
<tr><td>LM+10T</td><td colspan="2">Laufender Monat plus 10 Tage</td></tr>
<tr><td>-1J</td><td colspan="2">Heute vor einem Jahr
Um zu kennzeichnen, dass es sich um ein vergangenes Datum handelt, wird ein Minuszeichen benutzt.</td></tr>
</table>

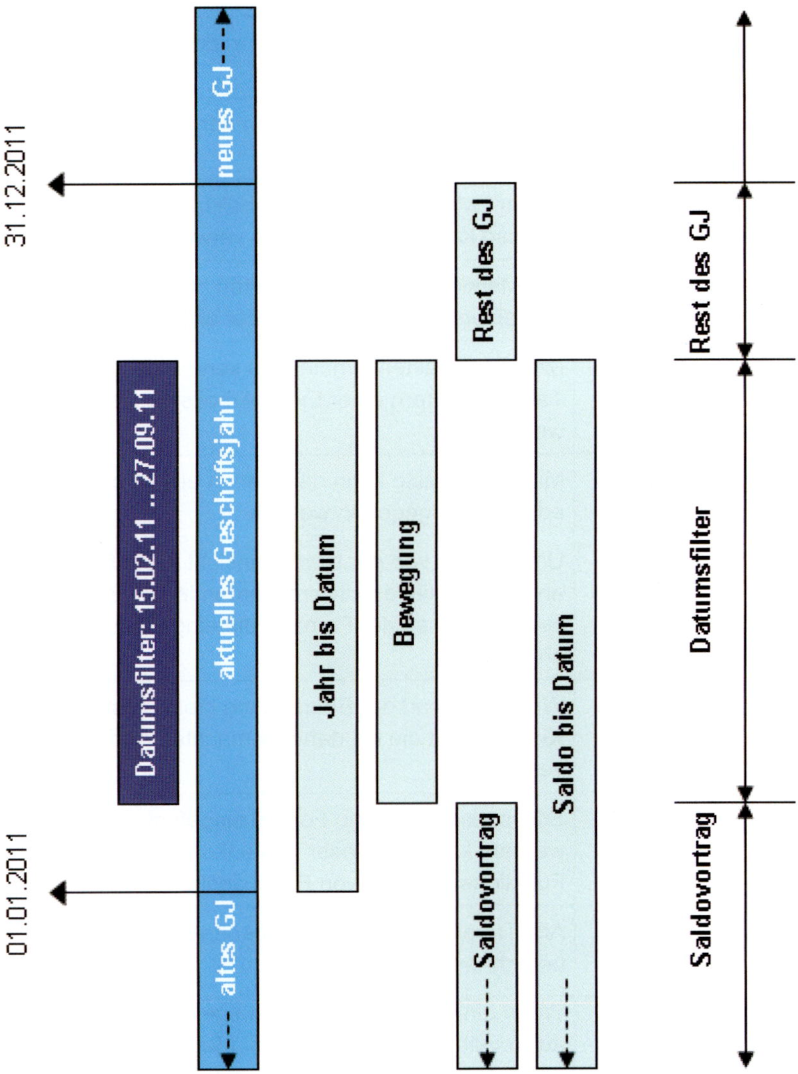
31.12.2011
01.01.2011
Datumsfilter: 15.02.11 .. 27.09.11
altes GJ
aktuelles Geschäftsjahr
neues GJ
Jahr bis Datum
Bewegung
Saldovortrag
Rest des GJ
Saldo bis Datum
Saldovortrag
Datumsfilter
Rest des GJ

Anhang D Tastaturkürzel für Excel 2010

Tastenkombination	Beispiel / Erläuterung
Strg + Leertaste	Markieren der ganzen Spalte in der sich der Cursor befindet.
Groß + Leertaste	Markieren der ganzen Zeile in der sich der Cursor befindet.
Strg + Groß + Leertaste	Hiermit wird das gesamte Tabellenblatt markiert. Ebenso kann hierfür Strg + A verwendet werden.
Strg + Groß + Pfeiltasten	Die Markierung bis zur nächsten nicht leeren Zelle in derselben Spalte oder Zeile der aktiven Zelle erweitern.
Strg + Bild↑ / Bild↓	Mit dieser Tastenkombination kann zwischen den Tabellenblättern einer Excel-Arbeitsmappe gewechselt werden.
F2	Mit dieser Taste kann der Wert in einer Zelle zum editieren freigegeben werden.
Alt + M + O	Umschalten von der Normalansicht in die Formelansicht. Ist diese aktiviert, werden in den Zellen anstelle der Ergebnisse der Formeln die eingefügten Formeln angezeigt.
ESC	Wenn während der Bearbeitung diese Taste gedrückt wird, werden die bis dahin gemachten Änderungen verworfen.
Groß + F3	Soll in eine Zelle eine Formel eingefügt oder bearbeitet werden, kann mit dieser Tastenkombination der Funktionsassistent von Excel gestartet werden.
F9	Alle Tabellenblätter in allen geöffneten Arbeitsmappen berechnen. Wenn ein Teil einer Formel ausgewählt ist, den ausgewählten Teil berechnen. Man kann ENTER oder STRG+UMSCHALT+ENTER (bei Matrixformeln) drücken, um den ausgewählten Teil durch den berechneten Wert zu ersetzen.
Groß + F9	Das aktive Arbeitsblatt berechnen.

Tastenkombination	Beispiel / Erläuterung
F4	Zellbezüge in Formeln von relativ auf absolut setzen.
F8	Mit dieser Taste wird in den Markier-Modus gewechselt. Werden nun die Cursortasten gedrückt wird der markierte Bereich erweitert bzw. reduziert. Zum Beenden dieses Modus erneut F8 drücken.
Alt + Enter	Befindet sich der Cursor in der Bearbeitungszeile, so kann mit dieser Tastenkombination ein Zeilenumbruch innerhalb der Zelle erzwungen werden.

Tastenkombinationen für Jet Reports

Für Jet Reports gibt es keine direkten Kurztasten. Über die Tastenkombination Alt + J können die Kurztasten in der Menüleiste angezeigt werden. Diese sind immer in Verbindung mit Alt + J zu nutzen.

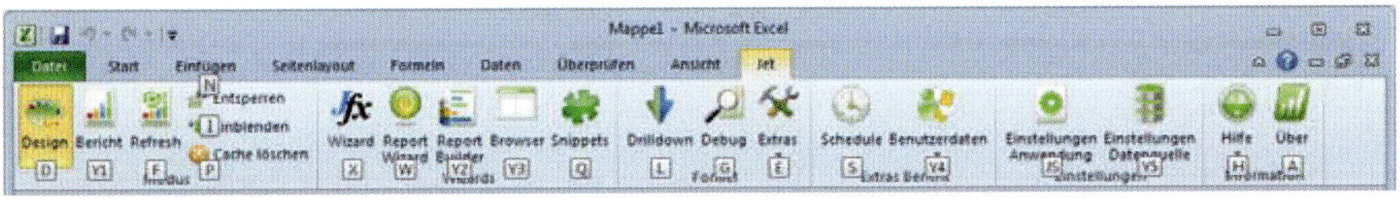

Zur Version 2011 haben sich die Kombinationen für Extras, Benutzerdaten und Einstellungen Datenquelle geändert. Außerdem ist die Wizzard-Funktion Table Builder hinzugekommen.

Schedule

Die Funktion Schedule erweitert Jet Reports um eine zeitgesteuerte Berichtserzeugung. Die Schedule-Funktion wird über den Button im Menüpunkt *Jet / Extras Bericht / Schedule* gestartet. (Alt + J + S)

Es wird eine Übersicht aller geplanten Aufgaben geöffnet. Die Übersicht enthält die folgenden Informationen:

- „Aufgabenname“ - Name der Aufgabe
- „Shedule“ - Intervall für den Start der Berichte
- „Nächste Laufzeit“ - Zeitpunkt der nächsten Berichtserzeugung
- „Letzte Laufzeit“ - Zeitpunkt der letzten Berichtserzeugung
- „Status“ - Status
- „Urheber“ - Ersteller der Aufgabe

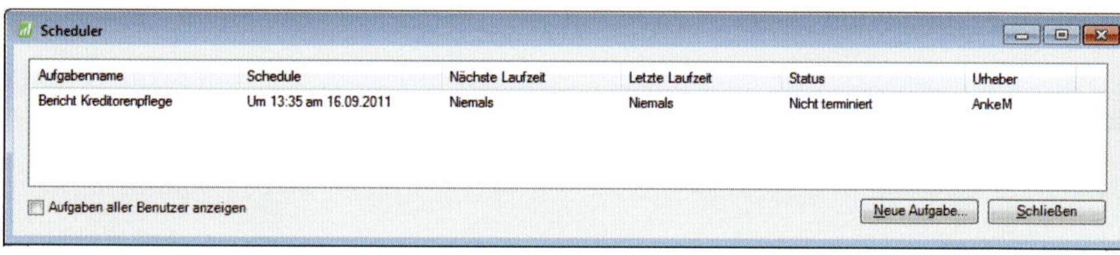

Um eine neue Aufgabe zu erstellen, ist die Funktion über die entsprechende Schaltfläche zu öffnen. In diesem Formular sind die spezifischen Einstellungen vorzunehmen. Hier können Einstellungen vorgenommen werden mit denen z. B. angegeben wird, ob alle Berichte in einem Ordner oder nur spezielle Berichte gestartet werden oder das genaue periodische Zeitintervall, wann die Aufgabe ausgeführt werden soll.

Durch Öffnen des Kontext-Menüs mit der rechten Maustaste auf einer Aufgabe kann diese sofort gestartet, geändert, vorübergehend deaktiviert oder ganz gelöscht werden.

Die Schedule-Funktion setzt auf den Windows Taskplaner auf. Daher werden bestimmte Systemrechte benötigt, um neue Aufgaben einzurichten.

Um den mit dem Scheduler erzeugten Bericht per E-Mail zu verteilen, befinden sich im Register E-Mail entsprechende Options-Möglichkeiten. Die Berichte können an eine oder mehrere fest eingetragene Empfänger versandt werden. Es besteht jedoch auch die Option, die Empfänger aus einer Excel-Tabelle lesen zu lassen.

Autopilot

Der Autopilot aktualisiert automatisch Berichte und veröffentlicht diese als HTML- oder Exceldateien. Die Funktion steht als Befehlszeile mit Parametern zur Verfügung. Mit dem Autopilot können Excel-Dateien, die in einem Eingabe-Verzeichnis liegen, aktualisiert und anschließend in ein Ausgabe-Verzeichnis abgespeichert werden.

In Verbindung mit dem Windows Taskmanager können so regelmäßig und automatisiert Berichte aktualisiert, versendet oder als Website bereitgestellt werden. Der Autopilot kann dabei zum einen einzelne Arbeitsmappen, zum anderen auch ganze Eingabe-Verzeichnisse abarbeiten.

Diese Funktionalität kann durch den Administrator oder den betreuenden Dynamics NAV-Partner in die Kundenlösung implementiert werden. Dabei können folgende Parameter genutzt werden. Weitere Parameter sind über die Hilfe zu erfahren.

Parameter	**Bedeutung**
/M	**Modus** Stellt den Autopilot-Modus ein. Hier sind unterschiedliche Optionen möglich. Soll die Datei als Excel-Datei gespeichert werden ist UPDATE zu wählen, bei HTML-Dateien ist SIMPLEWEB die Option. Mit der Option VALUES werden alle Formeln entfernt und nur die Werte übernommen.
/I	**Input-Verzeichnis** Gibt das Verzeichnis mit der Datei an, die Grundlage für den neuen Bericht ist.
/O	**Output-Verzeichnis** Gibt das Verzeichnis und die Datei an, die neu erstellt werden soll.
/R	Entfernt alle ausgeblendeten Arbeitsmappenelemente (Zeilen, Spalten und Blätter), wenn mit dem Modus VALUES oder SIMPLEWEB gearbeitet wird.

Wenn die Verzeichnissangabe bei den Parametern /I oder /O Leerzeichen enthält, muss die Angabe in Anführungszeichen gesetzt werden.

Die einzigen Pflichtparameter beim Autopilot sind /M, /I und /O. Wird der Parameter /P verwendet, muss dieser an letzter Stelle stehen.

Jet Reports aus Dynamics NAV starten

Über OCX-Anbindung

Durch die Einbindung von OCX-Objekten in die Datenbank, wird Dynamics NAV um die Funktionalität erweitert, direkt Jet Reports Auswertungen in Excel zu generieren. Mit entsprechenden Anpassungen und Einrichtungen in der Dynamics NAV-Lösung wird der Anwender in die Lage versetzt, direkt in Dynamics NAV die Jet Report Berichte zu starten.

Diese Anpassungen können durch den betreuenden Dynamics NAV-Partner in die Kundenlösungen implementiert werden.

Über Shortcuts in Dynamics NAV

Zusätzlich besteht die Möglichkeit, Excelberichte direkt aus Dynamics NAV zu starten, indem diese in die Shortcuts der Menüleiste eingebunden werden.

Fehlerbehebung und häufig gestellte Fragen

#Wert!	Wird als Ergebnis einer Jet Reports-Formel in der Zelle „#Wert!" angezeigt wird, so deutet dies auf ein Formel-Problem hin. Hier sollte die Funktion *Jet / Debug* aktiviert werden. Dadurch erhalten Sie eine Hilfestellung zur Behebung des Problems.
#Name?	Wenn „#Name?" in einer Zelle mit einer Jet Reports Formel auftaucht, kann ein Zellbezug zu einem benannten Bereich (Name für eine Zelle/Zellen) verloren gegangen sein. Eine weitere Möglichkeit ist ein Fehler in der Jet Reports Installation. Dabei sollte als erstes die Verknüpfung zum Add-In aktualisiert werden.
Summen	Wenn bei Summen oder Zwischensummen falsche Werte ausgegeben werden, oder nur der erste Block summiert wird, wurde vermutlich vergessen eine Leerzeile im Summen-bereich mit einzubeziehen.
Lokale Datenbanken	Eine lokale Dynamics NAV-Datenbank kann nicht zeitgleich mit dem Dynamics NAV-Client und Jet Reports geöffnet werden. Wird beides auf einem Arbeitsplatz benötigt, so muss die Datenquelle auf einen Serverdienst zugreifen.

Anhang F Checkliste zum Optimieren der Berichte

Um die Ausführungszeit von Berichten zu verkürzen, sollten folgende Punkte (auch schon bei der Erstellung) berücksichtigt werden:

- ☐ Wenn möglich, sind Filter in Jet Reports einzusetzen, für die in Dynamics NAV bereits passende Schlüssel vorhanden sind.
- ☐ Bei Sortierungen ist sicherzustellen, dass die Felder in der gleichen Reihenfolge auch in einem Sortierschlüssel vorhanden sind.
- ☐ In einer NL-Funktion die Zeilen erzeugt, sollte in der gleichen Zeile keine weitere NL-Funktion mit dem Parameter Zeilen stehen. Stattdessen sollten hier nur NL-Funktionen mit dem Parameter leer im Argument „Was“ genutzt werden.
- ☐ Wenn über relationale Tabellen gefiltert werden soll, sollten passend zu den Größenverhältnissen der Tabellen, entweder das Argument `=NL("Filter"; ...)` oder das Argument `=NL("Link=")` genutzt werden.
- ☐ Wenn möglich, sind Filter auf die Quelltabellen anzuwenden, um die gewünschten Daten abzugrenzen, statt diese mit bedingtem Ausblenden unsichtbar zu machen.
- ☐ Es sollte soweit wie möglich auf Referenzen auf andere Tabellenblätter verzichtet werden. Wenn dies nicht vermeidbar ist, sollte ggf. die Referenz mit einer `=NL("EVAL"; )` Funktion in das benötigte Arbeitsblatt geholt werden.
- ☐ Vorsicht bei der Verwendung von Excel-Funktionen wie `=Heute()` und `=Jetzt()`. Diese sollten für eine einmalige Kalkulationen während der Berichtserstellung in eine `=NL("EVAL";..)` Funktion eingefasst werden.
- ☐ Es sollte weitestgehend auf manuelle Seitenumbrüche verzichtet werden.
- ☐ Wenn sehr große Tabellen als Basis für eine NL-Funktion genutzt werden, die über ein Feld eindeutig Zeilen oder Spalten erzeugt, werden sehr viele Datenbankzugriffe benötigt. Jet Reports prüft dabei jeden Datensatz. Dafür kann es günstiger sein, diese Informationen aus einer anderen Tabelle zu holen, die diese Informationen mit weniger Datensätzen bereitstellt.
- ☐ Es sollte immer wenn möglich, die Konstruktion aus einer NL-Funktion und weiteren darauf referenzierenden NF-Funktionen verwendet werden. Wenn z. B. aus dem Verkaufsrechnungskopf die Felder „Verk. an Deb.-Nr.“, „Buchungsdatum“, „Nr.“ und „Belegdatum“ ausgegeben werden sollen, so ist es schneller den Datensatz über eine NL-Funktion zu identifizieren und mit vier weiteren NF-Funktionen die jeweiligen Feldinhalte zu holen, als vier NL-Funktionen dafür zu nutzen.

Register

- *E* -

- *F* -

- G -

- H -

- I -

- J -

- K -

- L -

Ihre Notizen

D I E   W E L T   V O N   D Y N A M I C S   N A V

101 Geschäftsvorfälle abgebildet in Microsoft Dynamics NAV

Grundlagen, Anwendung
und praktisches Wissen

1. Auflage 2010

KINDERMANN TCV

432 Seiten
EURO 39,90 (D)
ISBN 13: 978-3-942151-00-9

Zum Inhalt:

Dieses Buch beschreibt und erläutert den Umgang mit Microsoft Dynamics NAV bei der täglichen Arbeit.

Die kaufmännischen und warenwirtschaftlichen Geschäftsabläufe sind in Form von Ablaufschemata übersichtlich dokumentiert, klar strukturiert und ausführlich beschrieben.

Damit erhalten Anwender ein praktisches Hilfsmittel, um Vorgänge sicherer zu erfassen und abzubilden. So wird der Anwender mit diesem Buch Schritt für Schritt sicher durch das System geleitet.

Die Erläuterungen helfen, die Zusammenhänge zu verstehen und sich mit der Systemphilosophie von Microsoft Dynamics NAV auseinander zusetzen.

Auf einen Blick:

Ausführliche Beschreibung und Erläuterung von Geschäftsvorfällen zu den Themen:

- Stammdaten
- Abbildung von Buchungsvorgängen im Bereich Finanzbuchhaltung
- Zahlungsverkehr
- Abbildung von Verkaufsprozessen im Bereich Debitoren & Verkauf
- Abbildung von Einkaufsprozessen im Bereich Kreditoren & Einkauf
- Lager & Artikel
- Marketing & Vertrieb
- Administration & Benutzerverwaltung
- Allgemeine Einrichtungen und Funktionen

D I E   W E L T   V O N   D Y N A M I C S   N A V

Expertenwissen zu Microsoft Dynamics NAV

Grundlagen, Anwendung
und praktisches Wissen

1. Auflage 2010

KINDERMANN TCV

416 Seiten
EURO 39,90 (D)
ISBN-13: 978-3-939520-29-0

Zum Inhalt:

Dieses Buch schafft die Voraussetzung, durch fundierte Kenntnisse der kaufmännischen und warenwirtschaftlichen Abläufe die Qualität und den Erfolg des Einsatzes von Dynamics NAV zu steigern.

Typische Geschäftsvorfälle in den Bereichen Finanzbuchhaltung, Einkauf/Verkauf, Artikelverwaltung und Lagerhaltung werden ausführlich dargestellt und erläutert.

Hinweise und Tipps, wo sie aus jahrelanger Erfahrung notwendig erscheinen, werden in vielen Bereichen Ihre Arbeit vereinfachen.

Gerade auch Entscheider, die sich von der hohen Funktionalität und Effizienz von Dynamics NAV überzeugen wollen, finden dazu im vorliegenden Buch den Nachweis.

Auf einen Blick:

Basiswissen zur Anwendung

- Allgemeine Grundlagen, Menüstruktur, Felder und Schaltflächen, Stamm- und Bewegungsdaten, Dateneingabe, Filter
- Abbildung von Einkaufs- und Verkaufsprozessen
- Lagerbewertung und Lagerregulierung
- Inventurdurchführung, Buch- und Zählbestand
- Jahresabschluss, GuV-Konten-Nullstellung
- Finanzbuchhaltung, Postenprinzip, Buchungsmatrix, Buchungsvorgänge, MwSt.-Abrechnung
- Nummernserien, Preisbildung, Reservierung
- Bilanzierung nach US-GAAP und IAS
- Administration & Benutzerverwaltung
- Installation NAV Server, NAV Client und Navision Application Server (NAS)